KB243094

기업과 소프트웨어 전문가를 위한

Agile 채용론

SEAN LANDIS 지음 | 신해경 옮김

artima 

Agile Hiring

이 책을
나의 사랑스러운
네 명의 딸,
케이티, 에이미, 데비
그리고 크리스티에게
바친다

차 례

제1장

기본 개념

제5장

현장 면접

제6장

협상 마무리하기

제7장

나가며

머리말

나는 오버스톡닷컴이라는 회사에서 6년째 선임 기술담당 부사장(CTO)으로 일하고 있다. 이 기간 동안 나의 최우선 과제는 요즘 '인재 확보와 관리'라고 부르는 '채용' 문제로 집중되었다. 소규모 기술팀에서부터 애플이나 구글, 마이크로소프트와 같은 거물들에 이르기까지 혁신과 기술의 완성이란 결국 적절한 인력이 있어야만 가능한 일이다. 부적절한 인물을 채용하거나 그로부터 원하는 재능을 이끌어내지 못한다면 회사는 잠재력을 잃는다.

이 책을 집어든 독자들은 개인적으로든 조직적으로든 채용을 주요 과제로 받아들였다고 볼 수 있다. 이것만으로도 결정적인 첫 단계를 밟은 것이긴 하지만, 아쉽게도 이후의 단계들은 이보다 훨씬 어렵다. 채용을 회사의 우선순위에 두기로 결정했다고 해도, 단순히 더 많은 인력과 시간을 투여하는 것만으로는 문제를 해결할 수 없다는 것을 나는 경험으로부터 배웠다. 분명히 채용 작업에는 시간이 투여되어야 한다. 하지만 적절한 기술과 적절한 전략, 적절한 절차가 없다면 그 시간은 낭비일 뿐이다.

그 와중에 우리의 인재 확보 절차 개선에 나보다 더 큰 열정을 가진, 정말 솜씨 좋은 공범자를 한 명 만나게 되었다. 션 랜디스가 우리 회사에 관심을 가질지 설왕설래하며 회사의 채용 계획과 절차를 수립하던 차에, 그가 오버스톡닷컴에 합류한 것이다. 그는 채용 업무의 최전방에서 놀랄만한 통찰력을 보여주었고, 새로운 시각으로 개선 방안을 이끌어냈다. 션은 회사 안의 모든 사람이 집중해서 인재 확보를 추진해 가도록 이끄는 추동력이 되었다. 솔직히 말해서, 이력서 검토가 아주 재미있지는 않다. 차라리 코딩 작업을 하는 편이 낫다고 모두 생각하지 않는가?

 이 책에 쓰인 조언들은 오버스톡닷컴 입장에서는 특히 각별한 것들이다. 우리는 전화 면접 방식을 변경하여 채용 업무의 효율을 높이는 한편, 회사의 첫인상을 근사하게 각인시킬 수 있었다. 후보자들은 우리와 일하고 싶어 했다. 좋은 이력서와 나쁜 이력서를 식별하는 능력이 상당히 향상되면서 허비하는 시간도 많이 줄어들었다. 또한 현장 면접의 질을 향상시켜 부적절한 채용을 거의 제거할 수 있게 되었다.

 나는 이 책을 두 가지 관점에서 바라본다. 먼저, 이 책은 독자들을 '더 나은 채용'으로 이끄는 뛰어난 지침서다. 두 번째로, 이미 성공적으로 확립된 채용 절차를 가진 독자들에게는 어디서 개선점을 찾을 수 있는지 알려주는 좋은 사례집이다.

 우리는 오버스톡닷컴에 위풍당당한 기술본부를 구축했다. 뛰어난 인재들을 데려오는 데 성공한 것이다. 그 팀은 서로에게서 배우면서 협업을 통해 굉장한 솔루션을 개발해내는 그런 팀이다. 이는 회사의 성공에 핵심적인 열쇠가 되었다. 내가 이런 대단한 환경에서 일할 수 있는 것이 엄청난 행운이라고 생각한다. 그 공을 인재 확보 업무의 개선을 통해 우리가 성취한 모든 것에 돌린다.

샘 피터슨. 선임 기술담당 부사장, 상품사업부
유타 주, 솔트레이크시티
2010년 10월 3일

감사의 말

　1990년대 초반 한 소프트웨어 대기업에 다닐 때 만났던 친구들과 멘토들에게 감사의 뜻을 전한다. 관리자였던 네드 플래슨은 이 책에 서술한 몇 가지 개념을 같이 만든 분이다. 채용에 관한 한 우리를 신뢰해준 릭 플로츠와 호주인다운 느긋함을 보태준 매튜 스미스에게도 역시 감사의 말을 전한다.

　신생 업체에서 최첨단 소프트웨어 개발을 담당할 개발자들을 채용하는 일을 함께 해준 로버트 쿠퍼와 헤더 마르디스, 스코트 스와츠에게 감사를 전한다. 나는 '기술전문 작가' 채용과 같이 내 전문 영역을 벗어난 일을 어떻게 처리해야 하는지 그곳에서 배웠다. 어느 면으로 보나 끔찍할 만큼 난해한 우리 소프트웨어를 문서로 정리하려면 최상급 작가가 필요했다. 루스 스텐토에 거주하는 작가 한 명을 겨우 찾아냈는데, 그로부터 글쓰기에 대해 많은 것을 배울 수 있었다. 우리 개발자들은 내가 지금까지 만나본 사람들 중 가장 똑똑한 사람들이었다.

　그 다음으로 기업 대상의 리서치 회사에 있을 때, 회사를 이끌던 켄 주넥과 마크 게넌이 우리가 요구하는 것과 잘 맞지 않는 표준 채용 절차를 과감히 파기하기로 결정했다. 채용 업무에 있어서의 내 역할을 신뢰해준 그들에게 감사를 전한다. 나는 최고의 리서치 전문가를 채용하는 법과 규모가 큰 기업에서 전체 채용 절차가 작동하는 법을 배웠다. 항상 멋진 발상을 주곤 했던 관리자, 베누 바수데반에게도 감사의 말을 전한다.

　매우 비공식적인 채용 절차를 가지고 있었던 신생 업체, 발라란에서 만났던 마이클 오그와 기타 동료들에게도 감사의 인사를 전한다. 이곳 역시 복잡한 제품군을 생산하는 곳으로 뛰어난 개발자들이 필요한 곳이었다.

오버스톡닷컴의 관리자였던 이안 로버트슨과 샘 피터슨, 피터 모그한에게 커다란 감사의 뜻을 전한다. 그곳에서 나는 내 경험을 체계적으로 정리하고 실행에 옮겨 내가 아는 한 최고의 채용 시스템을 구축하는 데 일조할 수 있었다.

앨리스테어 코크번과 '솔트레이크 애자일 원탁그룹'에는 특별한 감사의 말을 전한다. 앨리스테어의 저작과 발표, 교육, 토론회들은 이 책에 포함된 애자일적인 내용의 많은 부분을 공급해 주었다.

좋은 면으로나 나쁜 면으로나, 채용 방정식의 또 다른 일면을 볼 수 있도록 면담 기회를 준 모든 업체들에게 감사의 인사를 드린다.

조언이나 좋은 발상, 원고 검토를 통해 이 작업을 지지해준 많은 분들이 있다. 마크 그리핀과 닐 하트너, 케빈 스테픈슨, 앨런 로위, 캠 로, 크리스 메이슨, 마이크 핑거, 로렌 캠벨, 리사 크리스핀, 브렌던 맥니콜스, 크리스 마키에게 감사를 뜻을 전한다.

마지막으로 내 훌륭한 네 딸, 케이티와 에이미, 데비, 크리스티에게 감사의 말을 전한다. 딸들은 이 모든 과정 내내 격려와 지지를 보내주었다. 딸들이야말로 내 전부이다.

Sean Landis

션 랜디스는 소프트웨어 전문가 채용에 20년 이상의 경력을 가진 소프트웨어 설계자로 다양한 환경에서, 십여 명의 개발자가 있는 회사에서부터 천여 명이 넘는 개발자가 있는 회사까지 채용 업무를 맡아 왔으며, 새로운 채용을 통해 현격한 질적, 양적 발전을 이끌었다. 션은 현역 소프트웨어 전문가로, 최근에는 애자일 개발론을 실험하며 애자일 원칙들을 채용에 적용하는 혁신적인 작업을 하고 있다. 션은 유타대학에서 컴퓨터공학 학사 학위를 취득했고, 코넬대학에서 컴퓨터공학 전공으로 공학석사 학위를 취득했다.

들어가며

   소프트웨어 전문가를 채용하기란 쉽지 않다. 이 책은 여러분이 그 일을 더 잘할 수 있도록 돕고자 한다. 채용을 통해 소프트웨어 팀을 꾸리는 일이 얼마나 어려운지를 나는 경험을 통해 익혔다. 이 책에는 내가 20여 년 동안 소프트웨어 산업계에서 실제 채용 업무를 하면서 개발한 원칙과 기법들이 기술되어 있다. 이 원칙과 기법들은 훌륭한 채용 시스템을 구축하고 최고의 소프트웨어 전문가들을 채용하는 데 도움이 될 것이다.

누가 이 책을 읽어야 하는가

   이 책은 채용 과정에 관련된 모든 이들에게 필수불가결한 지침서다. 그 중에는 관리자와 인사관리(HR) 직원들이 있고, 무엇보다 전선에 서있는 채용 담당 직원들이 있다. 여러분이 이력서 검토하거나 전화 면접 또는 현장 면접을 진행하다면, 또는 채용 후보자에게 입사 제안을 하는 책임을 맡고 있다면 이 책이 특히 더 소중하게 느껴질 것이다.

   채용시스템을 구축하거나 개선하는 일을 맡은 이들도 이 책을 꼭 읽어야 한다. 이 책을 통해 각각의 부분이 어떤 것인지, 부분을 어떻게 끼워 맞춰 전체를 통합적으로 구성하게 되는지 배울 수 있을 것이다.

   전혀 다른 독자층으로는 일자리를 구하는 소프트웨어 전문가들을 들 수 있다. 채용을 전문으로 하는 이들을 위해 책을 쓰기는 했지만, 일자리를 구하는 이들에게도 이 책은 고용주들이 원하는 바를 이해할 수 있는 좋은 자료이다. 또한 좋은 직장을 찾으려면 어떤 것을

살펴야 하는지도 배울 수 있을 것이다. 채용을 잘하는 기업일수록 좋은 고용주가 될 가능성
도 높다.

왜 이 책을 썼나

내가 이 책을 쓴 이유는 소프트웨어 전문가의 채용을 다룬 책이 거의 없기 때문이다.
이 업계의 특수성이 무엇인지 딱 꼬집을 수는 없지만, 널리 통용되는 채용 상식들이 소프트
웨어 전문가에 이르면 그다지 효과적이지 않다는 점은 경험으로 알고 있다. 그래서 이 책에
실린 많은 내용들이 전통적인 채용 상식에만 익숙한 이들에게는 낯설어 보일 것이다.

이 책은 채용을 잘 하는 기업이 별로 없다는 전제로부터 출발한다. 기술진의 업무 숙련도
는 기대에 못 미치고, 책임 회피자들과 악의적 성격을 가진 인물들, 업무에 비해 자격이
모자란 이들이 너무 많다. 품질은 떨어지고 코드 단계에서부터 엉망이 되는데다 과거에
결정된 잘못된 설계로 인해 제품은 개선조차 어렵게 된다. 불행히도, 적절치 못한 채용은
입사 제안이 수락되는 그 순간부터 장기간에 걸쳐 피해를 준다. 그때는 이미 너무 늦었다.
이 책은 반복되는 잘못된 채용을 뿌리 뽑고 좋은 채용을 통해 조직을 탈바꿈시키는 데
일조할 것이다.

두 번째 전제는 사업 분야에 이해가 깊은 사람이 좋은 채용을 이끌어 내는 데도 적격이라
는 점이다. 지금 여러분의 회사에서 비전문가들이 수행하고 있는 많은 업무들이 소프트웨
어 전문가들에게로 이전되어야 한다. 내 논지는 채용이야말로 하나의 조직이 수행하는 일
들 중에서도 가장 중요한 일이며, 그렇기 때문에 소중한 자원일수록 좋은 채용을 위한 활동
에 투자할 필요가 있다는 점이다. 내가 목격한 실패의 주요 요인 중 하나가 기업들이 채용
과정에 부적절한 인물을 부적절한 위치에 배치하는 것이었다. 이 책은 각자의 조직에서
이런 문제를 개선할 수 있는 방법을 제시할 것이다.

이 책의 또 다른 전제는 회사가 부적절한 후보자에게 집중하는 경우가 많다는 점이다.
나는 이런 실수를 많은 기업들에서 봐 왔다. 나는 장기간 회사를 떠나지 않고 일을 할 수
있는 정규직 경력 사원을 채용하라고 권한다. 이 책은 각자의 조직에서 이런 후보자를 채용
하는 데도 도움이 될 것이다.

내게는 원칙적인 접근과 자기계발, 자가 학습을 자극하는 반복 피드백 기법이 효과적이었다. 원칙은 채용팀이 안심하고 일할 수 있는 단단한 토대를 제공하고, 피드백과 반추는 개인의 채용에 관한 분별력을 지탱해주는 직관과 기술을 계발케 한다. 이러한 기술을 통해 채용할 후보자를 자신 있게 분별하는 능력을 가질 수 있다.

이 책은 어떻게 구성되었나

이 책은 먼저 채용에 대한 전반적인 접근 방식을 좌우하는 근본 원칙에 중점을 둔다. 뒤따르는 기법들은 이러한 가치와 원칙에 기초해 있다. 다음으로, 채용 과정의 대상을 정의할 때 적용하는 기본 규칙을 제시한다. 어떤 후보들을 원하는지 모른다면 부적절한 채용 결정을 내리게 될 가능성이 크다. 여러분이 원하는 사람이 누구인지 알고, 그들을 식별해낸 다음, 채용하는 것이 목표이다.

다음 세 장은 기법에 중점을 두고 있다. 첫 장은 효과는 크지만 대부분의 기업들이 가장 어렵게 여기는 영역인 이력서 검토를 다룬다. 다음으로는 기술 여부에 따라 큰 차이가 나타나는 전화 면접 기법을 다룬다. 마지막은 현장 면접인데, 주제가 워낙 광범위하기 때문에 약간은 압축적으로 서술되고 있다. 현장 면접이 어떻게 진행되어야 하는지 느낄 수 있도록 내가 좋아하는 사례들을 제시했다. 이쯤 이르면 독자들은 내가 제시한 내용들을 각자의 필요에 맞게 어떻게 응용할지 알 수 있을 것이다.

보기에 대한 주의

내게 가장 친숙한 기술들을 이 책의 보기에 실었다. 자바와 하이버네이트, SQL과 같은 기술들이 언급된다. 하지만 이 책의 원칙과 기법들은 특정 기술에 한정된 것이 아니다. 이 내용들은 자바 개발자나 C 개발자, 아니면 객체지향 C 개발자 등 어떤 개발자를 채용하는가에 상관없이 두루 적용할 수 있다.

이 책은 거래를 마무리하는 것, 즉 원하는 후보자를 얻는 것으로 끝을 맺는다. 마지막으로 이 책의 주요 주제에 대해 몇 가지 단상을 얘기하고자 한다. 이 책에서 말하는 원칙과 기법들은 상호 밀접하게 관련되어 있어 총체적으로 적용되어야 하지만, 그렇다고 파편적인 것들은 아니다. 여러분이 기본을 이해하고 기법들을 실행해보면, 거기서 얻은 경험을 통해 더 효과적이고 안전한 응용방법을 터득할 수 있을 것이다.

만화로 그려진 내 얼굴이 종종 쓸 만한 정보를 알려줄 것이다. 책을 넘겨보며 아이디어나 영감을 얻을 때 특히 도움이 될 것이다.

채용에 있어서의 '애자일'이란?

나는 '애자일 채용론'이라는 제목을 쓸지 말지를 놓고 고심했다. '애자일'이라는 단어가 유행어처럼 쓰이는데, 그 물결에 편승하는 것처럼 보이기 싫어서였다. 하지만 책이 모양을 갖추자 애자일적인 아이디어가 내 접근법을 얼마나 잘 설명해주는지 깨닫게 되었다. 애자일 소프트웨어 개발은 애자일 선언문[1]라고 불리는 입장 발표문에서부터 출발했다.

우리는 실천과 다른 이의 실천을 도움으로써 더 나은 소프트웨어 개발 방법을 찾고자 한다. 이러한 작업을 통해 우리는 다음과 같은 가치를 추구한다.

> **사람과 소통**을 절차와 도구에 우선하고
> **효과적인 소프트웨어**를 잘 정리된 문서에 우선하고
> **고객과의 협력**을 계약 협상에 우선하고
> **변화에 대한 대응**을 계획 준수에 우선한다

즉, 오른쪽에 있는 항목들도 가치 있지만, 우리는 왼쪽에 있는 항목들에 더 많은 가치를 둔다.

---

1) 애자일 소프트웨어 개발론 선언서, http://agilemanifesto.org/ [Sig]

나는 채용이 사람에 관한 일이라는 입장으로 접근한다. 절차를 채용의 핵심이라고 볼 수도 있지만, 사람이란 살덩어리와 열정, 고통을 지닌 존재들이다. 꼼꼼하게 토씨 하나 틀리지 않고 일하는 것보다 일이 되도록 하는 것이 더 중요하다. 기획도 중요하지만, 계획이란 믿을 수 없는 것이다. 면접은 어느 것 하나 똑같은 게 없기 때문에 상황에 맞는 융통성이 필수적이다.

위의 선언문이 딱 출발점이다. 애자일 개발론은 팀의 전문성을 폭넓고 깊이 있게 확보해 가면서, 향상되는 실행력을 반영하여 점진적이고 반복적인 방식으로 목표에 도달하는, '다른' 생각을 권장한다. 애자일 개발론에 익숙한 사람이라면 이 책 곳곳에서 그 흔적을 볼 수 있을 것이다.

왜 스키선수를 선택했나?

나는 스키경기와 애자일 채용론이 비슷하다고 생각해 표지에 스키 선수 사진을 실었다. 스키 선수는 경기 전에 코스를 검토하고 어떻게 공략할지 계획을 세운다. 하지만 일단 출발선을 박차고 나간 다음에는 계획이 바뀔 수 있다는 것도 알고 있다. 매 경기는 다르다. 기문(旗門)의 위치와 슬로프의 경사, 설질(雪質), 기후 등, 모든 것이 어우러져 유일무이한 경험을 구성한다. 뜻하지 않은 한 번의 턴에 속도가 떨어져 전체 계획을 수정해야 할 수도 있다. 안정적이고 계산된 공략 대신 이젠 시간과 싸우며 죽기 살기로 덤벼야 할 것이다. 하지만 스키의 원칙과 기술들은 그대로이다. 스키 선수는 매번 코스를 탈 때마다 그 원칙과 기술을 응용해야 한다. 경기가 끝나면 선수는 자신의 경기를 반추한다. 경기 동영상을 검토하면서 연습하고, 연습하고, 또 연습한다. 스키 선수는 최고가 되고자 열정을 다하는 것이다.

채용을 할 때 나는 후보자들을 검토한다. 좋은 후보자들에 대해서는 어떻게 면접을 할지 계획을 세우지만, 현실의 면접이란 그때그때 던져지는 상황에 맞춰야 한다는 것도 알고 있다. 후보자들이 모두 다르기 때문에 면접 대본을 쓸 수도 없다. 하지만 항상 믿을 수 있는 원칙과 기법들은 있다. 후보자들을 면접할 때마다 나는 그 원칙과 기법들을 응용해야 한다. 면접이 끝나면 나는 다른 면접관들과 함께 무엇이 잘 됐고, 무엇이 잘 안 됐으며 이후에는 무얼 해볼지 반추한다. 우리는 채용이라는 일에 열정적이다. 우리의 일 중에서도 가장 중요한 일이기 때문이다.

이 책이 다루지 않는 것

고품질 채용 시스템이란 여러 조직들이 그 자체로 또는 상호 작용하며 순환하는 살아있는 유기체와 같다. 소프트웨어 전문가에 한정한다 하더라도, 채용의 모든 면을 다루려면 범위가 너무 방대해져 출판에 적합하지 않게 된다.

이 책은 어떻게 지원자들을 모집하는지, 채용 공고를 어떻게 홍보하는지 다루지 않는다. 또한 갓 대학을 졸업한 신입사원을 채용하는 법도 다루지 않는다. 갓 대학을 졸업한 사회 초년생을 채용하는 것에 부정적인 내 입장은 **머니볼**[2]에서 고등학교 야구선수를 영입하는 것에 부정적인 것과 비슷하다. 이들은 아직 계발해야 할 것들이 많은데다 메이저 리거로 성장하는 경우도 아주 드물다. 쉽게 말해, 이런 시도가 성공하기엔 위험이 너무 크다. '새내기'들은 조직에 엄청난 부하를 가져온다. 야구를 보면 능력치가 낮은 선수를 계발하기 위해 각 팀이 잘 짜인 마이너 리그 시스템을 운영한다. 일부 소프트웨어 기업들도 안전하고 효율적으로 초급 소프트웨어 개발자를 계발하는 조직을 운영한다. 여러분의 기업도 그런지 확신하지 못하겠으면 시도하지 않는 것이 좋다. **신출내기**보다는 경력이 많은 전문가를 찾아라.

또한 이 책은 계약직 채용을 다루지 않는다. 여러분의 회사가 계약직 또는 아웃소싱을 많이 사용한다면, 소프트웨어 개발이 회사의 중심 사업이 아니거나 회사의 소프트웨어 전략이 잘못 가고 있는 것, 둘 중 하나이다. 여기 있는 기법들이 개별 계약직 직원이나 아웃소싱 업체를 평가하는 데 사용될 수도 있겠지만, 핵심 소프트웨어 자산의 개발을 외부 자원에 의존하는 조직이라면, 나 같아서는 채용을 잘 해보려고 아등바등하지 않을 것 같다. 그럴 시간에 소프트웨어 개발을 핵심역량으로 존중하는 다른 회사를 알아보는 게 나을 것이다.

내용 개요

- 1장. '기본 개념'은 이 책 전반에 걸쳐 사용되는 기본적 개념들을 소개한다.

---

2) 마이클 루이스, [Moneyball:The Art of Winning an Unfair Game], 2004년 [Lew04], (국내에는 2006년 '머니볼-불공정한 게임을 승리로 이끄는 과학'이라는 제목으로 한스미디어에서 번역출간되었다. - 역주)

- 2장. '대상 정의하기'는 자격요건을 정의하고 후보자를 평가할 기준을 수립하는 작업을 다룬다. 어떤 사람을 원하는지 모르면, 아무 후보자나 채용하게 된다.

- 3장. '이력서 검토하기'는 이력서를 분석하는 전문가가 되는 데 필요한 모든 것을 제공한다. 이력서에는 생각보다 훨씬 많은 정보들이 들어 있다.

- 4장. '전화 면접'은 채용 과정에서 가장 어려운 부분이라 할 수 있는 전화면접을 어떻게 정복할 수 있는지 알려준다. 효과적인 전화 면접을 통해 부적절한 후보자를 걸러내면, 현장 면접에 낭비되는 시간과 비용을 줄일 수 있다.

- 5장. '현장 면접'은 대면 면접의 기본과 여기서 나타나는 미묘한 차이를 설명한다. 다른 곳에서는 볼 수 없는 내용들이 많이 소개될 것이다.

- 6장. '협상 마무리하기'는 입사 제안이 받아들여졌을 때, 성공적으로 채용 절차를 완료할 수 있는 다양한 아이디어를 제시한다. 여기서 나는 오랫동안 정설로 받아들여지던 몇 가지 속설을 뒤집었다.

- 7장. '나가며'는 지금까지 배운 것을 요약하고, 위대한 채용의 길을 계속 추구하도록 격려한다.

- 부록 A. '가치 있는 행동적 특징들'은 면접 대상자들에게서 찾아볼 수 있는 좋은 행동들이 어떤 것인가 설명한다.

- 부록 B. '채용 원칙'은 좋은 채용에 있어서 기본적이라고 생각하는 원칙들을 기능적으로 쓸 수 있도록 목록으로 만들었다.

- 부록 C. '이력서 점검표'는 이력서 검토를 처음 해보는 분들을 위한 예제를 제공한다. 어느 정도 익숙해질 때까지 이 목록을 사용할 수 있다.

옮긴이의 말

    회사를 다니다 보면 '인사(人事)가 만사(萬事)'라는 말을 자주 듣는다. 매뉴얼과 프로세스로 움직이는 기업이지만 금방 무뎌지는 핵심역량을 끊임없이 새로 발굴하고 차별화하려면 역시 사람의 힘에 기댈 수밖에 없는 모양이다. 인사의 시작은 사람을 가려 쓰는 '채용(採用)'이다. 인사가 만사라니 채용이야말로 만사의 시작이랄 만하다. 기업들마다 적지 않은 자원을 투여하여 최고의 인재를 가려내고자 애쓰고 있지만 그 내부를 들여다보면 고개를 갸우뚱하게 되는 경우가 많다.

    채용공고나 직무기술서가 형식적이라 업무의 내용이나 특징이 드러나지 않는 경우도 흔할 뿐더러, 회사의 구성원들이 채용 과정에 참여하는 것을 귀찮아하거나 번거롭게 여기는 경우도 예사로운 일이다. 채용 절차나 기준이 그때그때 달라지기도 하고, 공들여 마련한 선별 절차들이 후보자들을 성가시게만 할 뿐 후보자의 적합성을 판단할 수 있는 변별력을 가지지 못하는 경우도 쉽게 볼 수 있다. 이런 측면에서 보자면 기업에서 인사가 만사라는 말은 그저 편리한 말장난에 지나지 않는 것이 아닌가 하는 의심이 들 정도이다.

    이 책이 다루는 채용은 미국의 기업문화를 바탕으로 하고 있어 우리나라의 상황과는 다른 부분이 있다. 인사관리 조직과 분리하여 채용 조직을 구성하고 운영하는 것이나 이력서의 몇몇 세부 항목, 전화면접 절차와 같은 것들이다. 국내에서는 거의 고려되지 않는 요소인 채용상의 차별 금지를 위한 규정이나 이주 또는 비자 지원 문제 등에서도 소소한 차이가 드러난다.

하지만 저자가 얘기하는 채용의 원칙과 기법들은 우리나라의 채용 현장에서도 강력한 의미를 갖는다. 핵심역량을 강화하고 유지하기 위해서는 계약직이 아닌 정규직 채용이 바람직하다는 저자의 강력한 권고와 함께, 회사에 딱 맞는 사람을 가려내고 그로부터 기대했던 성과를 끌어내는 것은 회사의 책임이지 후보자의 책임이 아니라는 저자의 지적은 불안정한 일자리를 제공하면서 기대 이상의 성과를 요구하는 우리나라 기업들이 귀 기울여야 할 지점이다.

회사가 중요시하는 가치를 기준으로 관점을 세우는 법과 다양한 방법과 기법을 이용하여 이력서를 검토하는 법, 탐색하고자 하는 부분에 제대로 질문하는 법, 말로 표현되지 않은 내용을 해석하는 법, 연봉 책정과 협상하는 법 등, 이 책이 제공하는 채용 기법과 점검표들은 그대로 실무에 적용해도 될 정도로 구체적이다. 하지만 무엇보다 이 책의 미덕은 그 밑바탕에 깔려 있는 '채용은 사람을 대하는 일'이라는 기본 인식이 아닐까 한다. 뜻밖에도 이런 기본 인식도 없이 진행되는 채용 과정이 많은 것이 현실이니 말이다.

채용은 남의 이야기가 아니다. 다면 평가를 통한 채용이 일반화되면서 일반 직원들이 채용 과정에 참여하는 일이 흔해졌고 팀의 리더가 채용의 책임을 맡게 되는 경우도 보편화되었다. 세상의 모든 사람은 지금 채용 과정에 참여하고 있거나 조만간 채용 과정에 참여하게 될 사람으로 나눠진다고 해도 과언이 아니다. 두 부류의 사람들 모두에게 이 책은 좋은 지침이 될 것이다.

개인적으로는 IT 업계에서 십수년 일하는 동안 주관하거나 참여했던 수십 번의 채용을 반성하며, 그 준비되지 않았던 채용 과정을 견뎌준 모든 후보자들에게 미안하다는 얘기를 전하고 싶다.

옮긴이 **신해경**은 더 재미있는 세상을 고민하는 전문번역자로, 서울대학교 미학과를 졸업하고 KDI 국제정책대학원에서 경영학과 공공정책학을 공부했다. 생태와 환경, 사회, 예술, 노동 등 다방면에 관심을 가지고 있으며, 옮긴 책으로는 『체코 SF 걸작선: 제대로 된 시체답게 행동해!』 (공역)가 있다.

제1장

기본 개념

이 장에서는 이 책이 기초하고 있는 기본 개념을 소개한다. 먼저 여러분이 이해할 것은, '왜 채용 기술을 향상시키는 데 노력을 쏟아야 하는가?'이다. 이어서 조직 전체를 견고하게 떠받치는 채용 원칙이 어떤 것인지 설명할 것이다.

나는 여기서 채용 활동을 일관적으로 묘사할 수 있도록, 간단한 채용 절차와 채용 관련 직책을 제시할 것이다. 또한 원가 관리와 가치, 행동 특징과 같은 '관점 형성' 주제들을 다룰 예정이며, 채용에 관한 나의 관점을 잘 설명해주는 재미있는 비유 한 가지를 들려줄 작정이다. 마지막으로, 후보자를 관찰하는 것이 채용 절차를 관찰하는 것과 함께 끊임없는 발전의 원동력이 된다는 점을 설명할 것이다.

1.1 핵심역량으로서의 '채용'

이 책의 핵심적인 전제 중 하나는, 채용이야말로 소프트웨어 조직의 일 중에서도 가장 중요한 일이라는 점이다. 한 번의 좋은 채용은 그만큼 조직에 속도를 더하고, 한 번의 나쁜 채용은 그만큼 조직의 발목을 잡는다.

사람들은 나쁜 채용의 부정적인 효과를 과소평가하는 경향이 있다. 오래된 명언에, 좋은 팀은 약한 구성원을 동화시켜 좋은 결과를 낸다는 말이 있다. 하지만 최근의 조사에서 이는 사실이 아닌 것으로 밝혀졌다. 미꾸라지 한 마리가 온 물을 흐려 놓을 수 있다.[1]

이런 사람을 한 명이라도 채용했다면, 이 점을 염두에 두는 편이 좋을 것이다. 이런 사람들을 떼로 채용하면, 여러분은 나쁜 채용으로 회사 전체를 파멸시킬 수도 있을 것이다. 이와 반대로, 좋은 채용으로는 약한 조직을 총체적으로 쇄신시킬 수 있다.

실적이 그다지 좋지 못한 회사에서 채용을 담당해본 적이 있는가? 아마도 고급 기술자들을 채용하는 데 애를 먹었을 것이다. 능숙한 개발자들은 평범함을 간파해내는 제 6의 감각을 가지고 있다는 점을 한 가지 이유로 들 수 있다. 경험이 많은 전문가들은 한 눈에 좋고 나쁜 냄새를 판별해낸다.

최고를 채용하기 위해 고군분투하라

회사에 새 직원이 들어오면 누구나 부담이 된다. 하지만 최고의 개발자들은 재빨리 제 속도를 찾아 부담을 기여로 뒤집어 놓는다. 이들은 초보 개발자들만큼 교육이나 업무파악, 멘토링이 필요하지 않다.

최고의 개발자란 그들이 합류하는 팀의 기존 구성원들과는 다른 범주의 경험을 가진 이들이다. 그들이 가져온 다양성으로 인해 팀의 능력이 확장된다. 때때로 최고의 개발자들은 사무실의 사회적 관계를 풍성하게 해주는 재미있는 취미나 관심을 가지고 있기도 하다.

최고의 개발자들도 어느 정도의 멘토링은 필요로 할지 모르지만, 머지않아 다른 이들을 멘토링하게 될 것이다. 최고의 개발자들은 순전히 인간적인 리더십이든 아니면 다른 기술

---

1) 펠프스, 미첼, 바잉턴, 'How, when, and why bad apples spoil the barrel: Negative group members and dysfunctional groups', [Fel06]

적 형태의 리더십이든, 리더십을 가지고 있다.

최고의 개발자들은 역할 분담의 중요성을 잘 알고, 각자의 영역을 존중한다. 그들은 적절할 때 순응하는 원숙함과 필요할 때 이끄는 용기를 가지고 있다. 최고의 개발자들은 빨리 배우고, 새로운 상황에 적응하면서도 높은 생산성을 유지할 수 있다. 그들은 '할 수 있다.'라는 태도를 가지고 있지만, 명확한 현실감각으로 조절할 줄 안다. 그들은 특정 상황에 작용하는 힘들을 분석할 줄 알고, 종종 결정을 내리기 힘든 상황에서 훌륭한 판단을 내린다.

최고의 개발자들은 뛰어난 의사소통자이며 매우 협조적이다. 요즘의 소프트웨어 개발은 사람들이 함께 일하며 의도와 기대치, 우려 등을 소통하도록 요구한다. 단순히 **추진력만 뛰어난 사람**만으로는 충분치 않다.

최고의 개발자들은 미래에 여러분의 회사가 의지하게 될 리더십을 만들어낸다. 그들은 여러분에게 정보와 미래의 채용을 좌우하는 네트워크를 가져다줄 것이다. 최고의 개발자들은 장기 고용과 지속적인 발전에 관심을 두고 있다.

정규직을 선호하라

회사가 소프트웨어를 핵심 역량으로 보고 있다면, 정규직 직원이 더 바람직하다. 조직이 조만간 소프트웨어를 내놓을 계획을 가지고 있다면, 계약직이나 아웃소싱보다 정규직을 선호해야 할 것이다.

코드를 다루며 일하는 사람이라면 누구나 어디에도 쓰여 있지 않은 핵심적인 지식을 머릿속에 담고 있다. 만약 어디에라도 쓰인 것이 있다면 한물 간 것이거나, 아무도 읽지 않는 것이다. 소프트웨어와 시스템을 오래 만든 사람일수록 더 많은 가치를 그 머릿속에 가둬두고 있다.

회사의 소프트웨어가 원숙해지는 만큼 그와 함께 시간을 보낸 개발자들이야말로 그걸 고치고, 다시 분해하고, 원활하게 돌아가게 유지하고, 필요할 때 대체할 수 있는 사람들이다. 신규 인력이 팀에 합류할 때도 노병들이야말로 이들을 새내기에서 한 사람의 어엿한 일꾼으로 탈바꿈시켜주는 이들이다.

개발자가 회사를 떠나면 이런 값진 정보들을 잃게 된다. 물론 최후의 수단인 '지식 인수인계'를 시도하겠지만, 스타트렉의 일화에서 보듯이 불칸 행성이 폭발하면서 의식융합 기술도 사라졌기 때문에, 여러분도 그다지 좋은 결과를 얻을 수는 없을 것이다.

1.2 채용 원칙으로 일관성 높이기

채용 과정에 참여하는 사람이 여러 명이면 일관성을 유지하기 어렵다. 조직은 모든 참가자들이 일관된 입장을 견지할 수 있도록 최선을 다해야 한다.

일관성을 높이기 위한 기본적인 방법 하나가 일련의 채용 원칙들을 개발하고 전파하는 것이다. 원칙은 사람들이 특정 상황을 어떻게 처리해야 할지 긴가민가할 때마다 되짚어 볼 수 있는 길잡이 역할을 한다.

각 조직은 자신에게 맞는 채용 원칙을 세워야 하지만, 처음 시작할 때 좋은 보기가 될 만한 목록을 하나 제시해 보겠다.

항상 채용 후보자를 존중하라.

회사가 채용 후보자를 다루는 방식을 보면, 그 업무 환경이 어떠할지 알 수 있다. 채용 후보자를 어떻게 다루는가는 여러분에 대한 평가가 되기도 한다. 홀대받은 후보자와는 후반부 작업이 어그러지기 쉽다. 언젠가는 그 후보자가 여러분의 상사가 될지도 모른다! 존중하는 모습이 스스로와 회사를 가장 돋보이게 하는 법이다.

항상 시간을 지켜라.

시간 지키기는 회사의 문화를 반영하는 것이자 후보자를 존중하는 또 하나의 방법이다. 시간을 지키지 못하면, 후보자는 자신의 가치에 회의를 느끼면서, 면접 같이 중요한 일에도 시간을 지키지 못할 만큼 바쁜 이유가 뭘까 의심하게 된다. 물론 후보 당사자에게 면접이 중요한 건 당연하겠지만, 당신에게도 회사를 위해 할 수 있는 가장 중요한 일 중 하나가 면접이다. 면접에 늦으면 이유를 설명하면서 사과하고, 면접 시간이 줄어들었다면 다시 시간을 잡겠다고 제안하라. 채용 후보자에게 강조해야 한다. 이 면접은 매우 중요한 것이라고.

준비하라.

면접관들은 수준 높은 면접을 진행할 수 있도록 준비가 돼 있어야 한다. 면접관은 직무기술서 내용을 알고 있어야 하고, 이력서와 후보자에 대한 다른 정보, 다른 면접관들의 평가들을 사전에 검토하고 개인별로 면접 계획을 세워야 한다. 준비만으로도 시간 낭비를 줄이고 후보자에게 긍정적인 인상을 주면서 좋은 채용을 할 가능성이 현격하게 높아진다.

후보자의 행동적 특징에 주목하라.

행동적 특징은 기술적 능력만큼이나 중요하다. 요즘의 프로젝트는 튼튼한 소통 능력과 협업 기술을 요구한다. 어두운 사무실에 틀어박힌 고독한 괴짜의 시대는 오래 전에 사라졌다. 밉살스런 공대 천재를 참을 필요는 없다. 의기소침해서 발끝만 쳐다보는 내성적인 성격도 협업 환경에서는 발붙이기 어렵다. 조직 가치에 부합하는 행동적 특징을 찾아 채용하라. 장기적으로 훨씬 큰 보상을 줄 것이다.

항상 리더십 가능성을 고려하고 주목하라.

모든 직원들은 리더가 되어야 한다. 팀이나 조직을 운영하는 것 외에도 리더십을 필요로 하는 기회는 많이 있다. 리더십에 대해 조금만 신경을 써서 보면, 한 팀 또는 여러 팀의 고삐를 쥘 수 있는 사람이 많지 않다는 것을 알 수 있다. 앞으로 생길 리더 자리를 채울 수 있도록, 자질이 보이는 사람을 채용하라. 조직이 빨리 성장하면 할수록 이 원칙은 더 중요해질 것이다.

사공이 많으면 배가 산으로 간다?

리더십에 야망을 품은 사람이 너무 많으면 분쟁이 생기고 마찰이 일어날까? 문제는 너무 많은 사람이 몇 개 안 되는 리더 자리를 놓고 다툴 때다. 이럴 때 최고의 인재들이 불만을 품게 된다. 그렇다면 얼마나 많은 리더 자리를 공급해야 할까?

몇 개의 중요한 요소들이 있다. 첫 번째 요소는 조직이 성장하면서 새 리더 자리가 어느 정도의 비율로 만들어지는가이다(대립을 통해 새 자리가 난다면, 채용이 아니라 인력 유지가 문제다). 두 번째는 잠재적인 리더 층의 규모와 형태이다. 여러분은 누가 리더십에 포부를 품고 있는지, 그들이 어느 정도 성장했는지 항상 알고 있어야 한다.

세 번째로, 예비 리더만으로는 항상 부족하다는 점이다. 사람을 잘 이끄는 리더는 너무 드물다. 리더십에 포부를 품고 있지만 사람을 잘 이끌지 못하는 이들은 다른 형태의 리더 역할에 만족해야 할지도 모른다. 좋은 업무 환경은 리더가 될 기회를 다양하게 제공한다. 회사가 일하는 데 만족스런 곳이라면, 리더의 포부를 품은 사람들도 기꺼이 기회가 올 때까지 기다려줄 것이다.

끈질기게, 하지만 정중하게 대답을 구하라.

면접할 때, 후보자의 두루뭉술한 대답에 타협하지 마라. 중요한 질문이라면 정중하게 좀 더 자세한 답변을 요구하라. 듣고 싶은 대답을 들으려 애쓰는 게 아니다. 여러분은 그 후보자가 잘 맞는 사람인지 이해하는 데 필요한 답을 들으려 애쓰는 것이다.

후보자들이 얼마나 정확한 답변을 회피하는지 알면 놀랄 정도이다. 하지만 여러분은 답변을 들을 자격이 충분하니, 타협하지 마라. 후보자가 사실을 말하지 않는 것은 이력서에 쓰인 내용이 진실이 아니거나, 잘 모른다는 걸 실토하기 싫어서일 것이다. 어떤 경우라도,

질문에 답변하지 않는 것을 용납할 수는 없다. 설사 그 답이 '모르겠다'일지라도 말이다. 나중에 면접 결과를 검토할 때 종종 이런 말이 나온다. '후보자의 대답이 막연해서 무슨 뜻인지 모르겠다.' 이 말은 누군가가 답을 끈질기게 요구하지 않았다는 뜻이다.

> **개발자는 리더로 부적절한가?**
>
> 소프트웨어 전문가가 되는 것과 통솔 능력은 전혀 별개의 문제다. 좋은 리더는 두 가지가 필요하다. 행동과 기술이다. 개발자를 채용할 때 행동적 특징에 주목하면 성공적인 리더십을 위한 소양을 쉽게 걸러낼 수 있다. 채용된 후보자가 통솔에 필요한 기술을 겸비한 채 입사를 할지 어떨지는 알 수 없다. 만약 아니라면, 기술은 훈련과 멘토링을 통해 쉽게 습득할 수 있다. 사람의 행동적 특징 역시 습득하거나 바꿀 수 있다. 하지만 기술 습득보다는 훨씬 어렵다. 행동적 특징을 보고 채용하고, 리더십 기술을 훈련시키도록 하라.

각각의 면접은 다르다. 창의적으로 대처하라.

각각의 면접은 정말로 다르다. 대부분은 큰 문제가 되지 않지만, 난관을 만나는 경우도 많다. 낯선 상황을 다룰 때는 창의적이어야 한다. 채용이란 예측가능한 과정이 아니다. 채용은 원칙을 염두에 두되, 빠른 판단과 원칙의 응용을 요구한다. 동료들에게 도움을 청하는 것을 꺼리지 마라.

자신의 요구와 의견, 결정에 주인의식을 가져라.

채용은 협업이다. 채용에 참가하는 이들은 각자 다른 요구와 의견, 사고방식을 가지고 있다. 채용 과정에서는 다른 사람들에 흔들리기 쉬우니, 충분한 관찰을 통해 자신만의 의견을 구성하는 것이 좋다. 다른 사람들의 애기를 듣고 마음을 바꿔야할 것 같다면, 자신의 의견을 의심하기 전에 원래 동기가 무엇이었는지 질문해보라. 자신이 관찰한 바를 고수하되 너무 완고할 필요는 없다. 자신의 결정을 솔직하게 재검토하는 것은 좋지만, 유명한 전문가의 의견이라고 무턱대고 따르는 것은 좋지 않다. 전문가의 말에 일리가 있을지도 모른다. 하지만 마음을 바꿀 때 바꾸더라도, 일단 그의 의견에 동의하는지 확인부터 하자.

다른 사람의 의견을 존중하라.

마찬가지로, 다른 이들의 의견을 존중해야 한다. 자신의 시각을 남들에게 납득시키려 하지 말고, 그저 자신의 의견과 그 이유를 말하라. 의견과 이유가 타당하다면, 사람들은 동의해줄 것이다. 그렇지 않다면 그냥 내버려 두라. 동료들과의 관계를 망가뜨리는 것보다는 후보자 한 명을 잃는 것이 낫다.

후보자들에게 회사에 대한 긍정적인 인상을 남겨라.

입사 제안을 하든 말든, 모든 후보자에게 제안할 의사가 있는 것처럼 대접하라. 후보자가 여전히 일자리를 원하면 성공하는 것이다. 당장은 채용하지 못하는 후보가 이후에 더 좋은 자격요건을 가지고 돌아올 수도 있다. 그 후보자가 인맥을 가지고 있다면, 회사가 남긴 인상이 당신의 채용 능력에 놀랄만한 영향을 줄 것이다. 개발자 커뮤니티는 입소문이 빠른 곳이다. 회사는 좋은 평판을 구축할 수도 있고, 구직자들이 일하고 싶어 하지 않을 정도로 나쁜 평판을 얻을 수도 있다.

좋은 후보자가 나올 때까지 기다려라.

채용에 있어서는 끈기가 필요하다. 선착순으로 후보자를 채용해야 할 필요는 없다. 요건을 만족하는 후보자가 많지 않다면, 당장 타협하기보다는 후보자가 더 많이 모일 때를 기다리는 게 낫다. 채용할만한 좋은 사람들은 항상 있는 법이니, 좀 더 기다려보자.

오래 일할 사람을 채용하라.

소프트웨어 개발자들의 평균 근속연수는 겨우 몇 년밖에 되지 않지만, 좋은 회사는 재능 있는 직원들을 훨씬 오래 유지한다. 항상 장기근속을 할 직원을 찾는다는 자세로 후보자를 채용하라. 단기적인 시각으로만 보면 냉소주의에 빠지거나 채용 과정에서 타협을 하게 된다.

1.3 채용은 연애와 같다

약간 이상하게 들릴 수도 있지만, 채용을 연애에 비유하면 잘 맞아떨어진다. 말랑말랑한 얘기에 앞서, 간단한 채용 절차를 먼저 그려 보자. 그리고 비용과 가치, 행동적 특징에 대해 다뤄 보자. 이런 항목들은 연애를 할 때도 중요하다!

채용 절차의 개요

이 책에서 채용의 전 과정을 다루지는 않지만, 핵심적인 채용 절차를 기억하고 있으면 여타의 채용론을 설명할 때 이해하기가 쉬워진다. 채용 절차를 하나의 관로라 생각해보자. 한쪽으로 후보자들의 이력서가 들어가고, 다른 쪽으로 신규 채용이 나온다. 그 과정에서 여러분은 가장 뛰어난 후보자만 남을 때까지 탐탁지 않은 후보자들을 관로 밖으로 걸러낸다. 기본적인 절차 단계는 아래와 같다.

1. 이력서를 받아 기록하고 업무를 분배하여 일의 진척을 확인할 수 있도록 한다.
2. 각자 이력서를 검토하고 전화 면접을 볼 대상자를 결정한다.
3. 전화 면접을 보지 않을 후보자에 대한 종결 업무를 처리하고, 대상자들과는 전화 면접 일정을 조율한다.
4. 전화 면접을 실행하고, 현장 면접을 볼 대상자를 결정한다.
5. 현장 면접을 보지 않을 후보자에 대한 종결 업무를 처리한다.
6. 현장 면접 일정을 조율하고, 필요에 따라서는 교통편, 숙박 등을 수배한다.
7. 현장 면접을 실행하고, 입사 제안을 할 대상자를 결정한다.
8. 입사 제안을 하지 않을 후보자에 대한 종결 업무를 처리하고 통보한다.
9. 최종 후보자에게 입사 제안을 하고, 필요에 따라서는 조건을 협상한다.

10. 신규 채용자가 회사에 합류하는 데 필요한 비자와 이주 지원까지 포함하여 채용 절차를 마무리한다.

이 간결한 절차만으로도 대부분의 조직에는 충분하다. 필요하다면 세부단계를 쉽게 추가할 수 있다.

비용 관리

단계별 검토(이력서 검토, 전화 면접, 현장 면접)의 장점 중 하나가 효율적인 비용 관리가 가능하다는 것이다. 부적격 후보자를 가능한 빨리 제거함으로써 절차의 이후 단계에서 낭비되는 비용을 줄일 수 있다.

예를 들어, 다섯 개의 팀에 충원이 필요한 상황을 가정해보자. 한 장의 이력서를 검토하는 데 채용 담당자마다 10분 정도가 소요되고, 기술 검토자도 필요하다. 임금과 생산성 면에서 한 명의 후보자 당 120,000원 정도의 직접비용과, 채용 과정에 참여한 직원 때문에 생기는 다른 직원들의 시간 소모에서 약간의 간접비용이 발생한다. 세 명의 면접관이 참여하는 한 시간짜리 전화 면접에서는 240,000원 정도의 직접비용과 120,000원 정도의 간접비용이 발생한다. CTO와 두 명의 설계 담당자, 다섯 명의 면접관이 참여하고 점심식사까지 포함되는 일반적인 현장 면접에서는 1,200,000원을 훌쩍 넘는 직접비용과 수십만 원의 간접비용이 발생한다.

바람직하지 않은 후보자를 발견하고 제거하는 일이 채용 과정의 초기에 이루어질수록 좋다는 점은 분명하다. 능숙한 이력서 검토자가 되는 게 중요한 이유다. 채용할만한 후보자들로만 현장 면접 대상자를 추리는 데는 돈과 생산성 면에서 더 큰 가치가 있다.

비자 처리와 이주 지원, 신입교육 비용과 같은 다른 비용 요소들도 고려해야 한다. 이런 추가 비용으로 1천만 원이나, 심지어 2천만 원을 지출하더라도, 그 비용은 고작 1년 치 연봉의 10~25%에 지나지 않는다는 점을 염두에 둬라. 직원을 오래 근무하게 할 전략이라면, 이런 비용은 매년 상각되는 데다 생산적인 직원을 보유하는 것에 비하면 보잘 것 없는 금액이다.

조직의 가치 목표

조직의 가치 목표에 부합하는 가치체계와 행동적 특성을 보이는 사람을 채용하라. 조직의 가치 목표에 맞지 않는 직원은 조직을 약화시키고 스스로도 불편해질 것이다. 그 조화에 대한 책임은 후보자가 아니라 채용한 회사 쪽에 있기 때문에, 가치 조화가 채용 과정의 핵심 기준이 되어야 한다. 후보자 역시 회사와 맞기를 바라겠지만, 조직을 대표하는 여러분이야말로 후보자가 조직의 가치 목표에 부합하는지 판단할 수 있는 지식을 가진 사람이다. 후보자는 그런 지식이 없다.

이쯤에서 이런 생각을 하게 될 것이다. '이런, 우리 조직의 가치 목표가 뭐지?' 조직이나 기업의 가치 목표를 모르고 있거나, 그런 게 아예 없을 가능성도 크다. 가치 목표가 있는 경우, 경영진이라면 누구나 잘 알고 있을 것이므로 주변에 물어보도록 하자. 가치 목표가 없는 경우라면, 지금이야말로 가치 목표를 세우고 바람직한 인재상을 정할 좋은 기회다. 이후의 채용은 그 가치 목표에 비추어 결정할 수 있을 것이다.

조직의 가치 목표가 지금 현재의 상황을 반영할 필요는 없다. 조직의 가치 목표는 실현되었으면 하고 리더들이 바라는 가치이다. 그런 가치들이 정의되고 소통되지 않고서는 어떤 조직도 그 가치를 실현시키지 못한다.

채용의 관점에서 봤을 때, 조직의 가치 목표를 체현하고 있는 직원이 새로 들어올 때마다 조직은 전반적으로 원하는 가치 체계에 한 발짝 더 다가가게 된다. 그러므로 여러분은 조직의 가치 목표를 달성하는 방법으로서 채용을 사고해야 한다.

행동적 특징

후보자에게서 소통과 협력, 리더십이라는 주요 측면에 대한 행동적 특징을 살펴보라고 앞서 얘기한 적이 있다. 가치와 마찬가지로 행동도 조직이 최우선으로 구축해야 될 과제다. 전 과정을 통틀어 채용에 관련된 사람들은 어떤 행동적 특징을 가진 후보자를 찾아야 할지 잘 알고 있어야 한다. 부록 A에 존중할 만한 행동적 특징의 예들을 목록으로 정리했으니 참조하기 바란다.

연애에의 비유

관로와 가치, 행동적 특징에 대한 언급들을 종합해보면, 채용이 결혼을 염두에 두고 후보자들과 하는 연애(비유니까 양다리 문제는 일단 제외하자)와 비슷하다는 생각이 들 것이다. 연애를 보면, 적은 정보(이력서)를 가지고 시작해서 점점 유대관계를 높여 나간다. 사람이 괜찮다 싶으면, 같이 저녁을 먹거나, 바람을 쐬거나, 영화를 보러 가기 시작한다(전화 면접).

관계가 깊어질수록 더 많은 시간을 함께 보낸다. 그 사람의 가족들도 만나고, 정치와 종교를 이야기하고, 미래를 함께 할 가능성에 대해 논의하게 된다(현장 면접). 그때까지도 모든 것이 괜찮으면 청혼(입사 제안)이 이뤄지고, 잘만 되면 마침내 청혼이 받아들여진다.

이 비유는 사람을 아는 데는 시간이 필요하다는 점뿐만 아니라, 채용이 짧게 만나고 끝낼 사람을 찾는 게 아니라는 점을 일깨워준다. 잘 맞지도 않는 사람에게 시간과 돈을 낭비하고 싶지는 않을 터이니, 그런 사람과는 가능한 빨리 끝내는 게 낫다. 여러분의 조직과 정말로 잘 융합될 수 있는 사람에게만 입사 제안을 하도록 하자.

1.4 역할

이 책의 목적이나 앞에 소개한 간단한 절차를 이해하는 데, 채용 과정에 참여하는 사람들의 역할 정의가 도움이 될 것 같다. 이 역할들은 반복적으로 책에 사용된다. 채용 과정에서는 때로 한 사람이 여러 가지 역할을 담당할 수도 있다.

진행 관리자(코디네이터)

채용 과정의 전 단계를 관리한다. 약속 잡기, 일정 조정, 이력서 배분, 면접 참여자 관리, 채용 후보자 또는 신규 채용자 후속 관리 등.

이력서 검토자

채용 공고와 명시된 후보 자격 요건에 의거하여 이력서를 검토하고 전화 면접에 초대할 후보자를 선별한다. 이후 면접 단계에서 활용할 수 있도록 후보자의 특이점과 관심 영역, 가상 질문 등을 정리한다.

전화 면접팀장

직접 전화 면접을 담당하면서 다른 전화 면접자들을 관리한다. 전화 면접 관리자의 목표는 일반적인 원칙들을 준수하면서 잘 짜인 면접을 수행하는 것이다.

채용 면접관

보통은 충원해야 할 공석을 가진 팀의 팀장으로서, 전화 면접이나 현장 면접에 참가하여 후보자가 업무 요구 수준을 어느 정도 충족하는지 판단하는 역할.

기술 면접관

전화 면접이나 현장 면접에서 후보자의 기술적 숙련도가 일자리가 요구하는 업무에 적합한지를 집중적으로 평가한다. 모든 면접관이 어느 정도는 이러한 역할을 수행하기는 하지만, 따로 기술 면접관을 지정해놓으면 도움이 된다.

태도 면접관

후보자의 태도에서 장점과 단점을 평가한다. 모든 면접관이 이 역할을 담당할 수 있지만, 집중적으로 이 역할을 담당할 사람을 정해놓으면 도움이 된다.

안내자

현장 면접에 오는 후보자의 접촉 담당자이다. 안내자는 후보자에게 현장 면접 과정을 안내하는 역할을 하는데, 로비에서 후보자를 맞이하고 첫 번째 면접 장소로 데려오는 역할을 하기도 한다.

마무리 면접관

마지막 면접관으로 후보자의 마지막 남은 질문들을 담당한다. 마무리 면접관은 희망 연봉과 복리 후생 조건 등을 상의한 후, 면접 과정을 종료하고 후보자를 배웅한다. 후보자가 다른 도시에서 온 경우, 마무리 면접관은 후보자의 교통편이 준비되어 있는지, 시간은 넉넉한지 확인한다.

필요하다면 다른 역할을 정의해도 좋지만, 언제나 적절한 사람을 임명하는 것이 중요하다는 점을 기억해야 한다. 진행 관리자나 안내자, 마무리 면접관은 기술 전문가가 아니어도 상관없지만 다른 역할은 전문가들이 맡아야 한다.

회사의 리더들이 기술 관련 역할을 맡는 것이 가장 좋다. 채용 면접관은 팀장들이 맡아야 한다. 이사 또는 더 높은 직급의 경영자들을 참여시키는 것도 좋은 생각이다. 하지만 누가 뭐라 해도, 핵심적인 역할을 하는 사람들은 팀장들이다. 제대로 된 사람을 채용하는 일에 가장 큰 이해관계가 걸려있기 때문이다.

중간 관리자나 고위 관리자는 팀의 결정을 존중하고, 특별한 기준이 없는 한 자주 결정을 뒤집지 말아야 한다. 가장 기술이 뛰어난 개발자가 기술 면접관으로 투입되어야 하지만, 면접을 잘 할 수 있는지 확인이 필요하다. 대부분의 후보자들이 기술 면접에 부담감을 가지고 있다. 후보자들의 부담감을 적절하게 조절하면서 면접을 이끌려면 어느 정도의 능력이 필요하다.

팀장들이 대답하기 어려운 회사 관련 질문을 담당하면서 연봉 문제를 논의하는 마무리 면접관은 보통 고위 관리자인 경우가 많다. 마무리 면접관이 높은 직급의 사람일수록 후보자는 더 긍정적인 인상을 갖는다.

1.5 관리 시스템

채용 과정의 모든 단계가 관리 시스템에 기록되어야 한다. 회사의 채용 규모가 커지면 커질수록 이는 더 중요해진다. 지라Jira[2]와 같은 프로젝트 관리 시스템이 이런 용도에 알맞다. 관리 시스템은 후보자에 대한 통제와 정보, 의견 관리를 위한 구심점이 된다.

후보자가 어떻게 채용 과정에 들어왔는지 기록하자(구인 담당자, 구인구직 사이트, 추천 등). 후보자의 거주지와 비자 상황, 구직 희망서 등 이력서에 나와 있지 않은 여러 가지를 기록할 수 있는 설명 공간이 있으면 도움이 될 것이다.

이력서를 비롯하여 여타의 문서들은 관리 시스템에 입력된 항목에 링크시켜야 한다. 검토자와 면접관들이 후보자를 판단하고 나면, 관리 시스템에 의견을 입력하게 된다. 관리 시스템은 후보자를 떨어뜨릴지 아니면 다음 단계로 진행시킬지 투표로 결정할 때도 유용하다.

연봉 정보를 관리 시스템에 입력할 때는 조심해야 한다. 관리 시스템을 이용하는 다른 사람들이 연봉 정보를 보지 못하도록 해야 한다. 연봉 정보는 관리가 필요한 중요한 정보이지만, 다른 수단을 통해 관리할 필요가 있다.

관리 시스템에 항목을 설정하고, 채용 절차가 진행됨에 따라 항목을 이동시키고, 마지막에 항목 관리를 종료하는 일은 진행 관리자가 맡아도 된다. 후보자가 채용이 된 후로는 관리 시스템의 해당 항목 접근을 제한하여 자신의 채용 과정에서 있었던 여러 평가들을 보게 되는 당황스런 상황을 미연에 방지하는 것이 좋다. 대부분의 관리 시스템은 그룹이나 개인 단위로 노출 여부를 설정하는 기능을 제공한다.

관리는 말로 다 할 수 없을 만큼 중요하다. 아무리 빠른 채용 과정이라도 최소한 몇 주는 걸리는데, 바쁜 참여자들은 그 짧은 기간에도 후보자에 대해 많은 것을 잊어버린다. 후보자가 많은 경우, 참여자들은 얼마 되지도 않아 후보자에 대한 핵심적인 정보들도 잊어버리게 된다.

---

2) www.atlassian.com/software/jira

　관리 시스템은 채용의 각 단계마다 정보를 축적하여 다음 단계로, 예를 들자면 이력서 검토 단계에서 전화 면접 단계로, 생각과 관심이 전달될 수 있는 수단을 제공한다. 작은 단서로도 사람들의 기억을 되살릴 수 있기 때문에, 이는 성공적인 채용에 매우 중요한 역할을 한다.

　한편으로, 관리 시스템은 면접관들이 어떻게 하고 있는지 감독하는 방편이 되기도 한다. 관리 시스템에서 모든 참여자들에게 전자우편을 보내도록 설정하고, 사람들이 다른 참여자들의 후보자 평가를 읽도록 권장하자. 몇몇 고참 면접관이 후보자 평가를 검토하고 피드백을 줘서 해당 직원의 능력을 향상하는 데 도움을 주도록 하자.

　얼마나 많은 후보자들이, 심지어는 몇 년이 지나서 다시 입사 지원을 하는지 알면 놀랄 것이다. 이럴 때 이전에 어떤 일이 있었는지 볼 수 있는 자료가 있다면 정말로 유용하다. 과거에 채용되지 않은 이유가 후보자가 다른 회사를 선택했다거나 하는 평범한 이유일 수도 있지만, 때로는 후보자의 경력 확인이 안 되거나 불안정한 성격을 지녔다는 등의 심각한 이유일 수도 있다. 때로는 후보자의 경력이 너무 짧아서 우려가 됐을 수도 있다. 과거 기록이 있으면 그 후보자가 얼마나 발전했는지 재볼 수 있는 척도를 지닌 셈이다. 딱 맞는 사람을 채용하는 데 있어 말할 수 없이 귀중한 자산이다.

　평가에 대한 관리와 함께, 관리 시스템은 채용 과정의 성과를 측정하는 데도 유용하다. 진행 관리자가 있다면, 데이터 관리도 그가 담당할 수 있다. 표 1.1은 요한나 로스먼[3]이 제시한 관리 표의 변수들이다.

표 1.1 채용 단계 성과 관리표

(단위 : 건 수)

채용 전략	이력서 접수	전화 면접	현장 면접	입사 제안	채용
담당자 1					
구인 사이트					
회사 웹사이트					

---

3) 로스먼, [Hiring the Best Knowledge Workers, Techies & Nerds], [Rot04]

채용 과정의 속도와 처리량에 따라 주간 단위 또는 월 단위로 해당 데이터를 보고하도록 하자. 익숙해질수록 보고 내용도 더 정교해질 것이다.

가장 우선적인 목표는 효율성이다. 여기서 몇 가지 살펴볼 것이 있다.

전략의 유효성을 검증하기 위해서는 처음과 끝의 데이터를 평가하라.

전략이 유효한지 알 수 있는 최소한의 기준은 채용된 사람의 숫자이기 때문에 이것이 핵심 지표가 된다. 상당한 비용을 소모하면서도 생산적이지 못한 전략은 폐기를 고민해야 한다.

각 단계의 효율성을 평가하기 위해서는 단계별로 데이터를 분석하라.

각 단계(각 열)는 특정한 전략과 연관된 채용 과정의 한 부분을 보여준다. 예를 들어, 한 채용 담당자가 엄청난 양의 이력서를 보내는데 전화 면접이 몇 건 안 된다면, 이는 문제가 있는 것이다.

채용 전략 유효성 비율.

받은 이력서마다 일정한 비용이 발생되므로 허수(전화 면접을 하지 않는 후보자의 수)를 최소화하는 게 좋다. 헤드헌터나 인사관리(HR) 부서와 일을 하고 있다면, 업무에 적합한 후보자만 추천하도록 예측치를 관리해야 한다. 허수 문제를 개선할 수 없다면, 화려하고 비싸기만 하면서 효율성이 낮은 채용전략들은 제거해야 한다.

유효성 비율의 목표를 설정하라.

채용 과정이 잘 관리되고 있다면, 접수된 이력서 대비 전화 면접 비율이 45~50% 정도까지 나올 수 있다. 관리라는 의미는 채용 관로의 투입구 부분을 맡은 쪽에서 제 역할을 충실하게 해낸다는 뜻이다. 예를 들어 헤드헌터가 여러분을 대신해서 선별 작업을 제대로 해내야 한다는 말이다. 25% 이하의 비율이라면 조사가 필요하다. 채용 과정을 관리하지 않으면

이 목표 비율이 훨씬 낮아질 수도 있다.

비용을 주시하라.

앞에 설명했던 단계별 비용에 대한 얘기를 되새겨 보자. 비용 절감을 위해서는 고비용 채용 전략들을 능동적으로 관리해야 한다.

전화 면접 대 현장 면접 비율.

이력서 검토 작업을 제대로 하고 있다면, 여기서 35~45% 정도의 예상 목표치를 가지게 된다. 두 달 연속 25% 이하로 떨어지면 직원들의 이력서 검토 능력을 조사해 봐야 한다. 전화 면접을 너무 무분별하게 잡고 있는 것이다.

현장 면접 대 입사 제안 비율.

전화 면접을 충실히 했다면 평균적으로 50%에 가까운 비율을 얻게 된다. 두 달 연속 25% 이하로 떨어지면 전화 면접이 효과적이지 않다는 뜻이다.

입사 제안 대 채용 비율.

70% 정도를 목표로 잡아야 한다. 두 달 연속 50% 이하로 떨어지면, 현장 면접에서 일자리를 효과적으로 홍보하지 못했거나 제안 내용(연봉과 복리 후생 혜택을 포괄하는 총체적인 의미에서)이 약하거나 둘 중 하나이다. 입사를 포기한 후보자(또는 헤드헌터)에게 왜 입사를 포기했는지 확인하도록 하자.

여기서 평가는 필수적이다. 채용 과정의 효율성을 측정해서 채용 관련 직원들이 자신들의 업무 성과를 알 수 있도록 해야 한다. 채용 팀을 격려하고 분명한 문제점이 있을 때는 개입해서 교정해야 한다. 이 간단한 관리를 통해 전체 채용 시스템이 제대로 작동하는지 확인하는데 필요한 모든 것을 얻을 수 있다.

1.6 확실한 건 아무 것도 없다. 그게 정상이다.

채용이란 매우 혼란스런 과정이다. 올바른 결정을 내리고 있는지 확신하기가 쉽지 않다. 한 장의 이력서를 불합격 처리할 때, 회사를 새롭게 변신시킬 사람을 채용할 기회도 내던지는 것이 아닌지 알 방법이 없다. 그게 정상이다.

이 책에 서술된 기법들은 실행을 통해 갈고 닦인 현실적인 것들이다. 각자 이전에 보지 못했던 것을 '보는 법'을 연습하면서 스스로 배울 것이다. 점점 통찰력이 생기겠지만, 환상을 보는 일도 계속된다. 가끔 그런 환상에 반응해서 실수도 할 것이다. 그게 정상이다.

목표는 효율을 유지하면서 대체로 적절한 결정을 내리는 법을 배우는 것이다. 이론적으로만 보자면 이력서를 준 모든 후보자와 전화 면접을 할 수 있다. 잘 하기만 하면, 제대로 된 사람을 현장 면접에 초대할 가능성도 높을 것이다.

현실적으로는 모든 후보자와 내실 있는 전화 면접을 할 시간이 없기 때문에 시간과 돈을 절약하기 위해 상당수의 이력서를 제거할 수밖에 없다. 이 작업을 잘하는 법을 배우면 훨씬 적은 시간을 들이고도 후보자 모두를 전화 면접하는 경우에 근접하는 성공률을 올릴 수 있다. 여러분의 본업은 소프트웨어 개발이라는 점을 잊지 말자.

채용이란 부정형의 예술과도 같다. 실수를 할 것이다. 그게 정상이다.

앨리스터 코크번[4]은 '슈Shu'와 '하Ha', '리Ri'라는 세 단계의 훈련을 거치는 고대 일본무사의 비유를 한 적이 있다. '슈' 단계의 훈련생들은 일련의 규칙을 따르면서 기본적인 훈련효과를 얻는다. '하' 단계의 훈련생들은 규칙을 변형하거나 다른 규칙을 찾기도 하고, 때로는 아예 없애 버리기도 한다. 최적화이다. '리' 단계에서는 상황에 맞는 기술을 쓰는 달인이 된다. 경험과 반복 훈련에 힘입어 규칙에 대해 생각할 필요도 없이 그 상황에 딱 맞는 기술을 쓰게 된다. 필요할 땐 새로운 기술을 만들기도 한다. '슈', '하', '리'를 '배우기', '종합하기',

---

4) **코크번**, [Agile Software Development, The Cooperative Game], [Coc06]
　　역주 국내에는 'Agile 소프트웨어 개발'이라는 제목으로 피어슨에듀케이션코리아에서 2002년 번역출간되었다.

'만들기/혼합하기'로 생각하면 도움이 될 것이다5).

채용으로 보자면, '슈' 단계에 있는 사람은 이 책에 있는 점검표와 지침 등을 높이 평가하고 자주 참조하게 된다. '하' 단계에서는 이 책의 점검표 등에 한계가 있다는 걸 깨닫고 다른 기법을 수집하거나 변형하고, 쓰지 않는 규칙은 폐기한다. 이 단계에서는 기존의 상식 밑에 흐르는 원칙을 반영하여 필요에 따라 여러 가지 유용한 형태로 변형하여 적용할 수 있다. '리' 단계에서는 어떤 상황에서도 즉시 대응할 수 있을 정도로 지혜와 원칙들을 내재화하게 된다. 새로운 상황도 전혀 문제될 것이 없다. '리' 단계의 인물은 쉽게 변화에 적응해서 성공을 이끌어낸다.

이런 기법들에 익숙하지 못한 사람들은 확실성을 바란다. 법칙을 원하는 것이다. 때문에 종종 이 기법들을 경험적인 것이 아니라 절대적인 것으로 잘못 해석한다. 이는 하나의 과정을 당장 갖다 쓸 수 있는 기능적인 법칙으로 접근할 때 나타나는 인간의 본성이다. 하지만 법칙은 경험적인 과정에서는 절대 제대로 작동하지 않는다. 이제 이런 내용을 알았으니, 각자의 목표는 가능한 한 효율적으로 학습 단계를 통과하는 것과 확실성을 움켜잡으려는 유혹을 피하는 것이다.

대부분의 독자들이 '슈' 단계에 있기 때문에, 나는 지침으로 쓸 수 있을만한 정보를 제공할 예정이다. '슈' 단계에서 유용하게 쓰일 부록 C의 이력서 검토 점검표가 좋은 본보기이다. '하' 단계의 독자들은 점검표가 꼴사납고 불완전하다고 느낄 것이다. 그런 독자들은 스스로 관찰한 바에 따라 새로운 지침을 궁리해봐야 한다. 기존의 지침을 넘어서는 단계가 되면, 보다 고차원적인 질서와 상호관계를 접하면서 기존의 기법들이 가진 진짜 힘을 알 수 있을 것이다. 채용 과정을 처음 접하는 새내기들은 '리' 단계의 사람들이 어떻게 그런 결론에 도달하게 되는지 이해하지 못한다. 그게 정상이다.

---

5) '슈하리'. [Shu]

1.7 결론

조직 입장에서 채용은 결정적으로 중요한 일이지만 불확실한 작업이기도 하다. 몇 가지 기본적인 지원만으로도 채용의 수준을 급격하게 향상시킬 수 있다. 채용 원칙을 수립하고 업무의 수준과 일관성을 높여, 채용을 조직의 핵심 역량으로 발전시키자. 채용 과정에 필요한 역할들을 이해하자. 채용 과정을 관리하고 후보자들에 관해 소통하며, 직원 계발을 위한 피드백 구조를 제공하도록 관리 시스템을 구축하자.

후보자들을 평가하기에 앞서, 한 가지가 더 필요하다. 바로 대상을 정의하는 일이다. 다음 장에서 채용을 위한 직무기술서를 어떻게 정의하는지 다루도록 하겠다.

대상 정의하기

후보자에게서 어떤 기술과 가치, 태도를 원하는지 알지 못하면 목표를 맞출 수 없다. 먼저 직무기술서와 연봉 구간, 이주 계획, 비자 제한, 업무에 필수적인 가치와 태도 여부 등, 충원이 필요한 직무의 구체적인 명세를 어떻게 갖출 것인지 결정해야 한다.

채용 공고 정의하기가 이 책의 핵심적인 주제는 아니지만, 다른 주제의 기초가 되므로 기본적인 내용을 언급하고 지나가도록 하겠다.

2.1 직무기술서 쓰기

직무기술서는 후보자 군에 접근할 수 있는 가장 기본적인 수단이다. 직무기술서에 따라 후보자의 범위가 상당할 정도로 한정되므로, 신경 써서 제대로 준비해야 한다.

후보자의 상상력을 자극하라.

좋은 직무기술서는 읽는 사람들로 하여금 일자리에 호기심을 갖게 만든다. 이 회사가 평소에 일하고 싶어 했던 그곳은 아닐까 상상하게 만든다. 목표로 하는 대상이 공감할 수 있도록, 회사의 사명이나 문화에 관한 것들을 얘기하자.

전문적인 언어를 써라.

나는 '아웃도어족'이나 '게임광'과 같이 스스로를 문화적 하위그룹으로 규정하면서 젊은 층에 접근을 시도하는 직무기술서를 종종 봐 왔다. 그런 직무기술서가 젊은 층을 끌 수 있을지는 몰라도, 회사가 경력자를 중요시하는 한, 원하는 유형의 개발자를 끌어올 수는 없을 것이다. 근사하게 보이려 애쓰지도 말고, '그러면 뭐 줄 건데?'라고 묻는 유형의 어중이떠중이들의 관심을 끌려고도 하지 마라. 회사는 사업을 하는 곳이지 탁아소가 아니다.

충족 요건과 우대 요건을 구분하라.

모든 충족 요건에 딱 들어맞으면서 우대 요건들까지 다 만족시키는 후보자를 찾기란 거의 불가능하다. 구분을 해놓으면 무엇이 필수이고 무엇이 아닌지를 명확히 할 수 있는데다, 채용 과정에 융통성도 생긴다. 특정 기술 한 가지에 능통한 경력자를 찾을 때에도 밀접하게 연관된 기술을 충족 요건이 아니라 우대 요건으로 병기할 수 있으니 말이다.

최대한 정확하게 지위를 기술하라.

후보자들 중에는 자격 기준에 미달하는 이도 있고 초과하는 이도 있는 것이, 어찌 보면 인간의 본성처럼 자연스러운 일이다. 이런 경우를 어떻게 처리할 것인지 명확한 기준을 세워야 한다. 예를 들어, 자격 기준에 미달하는 후보라도 장기적으로 이익이 될 것이 명확하다면 채용할 수 있다. 후보자가 조직 가치와 확실한 성장 경로를 보여주는 경우일 것이다. 자격 기준을 초과하는 후보자들은 다른 채용 건으로 전환하거나, 성과가 좋으면 승진할 수 있다는 전망 하에 자격에 비해 낮은 지위를 택할 수도 있다.

중요하게 생각하는 가치와 태도를 제시하라.

그것만으로도 스스로와 후보자에게 은혜를 베풀 수 있다. 후보자는 회사에 대해 중요한 정보를 알게 되는 동시에, 자신이 잘 맞을지 어떨지도 판단하게 된다. 여러분은 원치 않는 후보자를 걸러내는 장치를 하나 더 가지는 셈이다.

2.2 연봉 구간 설정하기

면접 전에 채용 대상 직책에 대한 연봉 구간이 정해져야 한다. 결정이 늦어지면 입사 제안 협상이 엉망이 될 수도 있고, 헤드헌터와 일하는 게 더 힘들어질 수도 있다.

업계 수준에 맞춰 고려하라.

한편으로는 경쟁 업체에 비해 회사가 어느 정도의 업무 강도를 요구하는지 판단해야 한다. 똑똑한 후보자라면 제안된 연봉이 여러 가지 항목을 총체적으로 고려하여 도출된 결과라는 점을 안다. 불가피하게 비교가 이뤄질 때에는 경쟁을 회피하지 말고 답을 내놓아야 한다. 일이 어려운 곳일수록 많은 대가를 지급한다는 사실을 편안하게 받아들이도록 한다.

기존 직원들의 연봉 수준을 고려하라.

직원들의 급료 수준을 동등하게 맞추는 것이 좋다. 성장하는 조직에서 이를 유지하기란 쉽지 않지만 말이다. 기존 직원들과 형평을 맞추기 위해 후보자에게 경쟁력이 없는 연봉을 제시하기보다는 부정기적으로 기존 직원의 연봉을 현실화하는 방법을 고려해보자. 항상 평가를 염두에 둬야 한다. 고참 개발자라고 해서 모두 동등한 것은 아니다. 형평성이란 상대평가를 고려하는 것이다.

직무기술서에 연봉을 명기하지 말라.

비현실적인 기대치를 형성하거나 채용 업무의 유연성을 제약할 뿐이다. 헤드헌터에게 연봉 정보를 줄 때는 구간으로 알려주고, 충분한 자격을 가진 후보자에게만 해당되는 연봉 구간임을 명확히 한다(자격이 미달하는 후보자를 좀 낮은 직책으로 채용하는 경우에 대비하여).

후보자가 너무 많은 돈을 요구하면?

후보자를 포기하는 주요 원인 중 하나가 연봉이지만, 나는 후보자들의 얘기가 면접을 전후로 완전히 달라지는 걸 본 적이 많다. 가끔 후보자들은 현재 자신이 살고 있는 곳과 회사가 있는 지역의 상대적인 생활 물가 차이를 모르는 경우가 있다.

때로는 복리후생 혜택이 연봉 부족분을 메워 주기 때문에 훨씬 낮은 연봉을 받아들이는 후보자도 있다. 가끔 알 수 없는 이유로 후보자가 비현실적인 기대치를 가지는 바람에 협상이 겉돌게 되는 경우도 있다.

좋게 생각하자면, 회사와 채용 과정에서 받은 인상이 너무 좋기 때문에 후보자가 그런 억지 제안을 들이미는 것이다. 후보자의 희망 연봉이 대략적인 연봉 구간 내에 있고, 후보자가 장래성이 있어 보인다면. 연봉만을 근거로 후보자를 포기하지는 말았으면 한다.

2.3 이주와 비자 요건

해당 직책에 관한 이주 관련 정책을 미리 수립해야 한다. 이주가 필요한 경우를 고려하지 않는다면 직무기술서에 그렇다고 표기해야 한다. 다른 나라나 다른 지역으로부터 후보자를 받을 작정이라면, 이주 지원 정책이 있는지 명시해야 한다.

많은 회사들이 이주 정책을 세워놓고 있다. 자세한 내용은 인사관리 부서에 문의하면 될 것이다. 후보자에게 이주 정책을 어떻게 제시하느냐에 따라 각자의 업무 부하와 새 직원

의 만족도에 큰 영향이 있을 것이다. 종종 실행하기도 어렵고 설명하기도 어려운 이주 지원 프로그램을 볼 수 있다. 후보자나 신규 채용된 직원이 불만을 느끼지 않도록 명확한 기대치를 갖도록 만드는 게 중요하다.

요즘 채용시장에서 소프트웨어 개발자에 대한 수요가 공급을 초과하다 보니 상당수의 채용 후보자들이 이민자들로 채워진다. 이민 지원 정책을 필요로 하는 직원을 채용하지 않겠다면, 채용 대상자가 급격하게 줄어들 것이다. 노동 허가와 관련된 다양한 상황(취업비자, 입국허가증 등)을 어떻게 처리할 계획인지 지침을 세워야 한다. 어떤 종류의 취업 비자를 보증할 건지, 처리 절차는 어떻게 되는지, 소요되는 법무 비용은 얼마나 되는지 확인해두자.

비용이 상당히 커질 수 있기 때문에, 해당 직원으로부터 지원 범위에 대한 동의를 받아놓는 것이 일반적인 관행이다. 채용한 날로부터 회사가 취업 비자 처리를 시작하기까지 대기하는 일도 종종 발생한다. 세부적인 내용에 대해서는 인사관리 부서나 법무팀과 상의하도록 한다.

2.4 시각 일치시키기

채용 관련 직원들이 같은 시각을 갖는 것이 절대적으로 중요하다. 후보자에게서 어떤 점을 제일 중요하게 볼 것인지 모든 사람이 이해하고 있어야 한다. 직원들의 시각을 일치시키는 데 사용되는 여러 가지 수단들이 있지만, 직무기술서야말로 가장 근본적인 목표이자 수단이다. 충원 계획이 생기거나 변경될 때마다 직무기술서를 이용하여 채용 관련 직원들이 동일한 시각을 갖도록 한다.

채용 과정이 진행되는 와중에도 중도 변경이 일어나는 일이 다반사다. 채용 과정에 참여

하는 사람들의 메일링리스트를 만들고 변경 내용을 전자우편으로 발송해서 모든 사람들이 내용을 숙지하고 있도록 한다. 예를 들어, 충원이 필요한 숫자보다 후보자의 숫자가 적을 때, 회사는 신규 채용 기준을 조금 낮추게 된다. 거꾸로 좀 더 엄격한 채용을 통해 회사를 성장시킬 계획이라면, 채용 기준을 높일 수도 있다. 이런 변경 사항을 참여자들에게 알릴 수 있는 방법이 필수적으로 필요하다. 어떤 기준이 느슨해졌고, 어떤 것이 그렇지 않은지 명확히 하라. 예를 들어, 이해력이 뛰어나고 조직 가치에 부합하는 행동적 특징을 가진 후보자를 찾는 것은 변함없지만, 필수 경력 연수는 조금 짧아도 채용 가능하다고 알리면 된다.

후보자가 자동으로 탈락되는 요건이 있다면, 채용 관련 직원들에게 주지시키도록 하자. 예를 들어, 모든 개발자와 품질검수자는 현장에서 근무해야 하며 재택근무를 인정하지 않는다는 정책을 세웠다고 하자. 또는 업무상 출장을 다녀야 하거나 특정한 옷차림을 해야 할 수도 있다. 이런 요건을 만족시키지 못하는 후보자는 탈락의 대상이 된다.

성장하는 조직에서는 채용 관련 직원들 역시 성장해야 한다. 신규 참여자들을 위한 교육 프로그램을 마련하자. 우수 사례를 전파하고 채용팀 내에서 제기되는 불가피한 질문들에 답할 수 있는 수련회도 고려해보자. 팀의 지향성을 유지하는 것이 채용조직이 최고 효율로 돌아가도록 하는 최선의 방법이다.

2.5 결론

이제 직무기술서도 작성했고 어디서 후보자들을 구할 것인지 전략도 세워졌다[1]. 연봉 구간과 이주, 비자 지원에 대한 계획도 마련됐고, 이 정보를 채용 관련 직원들에게도 알렸다. 이제 곧 이력서가 도착할 것이다. 다음 장에서는 이력서를 어떻게 평가할지 배워보도록 하자.

---

1) 개요에서 언급했듯이, 이 책은 후보자 구인 부분은 다루지 않는다.

제3장

이력서 검토하기

이력서는 보통 후보자가 처음으로 회사와 접촉하는 지점인 동시에 후보자의 가장 중요한 판촉 수단이기도 하다. 이 점을 염두에 두고 보면, 뛰어난 이력서에는 기대를 걸게 되고, 형편없는 이력서를 보면 매우 의심스러워진다.

후보자는 진실을 담으면서도 최대한 빛나 보이는 이력서를 빚어내야 한다. 어떻게 균형을 잡느냐에 따라 이력서는 허풍이 되거나, 또는 기술단어만 잔뜩 늘어놓은 전단지가 되기도 한다.

거짓말을 하는 후보자는 많지 않다. 다만 사실을 과장할 뿐이다. 대부분은 경험의 경중에 상관없이 일을 하면서 접했던 모든 기술을 죽 나열하는 방법을 택한다. 나는 이런 수법을 예견하는 수준에 이르렀고, 쉽게 짚어낸다. 놀라운 점은, 많은 후보자들이 스스로의 능력에 대해 뭔가 아주 잘못 이해하고 있다는 점이다. 가끔 자신의 능력을 과소평가하는 후보자도 있지만, 대다수는 자신의 기술 능력을 과대평가하는 비현실적인 자기인식을 가지고 있다.

채용을 진행할 때, 어느 정도 유능해보이지만 우쭐대는 이런 사람들이야말로 가장 경계해야 할 이들이다. 이런 사람들은 상당한 기술을 가지고 있고 자부심도 강해서 스스로를 잘 포장하기 때문에 종종 헤드헌터나 경험이 짧은 면접관을 가지고 놀 수 있다.

채용 과정을 겪으면서 후보자의 객관적인 능력과 주관적인 자기인식의 차이를 식별하는 능력을 갖게 될 것이다. 하지만 어느 경우에라도 확실성을 얻을 수는 없다. 이력서 검토는 능숙해지는 데 시간이 걸리는 부정형의 기술이다. 너무 지레 겁먹을 필요는 없다. 좋은 이력서가 오기를 기대하고, 최선을 다하자. 스스로 적용하고 초월할 수 있을 때까지는 이 책에 제시되는 조언들을 따르도록 하자. 후보자들은 많으니 허술한 빈 틈 사이로 몇 명을 잃게 되는 걸 두려워하지 않도록 하자. 일단 후보자의 이력서가 수상쩍으면, 채용하고자 하는 사람이 아닐 가능성이 크다.

더닝 크루거 효과

스스로의 능력을 과소평가하는 사람을 채용했을 때는 위험이랄 것이 거의 없지만, 전반적으로 자신을 과대평가하는 사람을 채용했을 때는 상당히 위험할 수 있다. 이들은 자신의 동료들보다 많이 안다고 믿기 때문에, 다른 사람들과 일하기 어려워하는 경향이 있다. 동료들도 문제를 인식하고 분개하기 때문에 협력하지 않으려 한다. 우쭐대는 직원은 자기 능력 밖의 결정이나 잘못된 결정을 내려 장기적으로 심각한 폐해를 끼치는 경향이 있다.

'더닝 크루거 효과'라고 이름 붙여진 한 연구결과가 이를 뒷받침한다. 인지편견의 하나인 더닝 크루거 효과Dunning-Gruger effect는 "잘못된 결론과 부적절한 선택을 하는 사람들은 그 무능 때문에 이를 인지하지 못한다."라고 말한다. 이런 현상은 오래전부터 잘 알려져 왔다. 저자들은 찰스 다윈을 인용한다. "자신감은 지식보다 무지에 기인하는 경우가 많다."

저자들은 실험에 사용된 기법들을 놓고 아래와 같은 가설을 세웠다.
1. 무능한 개인은 자신의 능력을 과대평가하는 경향이 있다.
2. 무능한 개인은 타인의 진짜 능력을 알아보지 못한다.
3. 무능한 개인은 자신의 능력부족으로 생긴 곤경을 알아보지 못한다.
4. 이들은 훈련을 통해 스스로의 능력을 계발하고 나서야 이전의 능력 부족을 알게 된다.

크루거와 더닝, '능력도 없고 알지도 못하고 - 무능에 대한 인지실패가 어떻게 자기 과대평가로 이어지는가.'. [Kru99]

3.1 이력서 검토 절차

이력서 검토 과정을 어떻게 조율할 것인지 결정하자. 검토 절차는 그때그때의 이력서 분량과 채용 요구에 맞춰야 한다. 하나의 단위나 한 명의 관리자만 채용 과정에 참여한다면 절차가 매우 가벼워질 수 있다. 다양한 채용 단위가 참여하거나 충원할 자리가 여러 개라면 좀 더 정교한 절차가 필요하다.

시간이 지나면서 직원들 중 일부는 이력서 검토에 뛰어난 실력을 보이게 된다. 모든 이력서는 적어도 한 명 이상의 전문적인 검토자를 거칠 수 있도록 하자. 이를 통해 형편없는 이력서를 통과시키는 사고를 막을 뿐만 아니라, 초급 검토자들이 배울 수 있는 기회를 제공하도록 한다.

전문적인 검토자가 접수된 모든 이력서를 사전 검토하여 명백히 맞지 않는 것들을 걸러내는 방안을 고려해볼 수 있다. 채용 절차에 하나의 단계가 추가되는 것이지만, 이를 통해 상당한 시간과 돈을 절약할 수 있다. 가능하면 순번제로 일을 맡기도록 하자. 한 가지 주의할 점은, 전체 채용 과정의 품질이 한 사람의 능력에 좌우된다는 점이다. 별다른 심사 방법이 없을 때, 이 방법을 고려해볼 수 있다. 예를 들어, 채용 게시판과 직접 접수를 통해 많은 양의 이력서가 들어왔을 때는 이 방식이 효과적일 것이다. 다른 한편으로 여러분을 대신하는 헤드헌터들이 잘 선별을 했는데도 다량의 이력서가 들어왔다면, 사전 검토는 불필요한 일이 된다.

여기서 나는 몇 가지 널리 사용되는 이력서 검토 방식을 설명하면서 그 장점과 단점을 논하고자 한다. 어떤 경우에라도 검토자는 이력서 검토를 마칠 때마다 자신이 검토한 바와 의견을 관리 시스템에 기록해야 한다.

단독 검토

단독 검토의 주된 장점은 이력서 검토 처리량을 극대화할 수 있다는 점이다. 단점은 모든 분별 업무가 한 사람의 손에 맡겨지고, 이력서를 검토하는 동안 다른 업무가 희생돼야 한다는 점이다. 결과도 한 사람의 능력치 안에서 결정될 것이다. 이 사실을 민감하게 받아들여야 한다. 단독 검토가 불충분하면 전화 면접에서 탈락되는 비율이 너무 높거나 낮게 나올 수 있다.

능력 있는 검토자가 담당한다면, 단독 검토가 유용하다. 단독 검토를 통해 대기 중인 이력서 분량을 빨리 소진할 수 있다(왜 이력서가 그렇게 많이 쌓였는지를 먼저 검토해봐야 하지만 말이다).

회사가 계약직이나 조건부 계약직을 채용하고자 하는 전략을 세웠을 때도 단독 검토가 유용하다. 이런 경우라면 일이 잘 안 돼도 후보자를 내보낼 수 있기 때문에 검토가 너무 엄격하지 않아도 용납할 만하다.[1]

충원을 요청한 팀의 채용 면접관을 참여시키는 것이 최선이긴 하지만 때로는 비현실적일 수도 있다. 특정 관리자가 단독 검토를 하게 되면, 채용 면접관은 귀중한 시간을 채용 과정의 후반 단계에 쏟을 수 있다. 물론 단독 검토의 수준이 형편없다면 채용 면접관들도 불충분한 후보자들을 면접하느라 시간을 허비하게 될 것이므로, 별 소득 없는 일이 된다.

교차 검토

교차 검토에서는 두 사람의 검토자가 이력서를 공동으로 검토한다. 교차 검토는 단독 검토에 비해 몇 가지 장점이 있다. 한 사람의 의견이 추가되면서 검토 과정의 충실도가 높아져 성과 없는 전화 면접을 줄일 수 있다. 교차 검토에서는 검토자들이 의견을 교환하는 과정에서 상당한 정보 확장이 일어난다. 경험이 적은 검토자를 훈련시키고 멘토링 하는 데도 교차 검토가 적격이다. 추가적인 자원 소비가 일어나긴 하지만 그럴만한 가치가 있기 때문에 나는 이것을 단점이라고 보지 않는다.

교차 검토의 한 가지 부정적인 측면의 분쟁 가능성이다. '결승골' 역할을 할 제 3자가 없기 때문에 의견 차이가 해소되지 않고 오래갈 수 있다. 이런 경우를 대비해 해결 절차를 고려해야 한다.

---

[1] 내 경험으로는 여러 사람이 참여하여 정규직을 채용하는 것보다 조건부 계약직을 채용하는 것이 비용이 더 든다. 특정 직원이 제 속도를 내도록 만드는 데 드는 비용은 그 사람이 계약직이든 아니든 거의 고정적이다. 채용에 실패하면 내보내면 된다는 인식을 심어준다는 면에서 직원들의 기강을 해이하게 만드는 전략이기도 하다. 아주 일부 경우를 제외하면 정규직을 채용하는 것이 낫다는 생각이다.

교차 검토를 위해서는 두 사람이 일정을 협의하여 동일한 시간을 비워놓아야 한다. 그 시간을 조정하다 보면 지연이 발생하고, 이는 이력서 적체와 채용 기회 상실로 이어진다.

교차 검토를 할 때는 적어도 한 명 정도의 채용 면접관을 참여시키도록 하자. 채용 과정에 가장 절박한 관심을 가진 사람을 참여시키는 것이 언제나 최선이다.

분산 검토

숙련된 검토자가 여러 명 있을 때는 분산 검토가 효과적이다. 분산 검토를 이용할 때는 검토자가 관리 시스템에 접속하면 검토할 새 이력서가 있다고 진행 관리자가 알려준다. 검토자가 자기 일정에 맞춰 이력서를 검토할 수 있기 때문에 시간을 적절하게 관리할 수 있다.

이 방법의 주된 장점은 많은 사람들을 쉽게 참여시켜서 합의를 이끌어낼 수 있다는 점이다. 이 방법이 채용 면접관들을 참여시키기에도 편하다. 특별한 단점은 없지만 조율의 부담이 있다.

첫 번째 문제는 어떻게 일정에 맞춰 검토를 하느냐는 것이다. 개별 이력서의 처리 속도를 확인하면서 언제까지 전화 면접 여부를 결정해야 하는지 통보해야 한다. 미결 상태의 이력서 목록을 그 상태 정보(경과 시간, 평가자 숫자, 더 필요한 평가자 숫자 등)와 함께 매일 전자우편으로 발송하는 것이 도움이 된다.

두 번째 문제는 언제 이력서를 검토 단계에서 빼내어 종결하거나 전화 면접 단계로 넘길지 결정하는 문제이다. 이력서 검토를 완료하는 절차에 대해 정책을 세워라. 예를 들어, 최소 검토자 숫자나 최소 긍정, 또는 부정 의견의 숫자 또는 이들의 조합을 기준으로 삼을 수 있다.

세 번째로 검토자들이 우유부단할 수도 있다. '예 또는 아니요.'라고 결단을 내리도록 계속 강조해야 한다. 어느 정도의 불확실성을 표현하는 것은 괜찮지만 선택은 불가피하다. 이력서 검토는 참여자의 결단과 어느 정도의 성숙도를 요구한다.

상황에 따라 많은 세부 사항들과 변형들이 있을 수 있다. 품질과 효율성에 집중하면서 창의적으로 사고하라.

이력서 검토 회의

　　이력서 검토 회의는 교차 검토와 분산 검토의 장점을 조합한 형태다. 일정 분량의 이력서가 모이면 검토자 몇 명(보통 세 명에서 다섯 명 정도)으로 이력서 검토 회의를 구성한다. 최소한의 유효 이력서 숫자는 여섯에서 열 사이이다. 각 검토자는 동일한 이력서 사본을 받아 검토한 후, 그 위에 검토 내용과 의견을 적는다. 검토가 완료되면 돌아가면서 검토 의견을 말하거나 자유 토론을 벌이게 된다. 이후에 전화 면접을 할지 여부를 투표로 결정한다. 의견 일치를 보지 못하면 추가 토론을 한다. 찬성표의 숫자라든가 다수라든가 등의 의사 결정을 위한 최소 요구사항을 미리 정하자. 컴퓨터를 비치하여 관리 시스템에 간단한 의견을 바로바로 입력하면 편리하다. 작업을 마치면 다음 이력서로 넘어간다.

　　이력서 검토가 모두 끝난 후, 각 검토자가 관리 시스템에 특정 의견을 입력하는 것도 좋다. 입력이 끝나면 진행 관리자가 적절한 후보자들에 대해 전화 면접 일정을 잡는다.

　　이 방법은 최소 네 가지의 장점을 가지고 있다.

- 정해진 시간 내에 검토와 의견교환을 마칠 수 있다.
- 절차에 맞게 진행할 수 있다.
- 실시간 멘토링을 통해 이력서 검토/여과 능력을 발전시킬 수 있다.
- 수준을 떨어뜨리지 않고도 적체된 이력서를 처리하는 좋은 방법이다.

　　이 네 가지 장점을 아주 길어질 수도 있는 회의에 여러 명의 직원을 참여시키는 비용에 견주어 저울질을 해야 한다. 그들의 업무를 다른 사람으로 대체할 수 없기 때문에 일정에 지연이 발생할 수 있다. 이력서를 일사천리로 통과시키려는 경향이 나타나기 때문에 경험 많은 검토자가 개별 이력서를 충분히 살펴보는지 점검해야 한다. 게다가 충분한 숫자의 검토자가 모일 때까지 이력서들이 마냥 기다리고 있는 사태가 벌어질 수도 있다.

　　몇 명의 검토자가 참여하는 것이 제일 적절한지에 대해서는 실험을 해보자. 아마 다섯 명을 넘어가면 다루기 어려워질 것이다. 또 검토자의 의견을 관리 시스템에 수렴하는 여러 가지 방안도 실험해봐야 한다.

이력서 선별

검토 과정에서 불합격된 이력서가 많이 나오는 이유는 채용의 초기 단계에서 충분한 선별이 이뤄지지 못했기 때문일 것이다. 이전에 소개한 관리 기법을 사용하면 이를 추적해 낼 수 있다.

초기 선별 단계를 개선하는 방법과 자체 선별을 진행하는 방법 중 하나를 선택할 수 있다. 초기 선별 단계를 개선하는 한 예로는, 헤드헌터나 인사관리 부서가 명백히 자격미달인 후보자를 사전에 제거하는 것이 얼마나 이득이 되는지 주지하는 것을 들 수 있다.

채용을 담당하는 조직에서 선별을 진행해야 한다면, 앞서 얘기됐던 여러 가지 검토 절차 중 어떤 것이든 사용하면 된다. 목표는 명백하게 자격미달인 후보자를 최대한 빨리 제거하는 것이다. 아마 가장 간단한 방법은 선별 단계를 둬서 이력서를 '자격미달'과 '상세 검토 필요'의 두 가지 분류로 나누는 것이다. 이력서 검토 회의는 선별 작업을 하는 데도 적격이다.

선별 작업에서 주의할 점은 무심코 제거되는 자격 있는 이력서와 선별 노력 최소화 사이에서 적절한 균형을 잡는 일이다. 얼마나 공격적으로 이력서를 거를 것인지는 접수되는 이력서의 양과 충원이 필요한 직책의 숫자와 요구수준에 의해 결정된다.

선별 작업은 재빨리 후보자의 수준을 감지하는 능력을 요구하기 때문에 우수한 검토 기술을 가진 사람이 필요하다. 검토자는 채용을 진행하고 있는 대상 직책 또한 이해할 필요가 있다.

3.4절에서 검토 기술을 좀 더 자세히 다루면서 이력서 선별 작업을 어떻게 접근해야 하는지 짚어보도록 하겠다.

3.2 이력서의 구성 요소와 각각의 의미

모든 이력서는 다르지만 대부분의 이력서들이 하나의 기본 유형을 따르는 경향이 있다. 순서와 짜임새는 다르지만 내용은 거의 대동소이하다. 다음 페이지에 나오는 이력서 예제 1번에서 내가 얘기하는 구성 요소들을 대부분 볼 수 있다.

홍길동

설계 전문가/선임 개발자

개요

- 자바 소프트웨어 설계 전문가
- 데이터 모델링과 관계형 DB 경력자
- 패턴 설계와 객체지향 설계 유경험자
- 뛰어난 의사소통 능력을 보유한 검증된 팀 리더

경력

2006년 6월 ~ 현재   캘리포니아호텔 주식회사. 소재지 : 캘리포니아 주 할리우드
직책 : 설계/선임 개발자

- 호텔 예약 시스템용 비즈니스 로직 엔진과 DB 설계 및 개발
- 아파치 톰캣에서 구동되는 스프링 프레임워크 기반 응용프로그램
- XML-RPC를 이용한 클라이언트 요청 처리, HttpInvoker를 이용한 타 시스템 연동 및 비즈니스 로직 적용, 반응 처리

적용 기술: 자바, 비주얼 룰즈, 스프링, iBATIS, 톰캣, MySQL

2005년 ~ 2006년 2월
주식회사 크레더블 헬쓰. 소재지 : 캐나다 프로즌 노쓰
직책 : 선임 소프트웨어 개발자

- 기타 등등

보유 기술

- 자바 J2EE, 스프링, 하이버네이트, iBATIS
- RDBMS : 오라클 9i, MySQL, SQL, PL/SQL
- SOA, 웹 서버 : 아파치, 톰캣, 웹스피어, 웹로직
- 소스제어 소프트웨어 : 비주얼소스세이프, 클리어케이스, CVS

학력

2001년 5월 율도국 활빈대학교. 도술과학 석사
1998년 12월 율도국 활빈대학교. 컴퓨터공학 학사

Spring Framework. 자바 플랫폼에서 구동되는 오픈 소스 어플리케이션 프레임워크. - 역주

이력서 1   전형적인 이력서의 구성요소를 보여주는 예

목표 또는 개요

목표 항목은 후보자의 직업적 목표, 특히 가까운 미래(예를 들자면, 다음 직장에서)의 목표를 짧게 서술하는 부분이다. 목표 대신에 몇 단락에 걸쳐 자신의 경력을 요약한 경력 개요를 제공하는 후보자들도 있다.

대체로 목표를 서술한 문장에서는 그다지 가치 있는 정보를 찾을 수 없다. 당장 목표로 하는 직장을 위한 정보라기에는 너무 범용적인 경향이 짙다. 가끔씩은 목표가 명백히 다른 직장을 위해 쓰였거나 예전 직장을 대상으로 쓰인 티가 나기도 한다. 이런 경우에 목표 항목은 도움이 되기보다는 오히려 혼란을 가중시킨다.

한편, 개요를 서술한 문장은 어느 정도 유용한 정보를 제공한다. 후보자가 경력 개요를 제공하면, 여러 업무 경험을 하나의 주제로 묶어볼 수 있기 때문에 경력을 더 자세하게 파악할 수 있다. 후보자들은 이 공간에서 스스로가 가치지향적이라거나, 열정적이고 빨리 배우며 협조적이라거나, 또는 '할 수 있다' 정신과 같이 범용적인 강점이라고 생각되는 점을 강조한다.

나는 개요와 경력 정보 간의 **일관성**을 곧잘 **확인**한다. 경력 정보가 개요를 뒷받침해야 하는데, 그렇지 않다면 문제다.

개요나 심지어 목표까지도 후보자의 자기인식을 어느 정도 드러내기 때문에 그 인식이 얼마나 정확한지를 평가하는 데는 도움이 된다. 나는 후보자가 얼마나 정확하게 자기를 인식하는가가 미래의 성과를 예시해주는 지표라는 점을 알게 되었다. 바로 **더닝 크루거 효과**가 작용하는 지점일 것이다. 이력서의 나머지 부분과 일관되지 않는 목표나 개요는 후보자의 비현실적인 자기인식을 드러내는 한 지표가 된다. 목표나 개요가 이력서의 나머지 부분과 일관된다면, 후보자가 좀 더 이성적이고 현실적이며 성숙하다는 뜻이다.

보유 기술

보유 기술 항목은 보통 두 가지 목적을 가지고 작성된다. 첫 번째는 정보를 '인간에게' 전달하는 것이고, 두 번째는 '컴퓨터 프로그램에' 정보를 전달하는 것이다. 어떤 경우이든 전형적인 보유 기술 항목은 봐도 별 가치가 없는 전문 용어들로 빽빽이 메워져 있다.

보통 보유 기술 항목에는 실제로 써봤든 안 써봤든, 후보자가 대충 안다고 생각하는 모든 기술들이 망라되어 있다. 가끔 실제로 써본 기술들만 기록하는 후보자도 있는데, 이런 경우 목록은 상대적으로 짧아진다. 이런 때가 보유 기술 항목에서 뭔가를 건지는 경우다.

이보다는 선별 소프트웨어를 통과하려는 목적으로 보유 기술 항목을 채우는 경우가 많다. 헤드헌터나 인사관리 부서에서는 종종 특정 직무기술서에 맞추기 위해 이력서를 선별 소프트웨어에 넣어 돌린다. 채용 업무의 지루함을 날리는 대신 충실도를 희생하는 것이다. 후보자의 입장에서는 형편없는 선별 프로그램에 걸리지 않기 위해 들어본 것 전부를 나열할 수밖에 없는 것이다.

사실의 과장인가, 아니면 부정인가?

사람들은 종종 일자리를 얻고자 장황하게 이력서를 써낸다. 때로는 눈속임을 시도하는 사람들도 있다. 많은 사람들이 보유 기술 항목에서 사실을 과장하기 때문에, 이 부분의 정보를 액면 그대로 믿기 어려운 때가 많다.

이력서의 진실성을 평가할 때는 동정심을 자제하는 것이 좋다. 과장된 정보를 단지 선별 프로그램을 통과하기 위한 것으로 봐야 할까, 아니면 더 심각한 것으로 봐야 할까? 학력 부분이나 경력 부분의 정보는 정확해야만 한다. 두 부분에 부정확한 정보가 있다면 참을 필요가 없다. 반면에 보유 기술 부분의 두 가지 목적을 인지하고 있다면, 이 부분에 과장이 있다고 속을 끓일 필요는 없다. 이력서의 핵심 부분에서 부정직하거나 부정확한 사람들이 직원으로서도 형편없이 행동할 가능성이 더 크니 말이다.

학력

학력 난은 후보자의 주요 교육 경력과 훈련 경력을 기재하는 곳이다. 소프트웨어 개발자의 이력서에는 대부분 전문대학이나 대학 수준의 학력이 기재된다. 때로는 이곳에 다른 훈련 경력이나 자격증 정보가 기재되기도 한다.

충원 대상 직책이 특정한 학력 수준을 요구할 때는 중요한 항목이 된다. 학력 항목에 대해서는 이후에 좀 더 자세하게 설명하도록 하겠다.

후보자가 어떤 내용을 제시하는가에(또는 어떤 내용을 제외하는가) 따라 많은 것을 알 수 있다. 방대한 종류의 학교명과 학위명이 쏟아질 것이다. 해당 직책이 요구하는 교육 수준을 이해하고 있어야 하고, 후보자가 제시하는 교육기관에 대해 자체 조사를 진행해야 한다. 들어본 적이 없는 교육기관이라면, 실제로 존재하는 곳인지, 괜찮은 곳인지 조사해서 확인해야 한다. 후보자가 어떤 것을 배웠는지 감을 잡으려면 커리큘럼을 훑어보는 것이 좋다.

재직 이력

재직 이력 부분에서는 후보자가 이전에 거쳤던 직장의 직책들과 대강의 정보를 제공한다. 대체로 개별 이력마다 회사명과 소재지 정보, 직책명, 고용기간 등이 표시된다. 때로는 이직 전후 사정과 진행한 프로젝트 정보가 같이 포함되기도 한다. 개별 이력에서 가장 중요한 부분은 후보자가 수행한 업무의 내용과 범위이다.

위의 정보 중에 어느 하나라도 빠져 있으면 문제가 될 수 있다. 이 항목은 가장 중요한 부분으로서 후보자가 의도하지 않았던 정보까지 포함하여 가장 풍부한 정보를 얻을 수 있는 영역이다.[2]

자격증

자격증 정보는 단독 항목으로 제시될 수도 있고 학력 난과 같은 다른 항목에 포함되어 제시될 수도 있다. 자격증의 경우는 문화적인 배경도 있는데다 그 동기도 다양하기 때문에

---

2) 이력서에서 채용 후보자가 의도하지 않은 정보들도 풍부하게 얻을 수 있다.

해석하기가 힘들다.

　회사는 해당 기술 영역에 대한 후보자의 숙련도를 확인할 수 있는 구체적인 증거라는 점에 기본적인 의미를 둔다. 아쉬운 점은 자격증 시험을 통과했다는 것이 일반적으로는 높은 수준의 숙련도를 의미하지 않는다는 점이다. 오히려 내가 일하는 분야에서는 자격증과 숙련도가 상관이 없는 경우를 많이 봐왔다.

　만약 어떤 회사에서 자바 개발자를 채용하는 데 후보자를 검증할만한 전문가가 내부에 없다면, 이때는 자격증 정보가 위안을 줄 수 있을 것이다. 어쨌거나 내 주장은, 소프트웨어 전문가를 채용하는 데는 소프트웨어 전문가가 적격이지, 자격증은 기술을 증명하기에 부족한 지표라는 것이다.

자격증: 좋다 vs. 나쁘다

　내가 잘 아는 두 분야에 자격증이 유행하고 있다. 자바 프로그래밍과 애자일 방법론 분야이다. 선임급 자바 개발자를 채용할 때, 자격증을 가진 사람들의 절대 다수는 입사 제안을 받지 못한다. 온라인 자격증 시험을 통과하는 것과 직업적 성공은 거의 관련이 없기 때문이다. 인기 있는 시험들은 모두 커닝페이퍼를 사용할 수 있는 데다 실습 교육이나 일정 경력을 요구하지도 않는다.

　애자일 판은 더 심하다. 최근까지도 이틀짜리 교육과정에 참석하기만 하면 스크럼마스터 자격증을 얻을 수 있었다. 나는 한 번은 배우기 위해, 다른 한 번은 내가 속했던 조직이 이용할 수 있을까 해서 교육과정에 두 번 참석했다. 최고 수준의 강사들이긴 했지만 결과는 듣는 사람에 따라 상당히 편차가 컸다. 나는 그저 깨어 있었다는 이유만으로 두 개의 자격증을 취득했다.

　고용주가 요구하거나 보상을 지불하기 때문에 자격증을 취득하는 사람들도 있다. 고용주들은 경쟁력을 향상시키려는 목적도 가지고 있지만, 아웃소싱을 받아 일하는 경우, '자격증이 있는 개발자들만' 프로젝트에 투입한다며 고객을 안심시키는 장사 수단으로 자격증을 이용하기도 한다. 나는 소프트웨어를 핵심 자산으로 생각하는 회사라면 아웃소싱은 나쁜 선택이라고 생각하는데, 아웃소싱을 찾는 회사일수록 자격증에 좋은 인상을 받는 경향이 크다.

어떤 후보자들은 자격증이 돈이 된다고 믿는다. 게다가 자격증 운운하는 후보자들 중에는 자격증 마크를 이력서 첫머리에 붙여 놓는 사람들도 있다. 나는 자격증이 돈이 된다는 생각은, 대부분의 경우, 잘못된 것이라 생각한다.

특별한 이유가 있는 게 아니라면, 자격증을 다룰 때는 회의적일 필요가 있다.

관리자 중심이 아니라 팀의 자기주도형 의사결정을 중심으로 개발 프로젝트를 진행하자는 스크럼(SCRUM) 접근방식에서 개별 스크럼 팀의 현실에 맞는 실천법을 정립하고 그 실행을 관리하는 역할. 소정의 교육과정을 거치면 공인 스크럼마스터(CSM, Cettified ScrumMaster) 자격증을 스크럼얼라이언스(ScrumAlliance. http://www.scrumalliance. org)라는 단체에서 발급해준다. - 역주
스크럼얼라이언스에서는 시험 단계를 신설하여 이를 통과해야만 자격증을 취득할 수 있도록 해서 상황을 개선했다.

저작

이 항목은 후보자가 단독으로, 또는 공동으로 저술한 출판물들을 적는 곳이다. 발표문이나 위원회 활동, 또는 여타의 기술적 리더십 경험을 적기도 한다.

채용하고자 하는 직책이 연구 작업과 관련된 것이 아니라면, 출판 경험이 있는 후보자를 볼 일은 별로 없다. 출판이나 발표 등은 지적 능력과 의사소통 기술, 창의성, 기술적 리더십, 특정 주제의 전문가가 될 수 있는 능력 등을 나타낸다.

저작 정보가 있다면 이를 통해 후보자의 어떤 부분을 알 수 있는지 평가해보자. 첫 번째 고려할 사항은 그 저작물이 채용하고자 하는 직책에 적절한 것인가이다. 후보자가 우연하게도 회사가 관심을 가지고 있는 특정 분야의 전문가라는 점을 발견하기라도 하면, 정말 덤을 얻은 기분이다. 아주 드물기는 하지만, 다른 항목이 모두 만족스럽다는 전제에서, 그런 후보자는 열성적으로 채용해야 한다.

채용할 직책에 딱히 연관되지 않는 출판물이나 공개 저작물들도 매우 중요하다. 예를 들어 한 분야의 전문가가 되려면 일반적인 기술만으로는 힘들다. 보통 한 분야에서 전문가급에 오른 사람은 다른 분야에서도 전문가가 되는 경우가 많다. 핵심은, 후보자의 성취도가

해당 분야의 전문가급이냐를 판단하는 것이다.

요즘에는 인터넷에 올라오는 거의 모든 글이 발행되기 때문에, '발표되었다.'라는 사실은 크게 중요치 않다. 인터넷 현상의 좋은 점은 모든 종류의 발표된 자료들을 찾아 들어가 읽을 수 있다는 점이다. 이력서에 제시된 출판물들을 검토해보는 것이 좋다. 글은 그 저자에 대해 많은 것을 알려주기 때문이다.

저작물과 발표자료 등을 평가하는 데는 고려해야 할 것들이 많다. 첫 번째로, 후보자가 단독 저자이거나 주 저자인가 하는 점이다. 전통적으로 주 저자가 맨 앞에 표시된다. 연구보고서일 경우 신경을 써야 한다. 종종 후보자가 주 연구원이 아니라 보조인 경우가 있다. 예를 들자면, 대학 교수들이 소소한(때로는 그다지 소소하지 않은) 연구 작업에 제자들을 참가시키고 그 대가로 보고서에 이름을 올려주는 경우가 있다. 일반적으로, 기재된 이름이 많을수록 부 연구원들의 영향력은 적다고 볼 수 있다. 해당 영역에 대한 후보자의 실제 관련성을 확인하려면 주 저자와 후보자의 다른 저작물을 살펴봐야 한다.

후보자가 동일한 주제나 비슷한 주제로 여러 번 저작물을 발표했는가? 그렇다면 이는 해당 주제에 대한 전문성을 의미한다고 볼 수 있다. 반대로 전혀 연관성이 없는 주제들에 대해 여러 편의 저작물을 발표했다면, 이는 문제다. 자기 의견이 확고하고 이를 표현하고자 하는 욕구도 큰 사람이지만, 깊이가 부족할 수 있다. 이런 사람은 더닝 크루거 효과의 영향 아래 있을 가능성이 있다.

복수 학위가 있는 사람은 대체로 논문을 발표한다. 논문은 상당한 노력을 필요로 하는 독창적인 작업이다. 논문이 시사를 하는 바는 크다. 아쉬운 점은, 전혀 독창적이지 않고 새로운 의미도 없는 논문들이 많다는 점이다. 논문이 회사의 관심 영역에 들어맞을 경우는 거의 없다시피 하므로, 주제보다는 문체나 의사소통 방식, 언어 능력, 연구조사 수준, 주제에 대한 이해도 등을 보는 것이 좋다.

블로그의 글을 저작물로 제시해 놓았다면, 이를 판단할 수 있는 방법은 해당 게시물을 읽어보는 수밖에 없다. 마찬가지로, 거의 인지도가 없는 온라인 신문과 잡지들도 많다. 이런 곳들은 최소한의 검토만 거친 후 기고를 실어 준다. 출판 자체는 가치가 없다. 직접 그 출판물을 읽어보고 판단해야 한다.

가장 좋은 발표지와 학회는 동종 학계의 검토를 거치면서 통과율이 낮은 것들이다. IEEE[3]와 ACM[4] 발표지와 학회가 이 계통에서는 최고 수준이다. 연구 중심이 아니면서 낮은 통과율을 가진 발표지와 학회들이 많다. 출판사나 학회 담당자에게 평가 기준과 통과율을 질문해봐도 좋다. 출판사나 학회 담당자의 철저한 심사를 통과한 후보자일수록 바람직한 직원이 될 가능성이 크다.

저작 항목은 후보자를 이해할 수 있는 또 하나의 좋은 수단이다. 또한 저작 항목은 전화 면접이나 현장 면접으로 직접 대화를 할 때 좋은 소재가 된다. 할 일은 해서 그 저작들에 익숙해지자. 사내에 해당 저작과 같은 분야의 전문가가 있다면 면접에 참여시키는 것도 좋다. 덧붙여, 해당 후보자가 진짜 대단한 사람일 때는 그의 저작을 알고 언급하면서 후보자의 신뢰를 얻을 수 있다. 상당히 효과가 좋은 유인책이라 할 수 있다.

거꾸로, 변변치 않은 저작을 여러 개 언급하는 후보자는 위험하다. 과장이나 속임수, 거만함, 명예욕 등 부정적인 특성은 없는지 자세히 살펴야 한다. 유사한 행동적 특징은 한꺼번에 나타나는 경우가 많다. 채용 업무에 익숙해질수록 이와 같은 상호관련성을 찾아볼 수 있을 것이다.

관심 사항

일부 후보자들은 비직업적인 관심 사항을 이력서에 포함시킨다. 고려해볼 가치가 있을 때도 있지만, 대체로는 불필요한데다 비전문적으로 보이기까지 한다.

깊이 있는 능력과 높은 창의력, 리더십, 이타적 사고를 보여주는 관심 사항은 긍정적으로 고려될 수도 있다. 후보자가 이력서에 적은 모든 내용은 회사가 원하는 가치와 태도를 후보자가 가지고 있는지 판단하는 근거가 된다.

---

3) 역주 미국 전기전자 학회. Institute of Electrical and Electronics Engineers, http://www.ieee.org
4) 역주 미국 컴퓨터 학회. Association of Computing Machinery, http://www.acm.org

3.3 무엇을 볼 것인가: 관점

내 경험으로는 중요한 관점들을 미리 정해놓고 이력서를 검토하는 것이 가장 효과적이었다. 아래에 나에게 적절했던 관점들을 제시해봤다. 여러분이 '슈' 단계에서 '하'나 '리' 단계로 나아가면서 내가 제시한 관점들에 자신만의 것을 추가하면 좋겠다. 이력서를 검토할 때마다 모든 관점을 적용하도록 해보자. 내 목록은 아래와 같다.

- 직무 적합성
- 문화/환경 적합성
- 경력
- 성과
- 발전성
- 리더십
- 영향력
- 가능성
- 학력
- 문제점 발견

관점을 염두에 두고 이력서를 검토하면, 좀 더 정량적, 목적의식적으로 볼 수 있다. 이력서에 대한 평가를 할 때도 개별 관점과 연관된 단어들로 정리할 수 있어 편리하다.

이 목록에 있는 관점들로만 한정할 필요는 없다. 여러분이 처한 상황에서 넓은 의미로 유의미한 지점이 있다면 이를 정의하여 관점으로 적용할 수 있다. 다음 단락에서 내 목록에 있는 관점들은 설명하도록 하겠다.

직무 적합성

직무 적합성은 가장 기본적인 관점이다. 후보자의 이력서가 충원 대상 직무가 요구하는 능력이나 경험과 얼마나 잘 맞아떨어지는지 판단하는 데 이용한다. 이력서를 보기 이전에 직무 요구사항을 만족하는 후보자에 대해 현실적인 기대치를 먼저 세워야 한다. 직무기술서를 지침으로 사용하자. 요구사항의 우선순위를 따져 '**필수요건**'과 '**부가요건**'으로 분류해놓으면, 후보자가 해당 직무에 얼마나 적합한지 결정하기가 편해진다.

너무 단정적이라고 느끼나요?

누구나 다른 사람을 판단하는 일은 불편하게 느낀다. 특히 대략적인 정보만으로 판단을 내려야할 때는 더 그렇다. 아마 친구나 가족, 심지어 낯선 사람도 그런 식으로 판단하지는 않을 것이다. 하지만 채용은 다르다.

각자의 일이 최선의 후보자를 채용하는 것이고 보면, 불편하더라도 평가와 판단을 내려야 한다. 비판적이어야 한다. 잘못을 찾아내는 데 집착하고 경솔하게 가혹한 판단을 내리라는 뜻이 아니라, 사실과 장점 등에 대해 정교한 판단을 내리라는 의미이다.

판단내리는 것이 불편하다는 말은 건강하다는 뜻이다. 각자가 하는 일이 얼마나 중요한 일인지, 자신의 관점과 판단도 어쩔 수 없이 불완전하다는 점을 되새기는 기회로 이용해보자.

채용은 후보자를 위해서도, 고용주와 여러분 자신을 위해서도 중요한 작업이다. 후보자에게 일자리는 엄청나게 중요한 개인적 사건이다. 고용주는 최고 중의 최고를 원하며, 그런 사람을 데려오라고 여러분에게 요구한다. 여러분은 결국 그 후보자와 함께 일할 것이다. 여러분의 성공은 어쩌면 그 후보자에 달려 있는지도 모른다. 채용이 얼마나 중요한 일인지 절대 잊지 말자.

여러분이 분석하고 있는 정보는 막연하고 부정확해서, 불완전한 판단을 내릴 수 있다는 점을 염두에 두자. 채용 과정이 진행되면서 후보자에 대한 정보가 축적되면 한 사람의 모습을 더 자세하게 그릴 수 있을 것이다. 새로운 정보에 따라 그리던 그림을 더 발전시키든가, 아니면 폐기하고 새로 그려야 한다.

데이터를 종합해보고 이전 판단이 틀렸을 때, 그 판단을 버리는 것이야말로 습득하기 어려운 능력이다. 사람은 이러저런 핑계를 대면서 자신의 원래 판단을 필요 이상으로 고집하는 경향이 있다. 정보가 제시하는 대로 자신의 이전 판단을 폐기하고 새 그림을 그릴 수 있는 능력을 계발하도록 하자.

이력서에 보유 기술 부분이 있으면 관심이 가는 항목을 따로 적어 보되, 되는대로 적어 놓은 그럴듯한 기술들에 현혹되어 후보자의 전문성을 평가하지는 말자. 앞서 얘기했듯이 선별 프로그램 또는 선별 과정을 통과하기 위해 나열되는 기술들이 많기 때문이다.

후보자의 재직 이력에 집중해서 전문성은 아니더라도 실질적으로 구사했던 기술이나 적용했던 기능의 단서들을 찾아보자. 보유 기술 부분에 나타난 전문용어들과 상세 업무 내역에 나타난 경험담이 잘 일치하는 경우를 찾아야 한다. 관심 사항 부분에서 후보자가 주목할 만한 능력과 경험을 가지고 있는지 단서를 찾아보자.

후보자의 관련 경험이 얼마나 오래된 것인지도 고려해야 한다. 관심 기술이라도 오래 전에 써 봤던 거라면 최근의 경험에 비해 가치가 낮아진다. 그 기간에 기술이 현격하게 바뀌었는지 따져보고, 해당 기술의 최신 경향에 어느 정도 가치를 둘지도 고려해야 한다.

> ## 리더십은 유효기간이 길지만, 기술은 그렇지 않다.
>
> 특정 기술에 대한 경험의 가치는 시간이 갈수록 감소한다. 기술이 계속 바뀌기 때문에, 후보자가 숙련도를 유지하려면 흐름을 계속 따라가야 한다. 중요한 기술을 한동안 사용하지 않았다면 따라잡으려고 애를 써야 할 것이다. 이런 경우라면 여러분은 채용된 후보자가 최신 기술을 습득하는 데 어느 정도의 노력이(생산성 저하 역시) 필요할지 판단해야 한다. 예전에 전문가 단계에 이르렀던 사람은 그 과정을 재현할 가능성이 크다는 점을 기억하자.
>
> 반면에 리더십과 협업, 의사소통 능력은 시간이 지날수록 성숙되고 상승하는 경향을 보인다. 게다가 이런 능력들은 기술 능력과 달리 습득하기가 쉽지 않다. 이런 유연한 능력을 보여주는 후보자를 더 높이 평가하도록 하자. 유연한 능력을 가진 후보자를 채용해서 기술을 가르치는 것이 반대의 경우보다 성공할 가능성이 높다. 두 가지를 다 가진 사람을 채용하는 것이 이상적이겠지만, 어느 하나가 살짝 부족한 사람을 채용해야 한다면 기술이 부족한 편이 낫다.

아무 회사, 아무 곳　　　　　　　　　1996년 3월 ~ 2009년 8월

- 10명의 팀원들을 이끌고 배차 담당자용 택배원 관리 JAVA 응용프로그램 개발
- ORACLE DB를 이용한 고객정보 관리 인터페이스 설계 및 적용
- 소프트웨어 시스템의 오류 발생 시 다운 시간 감소와 반응성 개선을 위한 보조 프로세스 정의
- JAVA 팀을 WEBLOGIC 팀으로 성공적으로 전환
- 초급 개발자들의 소프트웨어 개발 능력 향상을 위한 멘토링

이력서 2　업무 경력 부분의 예

후보자가 해당 기술을 가지고 있다는 현저한 근거를 찾을 수 없다면, 이는 중요한 결격사유로 작용한다. 후보자가 특정 기술이나 기능을 언급했다고 해서 그가 실제로 그 기술을 사용해 본 경험이 있다고 단정하지 말자. 보다 자세한 설명이 상세 업무 내역이나 후보자가 주요 역할을 맡은 프로젝트 내역에 나타나야 한다. 예를 들어 <이력서2>의 업무 경력 부분을 살펴보자.

나는 상세 업무 경력의 첫 번째와 네 번째 항목을 보면서 후보자가 어쩌면 상당한 자바 경험을 가지고 있겠다고 생각했다. 그리고 첫 번째 항목에서 후보자가 리더의 역할을 수행했다는 점과 실제 코딩 작업은 많지 않았으리라는 점, 후보자가 모든 기술명을 영문 대문자로 표시(강조하기 위해서였을 수도 있지만 잘 몰랐기 때문일 수도 있다[5])했다는 점에도 주목했다.

오라클이 언급되기는 했지만 실제 용도는 밝히지 않았다. 첫 번째 항목의 신규 개발건과 세 번째 항목의 프로세스 개선, 네 번째 항목에서 짐작할 수 있는 팀 교육, 다섯 번째 항목의 멘토링 등 리더십을 나타내는 신호를 몇 군데에서 볼 수 있다. 후보자가 수행한 업무나 개발 과제의 난이도는 언급하지 않았다. 두 번째 항목은 인터페이스가 무엇인지(UI, 객체, 등등), 후보자가 말하고자 하는 바가 무엇인지 불명확하다. 이 업무 경력에 대해 평하자면,

---

5) 오자, 탈자, 틀린 대문자 표기 등이 있을 때는 고민을 해봐야 한다. 후보자가 기술명을 잘못 적거나 틀리게 적으면, 나는 후보자가 그 기술에 대해 얼마나 알고 있는지 의심하게 된다.

나는 정확성과 구체성이 부족하다고 본다. 전화 면접을 하게 되면 이 애매모호한 부분을 물어봐야 할 것이다.

특별한 정상참작 사유가 없는 경우라면, 필수 기술과 경력을 가지지 못한 후보자는 떨어뜨려야 한다. 필수 요구사항을 충족하지 못한 사람에게 시간을 낭비할 필요가 전혀 없다.

자격초과?

필수 요구사항을 다 충족하고도 한참 남는 사람이 있다면 어떻게 할까? 평가하기에 난감한 경우다. 자격을 다른 것과 혼동하기 쉽다. 예를 들어, 어떤 사람을 경영진으로 배치했더니 마뜩찮거나, 다시 기술직으로 일하고 싶다고 희망하는 경우를 생각해보자. 이런 경우는 그 자체가 자격초과의 문제가 아니다. 경영은 전통적으로 기술직이 아니기 때문이다. 이런 후보자는 경영진으로서 더 많은 연봉과 더 많은 책임이 주어지는 것을 좋아할지는 모르겠지만, 아마 경영 전문가로 성장하지는 않을 것이다.

채용팀 구성원들의 지레짐작 때문에 모든 필수 요구사항을 충족하면서 경력도 더 오래 되고 저작물 정보를 통해 기술적 리더십의 가능성도 엿보이는 후보자를 탈락시킬 수도 있다. 이런 후보자는 제안할 내용보다 더 도전적인 직책이나 더 많은 연봉을 요구할 것이라 지레 짐작하는 것이다. 직무 요구 수준을 초과하는 후보자가 있어도, 사실을 확인하기 전에 미리 탈락시키지 말라. 전화 면접을 하기 전에 전화를 걸어 이런 우려를 해소하는 게 좋다.

때로는 연봉이 문제가 된다. 후보자가 헤드헌터를 통해 들어왔다면, 연봉 문제는 이미 전달되었어야 맞다. 채용 직원들에게 이런 상황을 알려서 연봉을 이유로 후보자를 탈락시키지 않도록 해야 한다. 후보자가 전혀 걸러지지 않고 들어왔다면(예를 들어, 회사의 웹사이트를 통해서), 여러분은 온갖 종류의 부적합 사례들을 경험하게 될 것이다. 이런 상황에서는 사전 통화가 더 중요해진다. 후보자가 채용 과정의 검토 단계에 들어가기 전에 연봉 문제를 처리할 수 있도록 채용 절차를 설계해야 한다. 그래야 면접관들이 연봉 문제에 신경 쓰지 않고 후보자의 자격조건에만 집중할 수 있다.

문화/환경 적합성

후보자가 직무 요구사항을 충족하는가 하는 문제와는 별개로, 후보자가 회사의 문화나 업무 환경을 편안하게 여기지 않는다면, 회사에 오래 남기 어려울 것이다. 문화와 환경 요인은 업무 만족도와 업무 성과를 좌우하는 요소이다.

회사가 문화와 업무 환경에 큰 가치를 두고 있다면, 건강하지 못하거나 상당히 삐걱거리는 회사 문화와 업무 환경으로부터 옮겨온 사람들은 잘 적응할 것이다. 예를 들어, 일주일에 60시간 노동을 권장하는 문화를 가진 회사에서 온 새 직원은 일주일에 40시간 내지는 45시간 정도의 업무강도에 별 문제없이 적응할 수 있다. 반면에, 수준 높은 의사소통 문화와 협업 문화, 경영 투명성이 지켜지지 않는 회사를 거친 사람은 수준 높은 사내 문화를 가진 곳으로 옮겼을 때 문화적 충격을 받게 된다.[6]

회사의 일하는 속도와 방식을 고려해보자. 예를 들어, 의료 장비에 사용되는 소프트웨어를 구축하는 일을 하는 회사라면, 신중하고 안전성을 중시하는 업무 절차와 형식을 가지고 있을 것이다. 코드를 자주 수정하지 않을 테고 안전성을 검증하기 위한 검토 단계들과 다른 장치들도 있을 것이다. 이런 회사에서 작은 규모의 신생 업체에서만 일해 본 사람을 채용하는 것은 최선의 선택이 아닐 것이다. 최소한, 새 업무 환경에서 어떤 일이 진행되는지 설명하는 데 시간을 들여야 할 것이다. 설명을 하고 이해했다는 대답을 들었다 해도, 당장 일자리가 필요한 후보자가 이와 같은 급격한 변화를 충분히 고려할 수 있는지, 심지어 제대로 이해할 수나 있을지 의심스럽다. 전화 면접이나 현장 면접에서 후보자가 경험했던 회사 문화에서 어떤 부분을 정말로 좋아했는지 깊이 있게 탐색하면서 문제를 찾아낼 수 있을

---

6) 나는 덜 건강한 문화와 환경에서 더 건강한 곳으로 옮길 때의 적응 문제만 언급했다. 왜냐하면 이 책을 읽고 있는 여러분 회사의 문화와 환경이 훌륭했으면 하고 바라기 때문이다. 그렇지 않다면 적응 문제는 어느 방향으로의 이동이든 다 발생한다.

것이다. 후보자가 중요시하는 가치가 여러분의 회사 문화와 잘 맞지 않는다면, 그 후보자를 채용한다 하더라도 아마 나중에 문제가 발생할 것이다.

일부 기술은 상당한 문화적 배경을 가지고 있다. 예를 들어, 오픈소스 툴 사용을 기피하는 사람은 오픈소스 툴과 응용프로그램을 즐겨 사용하는 사람과는 상당히 다른 가치 체계를 가지고 있다. 나는 이것도 적합성을 알아볼 수 있는 좋은 지표라고 생각한다.

경력 부분을 읽을 때 회사명을 따로 적어놓는 것이 좋다. 각 회사들에 대해 알고 있는 정보(또는 알아볼 수 있는 정보)가 있으면 그 회사들이 여러분의 회사와 문화적으로 유사한지 또는 다른지 확신할 수 있을까? 각 회사의 규모는 어느 정도인가? 얼마나 오래된 회사들인가? 여러 곳에 분산해서 소프트웨어를 개발하는 회사들인가? 직원 중에 그 회사들에서 일해 본 사람들은 없는가? 그 사람들은 지금도 회사를 다니고 있는가? 그렇다면 그 사람들은 쉽게 적응을 했는가?

순차적 방법론 vs. 애자일 방법론

순차적 방법론에 완전히 익숙해진 후보자가 애자일 개발 환경으로 옮겨 오면, 적응하는 기간이 필요하다. 애자일 원칙들을 상당히 충실하게 따르는 회사에 있었던 적이 있다. 이력서를 검토할 때, 우리는 후보자가 애자일 환경에서 일해 본 적이 있는지 찾았다. 직무기술서에 애자일 관련 내용을 포함한 후에는 후보자들, 특히 애자일 방법론을 경험해본 후보자들은 대부분 애자일 경험을 언급했다. 하지만 애자일 환경에서 일한 적이 있다고 말한 사람들 중에 자신들이 한 일이 무엇인지 제대로 이해하고 있는 사람은 거의 없었다. 그렇다 하더라도, 아무리 형편없이 적용됐더라도 애자일 환경에서 일하다 옮겨오는 경우가 순차적 개발환경에서 옮겨오는 것보다는 충격이 적다.

순차적 개발환경에서만 일을 해본 사람들은 애자일 개발의 여러 측면에 적응하기 힘들다. 대략적인 내용만 정리된 초기 개발요구서부터 끊임없는 고객 참여와 요구사항 변경, 잦은 릴리즈에다 경계가 불명확하고 계속 반복되는 분석과 설계, 코딩, 통합, 테스트와 같은 작업의 애자일적 성격에 당황하게 된다.

　　나는 후보자들이 이전의 순차적 개발 환경에 얼마나 만족했는지 살펴본다. 후보자들이 순차적 개발을 효과적이라 여겼는지? 애자일 방법론에 대해 궁금해 했는지? 애자일에 대해서 어떻게 이해하고 있는지? 보통 사람들은 순차적 방법론을 탈피하고자 열망하지만 간혹 애자일 방법론이 가능하다고 믿지 않거나 순차적 방법론을 매우 선호하는 사람들이 있다. 이들은 골칫거리가 될 수 있다.

　　이력서를 보고 후보자가 애자일적인지, 아니면 순차적인지 어떻게 알 수 있을까? 애자일적인지 확인하려면 일상적으로 사용하는 툴과 방법론을 살펴보자. 단위별 테스트, 연속적 통합, 즉각적 릴리즈 등의 용어들을 볼 수 있다. 후보자가 작업을 단계별로 설명하고 있다면 순차적 방법론임을 알아챌 수 있다. '요구사항 승인', '시스템 설계 작업에 참여', '품질관리팀에 코드 인계 작업 공동담당' 등. 이들 표현이 정확하게 순차적 개발방법론을 지칭하는 것은 아니지만, 종종 후보자들이 업무성과를 나타내는 표현을 보고 그들이 사용하는 개발방법론이 무엇인지 감을 잡을 수 있다.

　　가끔 이력서를 보고 변화를 거부하는 성향을 짚어낼 수도 있다. 자주 직업을 바꾸는 사람을 말하는 것은 아니다. 직업을 자주 바꾸는 것도 문제이긴 하지만 말이다. 지역을 달리하며 이사를 몇 번 한 사람이 있다 치자. 이 사람보다는 이사를 해본 적이 없거나, 한 직장에서 십여 년을 일한 사람이 변화에 저항할 가능성이 크다. 상세 업무 경력 부분에서도 단서를 찾을 수 있다. 후보자가 변화하는 기술과 역할에 잘 적응해 왔는가? 현격하게 다른 작업 환경에서 성공적으로 임무를 수행해 왔는가? 후보자가 변화에 대응하는 태도는 다른 긍정적인 행동적 특징들과 상호 연관되어 있음을 발견할 수 있을 것이다.

　　고려해야 할 문화적, 환경적 요소들이 너무 많아서 모두를 챙기기는 불가능하다. 이력서에서 뽑아낼 수 있는 것은 일부에 불과하다. 시간이 지나면 여러분은 어떤 후보자들이 여러분의 회사에 잘 어울릴 것 같은지, 어떤 후보자가 적응하는 데 애를 먹을 것 같은지 예견할 수 있을 것이다.

역(逆)문화

예전에 어느 회사에서 일할 때, 비영리단체나 정부 기관에서 일한 경력이 많은 후보자들이 회사의 업무환경을 위협적이라고 느낀다는 사실을 발견했다. 당시의 환경은 투명성과 빈번한 릴리즈, 적절한 위험감수, 고도의 의사소통과 협업, 빠른 변화, 열성적 업무태도 등으로 요약할 수 있다.

당시 우리는 비영리단체나 정부 기관의 업무 방식이 매우 다르기 때문이라는 가설을 세웠다. 이런 조직들은 릴리즈를 자주 하지 않고, 긴급한 상황도 발생하지 않는데다, 복잡한 승인 요청과 같은 고도의 절차적 의례를 비롯해 위험과 변화를 기피하는 경향이 있다. 이런 특징들은 우리 조직이 가장 가치 있게 생각하는 특징들과는 정반대의 것들이다.

이력서를 검토하다가 후보자가 장시간에 걸쳐 느리게 성장하는 서비스에 맞춰진 느긋한 업무 환경에 익숙하다는 암시를 은연중에 받으면 모두 회의적으로 반응했다. 하지만 당시 가장 뛰어난 직원들 중에는 비영리단체나 정부 기관에서 일한 경력이 있는 사람들도 있었다. 둘 사이의 차이는 무엇일까? 그 직원들은 그곳에 만족하지 못했다는 점이다. 그들의 이력서에는 그곳에 만족한다는 암시가 전혀 없었을 뿐만 아니라, 어떤 경우에는 탈출하고 싶다는 욕구가 목표나 개요 부분에 표출되기도 했다.

경력

경력이라는 관점으로는 업계 또는 회사가 관심을 가진 분야에서 일한 기간을 살펴본다. 먼저 후보자에게서 몇 년 정도의 경력을 원하는지 결정해야 한다. 엄격할 필요는 없지만 기대 수치를 표시해서 대략적인 지침을 주도록 한다.

경력을 기술을 기준으로 나누도록 해보자. 예를 들어, 고도의 자바 프로그래밍 기술이 필요한 직무라고 한다면, 적어도 4년에서 5년 정도의 자바 프로그래밍 경력이 있는 사람을 원할 것이다.

모든 종류의 기술마다 경력 요구사항을 명시할 필요는 없다. 조건이 까다로울수록 맞는 사람을 찾기가 어려워진다. 경력 연수는 규정이라기보다는 일종의 지침으로 생각해야 한

다. 경력 연수의 어두운 면은, 이것이 해당 분야에 대한 후보자의 능력을 말해주지는 못한다는 점이다. 후보자는 보통 경력 연수를 처음 해당 기술을 써본 날로부터 오늘 날짜까지 계산할 것이다. 그 기간 동안 얼마나 집중적으로 기술을 사용했는지는 따지지 않는다. 그 기간 동안 후보자가 해당 기술을 전혀 사용하지 않았을 경우에는 더 큰 간극이 발생한다.

경력 연수보다 더 유용한 대안이 찾고자 하는 기술의 숙련도를 명기하는 것이다. 이를 위해서는 후보자의 기술 숙련도를 일관성 있게 평가할 수 있는 척도를 만들어야 하기 때문에 채용 팀의 업무 부담이 커진다.

경력 연수를 따질 때는 후보자가 일을 하지 않은 기간을 빼도록 한다. 근무하는 동안 학교를 다녔는지도 체크하라. 그런 경우에는 후보자가 풀타임으로 일을 했는지 아니면 파트타임으로 일을 했는지 확인해야 한다.

파트타임 여부는 상세 업무 경력에서 책임범위 부분을 검토하면서 분별할 수 있다. 보통은 업무 자체가 가볍고 영향력이 적은 내용이어서 아주 명백하다. 파트타임 경력은 풀타임에 비해 반 정도만 가치를 인정하는 것이 좋다. 풀타임으로 근무하면서 학교를 다닌 경우는 좋은 인상을 주게 되며, 충분하게 감안되어야 한다. 결단력과 성실성, 자기주도 면에서 좋은 평가를 할 수 있다.

잠재력보다 경력 중심으로 채용하라는 주장을 이미 한 적이 있다. 그러나 경력을 쌓은 소프트웨어 전문가를 찾는 와중에도 눈이 번쩍 뜨이는 잠재력을 가진 보석 같은 사람과 맞닥뜨릴 수 있다. 유연해야 한다. 커다란 잠재력을 지닌 사람을 채용하는 데는 여러 가지 장점이 있다. 잠재력 있는 직원들은 수년간의 부정적인 업무 경력이 있어도 그 잠재력이 훼손되지 않는다. 배울 준비가 된 사람들은 조직에 도움이 되는 방향으로 훈련시킬 수 있다. 이런 사람들은 열정과 신선한 사고를 조직에 불어넣는다. 최근에 졸업한 사람인 경우, 학교에서 배운 새로운 발상으로 조직에 최신의 기술을 가져다줄 수도 있다.

잠재력을 찾는 것은 경력을 분석하는 것보다 어렵다. 이력서에서 고도의 지적 능력과 경력 연수에 비해 빠른 성취, 성장 속도(분석할 경력이 충분할 때는 경력의 진로), 의사소통 능력, '나이에 비해 빠른 성숙도'를 나타내는 흔적 등을 찾아보자. 후반부 면접에서는 잠재력이 높은 후보자가 조직의 가치나 행동적 특징과 잘 맞아떨어지는지 필수적으로 확인해야 한다. 잘 들어맞지 않을 경우는 여러분의 희망대로 성장하지 않을 것이다.

잠재력이 높은 후보자를 고려할 때는 채용에 따르는 비용과 위험도 감안해야 한다. 비용은 멘토링과 훈련에 드는 것으로, 멘토와 훈련자의 업무에 초래되는 지연까지 포함한다. 위험은 후보자가 잠재력을 발휘하지 못했을 경우와, 경력이 적은 직원에게 투여되는 초과 자원으로 인해 손해가 발생하는 경우를 포함한다.

조직의 상황을 염두에 둬야 한다. 개인의 계발에 투입할 수 있는 조직적인 자원이 있는가? 이미 많은 부담을 지고 있는 팀들에 그런 부담까지 안기면 쓰러질 지경은 아닌가? 현재 직원들의 경력 분포가 경력이 적은 사람을 채용하는 것에 우호적인가 적대적인가?

성과

특급 소프트웨어 개발자를 채용하고 싶다면 이력서에서 특출한 성과 기록이 있는지 찾아봐야 한다.

그저 열심히 노력해서 성과를 얻는 사람에 타협해서는 안 된다. 이런 사람들의 이력서는 일련의 판에 박힌 승진 이야기와 경력 연수에 따라 다소 반복되는 평범한 책임들로 채워져 있다. 이들은 그저 자신의 경력에 질질 끌려가는 것처럼 보인다.

평범한 작업은 초급 개발자들의 운명과도 같은 것이니, 경력 초기의 평범한 작업을 후보자를 평가하는 소재로 삼지 말도록 하자. 사실, 지루하고 단순한 노동으로밖에 보이지 않는 작업 이력 하나 때문에 그렇지 않으면 훌륭했을 경력이 손상되는 경우를 보게 될 것이다. 채용에 관한 거의 모든 부분에는 예외가 존재한다. 이 경우는 전적으로 해당 후보자가 고용주를 잘못 만난 경우다. 경제 침체기나 개인적으로 어려운 시기에 필사적으로 일자리를 찾으려다 보니 생긴 현상일 수도 있다. 이런 경우라면 후보자는 그 일을 오래 하지 않았을 테고, 곧 훨씬 나은 상세 업무 경력이 뒤따라 나올 것이다.

시간에 따른 경력 변화를 눈여겨 볼 필요가 있다. 점점 좋은 직책으로 변화했는가? 얼마나 빨리 나아졌는가? 각 위치에서 책임 범위는 좀 더 까다롭고 중요한 쪽으로 확장되었는가? 그렇다면 그 후보자는 성장하고 있고 앞으로도 성장할 것이다. 후보자가 복잡한 프로젝트나 어려운 상황에서 성공적인 결과를 끌어냈다는 단서를 찾아보라. 핵심적인 사항을 개선하거나 중요한 변화를 만드는 데 영향력 있는 기여를 했는지 찾아보자.

경력 이동

시간에 따른 경력 변화를 나는 경력 이동이라 말한다. 상당한 경력을 가진 후보자의 이력서를 보면 하나의 이동경로가 그려진다. 개별 이력을 그래프의 한 점으로 생각해보라. 시간이 지나면서 점들이 찍히는데, 다음 점은 거의 항상 이전 점보다는 높은 곳에 찍히게 된다. 간혹 경기 침체가 발생하면 아래쪽에 점이 찍히기도 하지만 곧 상승 추세를 이어가게 된다.

점들 간의 이동 평균선을 그려보면 위로 향하는 비스듬한 선이 만들어질 것이다. 급격한 경사도를 가진 사람, 즉 뚜렷한 상승 이동경로가 명백한 후보자를 찾아보자.

언제나 그렇지만, 사실이라기엔 너무 좋은 내용은 경계해야 한다. 가끔 이동경로의 경사도가 획기적으로 심한 사람이 있다. 더 깊숙이 봐야 한다. 경력 이동 분석은 다른 무엇보다도 각 경력의 지속기간 분석과 엮어서 봐야 한다. 일정 기간 안에 이 회사에서 저 회사로 빠르게 옮겨다닌 사람은 매우 인상적인 직책들을 축적할 수 있다. 책임범위와 성취 내용을 엄격하게 봐야 한다. 한 위치에 오래 있지 않는 사람은 해당 수준의 숙련도를 보여주지 못할 가능성이 크다는 점을 염두에 두자.

기본적으로 같은 일을 하는 데 너무 오랜 시간을 보낸 후보자는 고민해보라. 한 가지 역할에 수년 동안 매몰된 형태일 수도 있고, 몇 개의 회사를 거치면서도 같은 종류의 일을 한 형태일 수도 있다. 여러 회사에서 동일한 일을 한 것으로 보이는 후보자는 피하는 것이 좋다. 이들의 경력은 쇠락하는 중이다.

초기 8년 정도의 경력에서는 2년마다 직책이 바뀌거나 책임범위가 현저하게 변화하는 것이 적당하다. 후보자의 책임범위가 넓어질수록 한 직책을 유지하는 기간이 길어질 것이다. 정해진 원칙은 없다. 때문에 평범한 경력에 비교했을 때 좋은 경력 발전이 어떤 것인지 알아보는 감각을 발달시킬 수밖에 없다.

후보자의 경력 이동경로가 후퇴하는 경우를 보는 것도 흔하다. '두 발 전진하고 한 발 후퇴하기'는 나쁜 것이 아니라, 그저 경제 상황이나 이력서에서 유추해볼 수 있는 다른 어떤 이유에 달린 문제일 수도 있다.

나는 리더십 역할을 맡았다가 바로 리더십이 요구되지 않는 자리로 변경되는 이력서들도 많이 봤다. 많은 경우, 후보자가 리더십에 대한 준비가 되어 있지 않았거나, 리더십 역할을 원치 않는다고 결정한 경우일 것이다. 리더십을 가진 사람을 채용하라고 말했기 때문에 이 경우는 좀 고민을 해봐야겠지만, 그렇다고 채용을 포기할 요인은 아니다. 후보자가 준비되지 않은 경우라면 여전히 리더가 되고자 하는 열망이 있을 터이므로, 오히려 기회가 될 수도 있다. 이런 사람들에게는 두 번째 기회가 주어졌을 때 좋은 성과를 내는 것을 볼 수 있다. 만약 후보자가 리더십을 자신의 미래로 판단하지 않은 경우라면, 여러분의 조직에 맞을 것인지 아닌지 결정을 해야 한다. 리더십 역할을 맡지 않는 능력 있는 개발자가 있는 것도 전혀 잘못된 일은 아니다. 특히 강력한 기술적 경력을 가지고 있는 경우는 말이다. 게다가 후보자가 열성적으로 탐구하고 있는 다른 종류의 리더십이 있을지도 모른다.

또 다른 사례는 어떤 사람이 회사를 옮겼는데 직책으로 볼 때 강등된 경우다. 이런 경우라면 후보자가 직접 실마리를 주지 않는 이상 이력서를 통해서 뭔가를 알아내기란 불가능하다. '강등'이 실제로는 그저 새 회사의 직책 단계가 적어서일 수도 있고, 해당 직책에 대해 이전 회사보다 높은 진입장벽을 두기 때문일 수도 있다. 또는 경제적인 압박 때문에 후보자가 급이 떨어지는 직책을 받아들인 것일 수도 있고, 후보자의 의중으로는 새로운 역할이 주는 다른 장점이 강등된 직책을 상쇄할 만하다고 판단했을 수도 있다. 대개는 이력서만으로 결론을 이끌어내기는 불가능하다. 그 답이 무엇인지 문제가 되고, 후보자가 전화 면접 대상으로 선정됐다면, 반드시 질문을 관리 시스템에 입력해놓고 전화 면접 시에 물어봐야 한다.

발전성

발전성은 경력 이동과 다르다. 발전이라는 관점으로는 후보자가 개인의 성장에 대해 어떤 자세를 가지고 있는지 확인하고자 한다. 발전은 시장 상황과 기술이 급격하게 변화하는 IT 산업에서 일하는 소프트웨어 전문가에게는 필수불가결한 형질이다. 직원을 둘 계획이라면 항상 최신 흐름을 따라가는 데 열심인, 쓸모 있는 사람을 원할 것이다[7].

후보자가 배우고 발전할 수 있음을 보여주는 신호를 찾아보자. 후보자가 새로운 개발언어나 기술을 받아들인 전력이 있는가? 후보자가 여러 가지의 개발 방법론을 사용하고 있는가? 이직할 때 새로운 사업 영역에 대해 배울 필요가 있었는가? 새로운 역할로 인해 후보자가 협업 능력을 향상시킬 필요가 있었는가?

특정 영역에 대해 깊이 있게 발전했고 이해했다는 신호도 찾아보자. 모든 분야에 발을 담글 수는 없지만 대부분의 발전성이 뛰어난 후보자들은 몇 개의 영역에서 깊이 있게 발전한다. 깊이가 없다면 큰 문제이다. 겉핥기로 배우는 데 능한 사람은 그 능력을 사용하다가 사고를 일으킬 가능성이 크다. 다른 한편으로, 깊이 있는 능력을 가진 사람은 지혜와 억제력을 가지고 그 능력을 발휘하는 경향이 크다.

후보자가 개발언어나 알고리즘, 설계, 프로세스, 방법론, 의사소통 등에 몰두해 있는지 살펴보자. 후보자가 발전시키고자 하는 분야에 대한 관심을 해석할 수 있다면, 이를 어떻게

---

7) 직원과의 협력관계에서 발전을 권장하는 조직일수록 직원들의 평균 근속연수가 길다. 훈련, 책 또는 다른 교육자료 제공, 멘토링, 적절한 직업적 자극 등이 그런 노력에 포함된다.

회사의 필요에 맞출 수 있을지 고려해보자. 그 고려는 OX 테스트가 아니다. 만약에 맞으면 보너스를 얻는 셈이라 생각하라.

사람의 관심 분야는 시간이 지남에 따라 바뀐다. 학교를 다닐 때는 개발언어나 인공지능, 또는 알고리즘과 같이 좀 더 학문적인 데 관심을 가지는 경우가 흔하다. 시간이 지나면서 직장 생활이 관심 분야에 더 많은 영향을 주게 된다. 시간이 지남에 따라 그 깊이와 실용적인 적용 부분까지 더하여 관심이 변화하는 사람이 있으면 대단한 발견을 한 셈이다. 이런 사람들은 그 발전 과정을 반복할 수도 있다.

발전하기 위해 후보자가 사용하는 방법들도 살펴보자. 혼자 공부하는 유형인가, 아니면 누군가에게 배우는 유형인가? 정규 교육과 훈련 과정을 많이 겪었다고 해서 그 사람이 혼자서 공부하는 유형이 아니라고 볼 수는 없다. 이력서에 보이는 내용은 불완전하고 암시적일 뿐이다. 이는 전화 면접 때 할 질문을 뒷받침하는 근거 자료일 뿐이다. 어느 지점에서는 후보자의 성장 유형이 조직 내에 있는 사람들이 성장하는 방식과 잘 맞는지 판단해야 한다. 이를 통해 후보자가 채용됐을 때 얼마나 성장할 수 있을지 짐작해볼 수 있다.

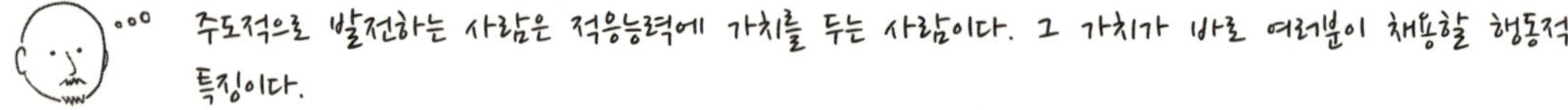

리더십

여러분이 의도대로 최대한 오래 일할 후보자를 채용하려면, 리더십을 염두에 두고 채용을 해야 한다. 지금 당장 리더십이 필요한 자리를 충원하지 않는다 하더라도, 리더십 능력을 보여주는 후보자를 찾도록 하라. 장기 근속하는 직원은 결국 리더십 역할과 맞닥뜨리게 되기 때문이다. 리더십 능력은 핵심 고려사항이 되어야 한다.

다른 사람을 이끌도록 성장할 사람을 채용하고자 하겠지만 리더십이란 단지 사람을 이끄는 것 말고도 다양한 형태를 띤다는 것을 기억하라. 이력서에서는 리더십의 직간접적인 증거를 경력 부분에서 찾아볼 수 있다. 멘토링은 중요한 초기 형태의 리더십 역할이다. 표준 제정 단체나 전문가 모임, 오픈소스 프로젝트, 개선 프로젝트, 커뮤니티, 학술모임, 클럽 등에 참가하고 있는지 살펴보자.

이력서에 팀 관리나 소그룹 관리와 같은 관리자적인 리더십 항목이 있거나 기술적인 리더십이 언급되어 있다면, 해당 후보자는 리더가 될 욕구를 가지고 있다고 볼 수 있다. **'두 발 전진하고 한 발 후퇴하기'** 증상을 찾아보라. 많은 후보자들이 리더가 되었다가도 기술 직 역할로 돌아간다. 이것은 좋지도 나쁘지도 않은 현상일 뿐이지만, 후보자가 채용의 다음 단계로 통과하게 되면 꼭 물어봐야 할 문제다. 사람들이 리더십 역할에서 떨어져 나가는 이유는 다양하다. 리더십 역할을 좋아하지 않거나, 순수한 기술직으로 남는 것을 선호하거나, 나쁜 경험이 있었거나, 리더십 역할이 없는 환경으로 옮겼거나, 스스로 준비되어 있지 않았거나, 아직은 좋은 리더가 아니라고 깨닫는 경우 등이다.

리더십 역할에서 물러난 사람들이 재도전을 원하는 경우가 종종 있다. 물어보지 않고서는 전체적인 상황을 이해할 수 없다. 이런 문제에 대한 대화는 후보자에 대해 깊은 이해를 할 수 있는 기회가 되기 때문에 꼭 짚고 넘어가자. 이런 관찰 내용은 '중요' 표시를 해서 관리 시스템에 입력해놓고, 전화 면접을 할 때 꼭 논의될 수 있도록 하라.

경력이 5년 정도 되는 후보자는 꼭 인적 리더십이 아니더라도 어느 정도의 리더십 신호를 보여줘야 한다. 8년에서 10년 정도 되면 대부분의 소프트웨어 전문가들이 어떤 종류의 프로젝트에서 사람들을 이끌게 된다. 이런 경우에도 리더십의 신호를 찾을 수 없는 경우라면, 고민해야 한다. 후보자가 리더십을 기피하는 경우이거나, 더 나쁘게는 리더로서의 능력과 태도를 가지지 못한 경우이다. 리더십과 관련된 능력과 태도는 많은 부분 개발자에게 요구되는 사항이다. 의사소통 능력, 협업 능력, 결단력, 주도성 등 여러 가지를 의미한다.

리더십이 당장의 요구가 아닌 경우도 있지만, 주의해야 한다. 리더십이 없는데도 채용된 사람은 조직에 장기적인 부담으로 작용할 수 있다. 어떤 형태의 리더십 책임도 질 수 없는 직원에게 맞는 위치를 제공하기란 갈수록 어려워질 것이다.

영향력

영향력이라는 관점으로는 후보자가 과거에 업무를 하면서 영향력을 가졌는지에 대한 단

서를 찾는다. 경력 정보에서 후보자가 현저하게 긍정적인 영향력을 끼친 적이 있는지 구체적인 증거를 찾아보자.

후보자가 순익 증가나 비용 절감에 기여했다고 주장하는가? 후보자가 현저한 프로세스 개선을 했거나 조직 또는 기술적 변화를 이끌었는가? 후보자가 성공적인 프로젝트들에 참여했는가? 의미 있는 프로젝트들인가? 후보자가 중심적 역할을 담당했는가? 후보자 주위에 좋은 일이 많았는가?

반대로, 영향력이 없는 후보자를 가려내는 법을 배우자. 이들은 자잘한 업무를 많이 기록하지만 성과는 적은 경향이 있다. 영향력이 없는 직원들을 데리고 탁월한 결과를 내지는 못할 것이다.

가능성

가능성은 매우 중요하지만 평가하기가 어려운 관점이다. 수년 또는 더 많은 경력을 가진 후보자라면, 경력 이동경로와 이에 의거한 추정을 이끌어낼 수 있다. 경력이 짧은 후보자일수록 가능성이라는 부분이 주요하게 평가되어야 하지만, 경력이 짧은 후보자의 가능성을 판단하기란 매우 어려운 일이다.

몇 년 정도의 경력을 가진 후보자에게서는 후보자의 경력에 비해 벅차다고 느껴지는 과제를 수행한 적이 있는지 찾아보자. 긍정적인 결과를 낳은 초기의 성공 사례를 찾아보자. 가능성을 가진 후보자는 학교 다닐 때부터 좋은 사례들을 보여주기 마련이고, 직장 생활에서도 이런 사례들이 이어질 것이다. 수상 경력이나 다른 성과들을 찾아보자. 논문이나 출판, 오픈소스 프로젝트가 가능성을 보여줄 수 있다.

검증되고 경력이 많은 후보자를 이길 사람은 없다. 하지만 참작해야 할 제약 사항(인력 시장이 좋지 못하거나 연봉 제한이 있거나, 등등)이 있다면, 기대치를 낮추고 가능성에 집중하는 것을 고려해볼 만하다.

가장 뛰어나고 경험이 많은 후보자를 채용할 때에도 가능성이라는 측면에서는 기회주의적일 필요가 있다. 경력이 적은 후보자라도 이력서가 보여주는 가능성이 인상적이라면, 통과시켜 전화 면접을 하는 방안을 검토해보라. 물론 그렇게 결정하기 전에 경력이 많지 않은

후보자를 뽑았을 때 조직이 견뎌낼 수 있는지를 먼저 고려해야 한다.

> ## 잣대로 보기
>
> 가능성의 반대말은 장래성 결여이다. 이력서에서는 종종 부진하고 평범한 경력으로 나타난다. 모든 긍정적인 사항을 인식하는 법을 배우는 것처럼 반대의 경우를 식별하는 법도 배워야 한다. 사람은 복잡한 존재다. 사람들의 능력과 태도는 가능성의 잣대와 맞닥뜨린다. 여러분의 능력을 연마하여 관점과 속성들을 다양한 관점의 잣대 위에서 그려볼 수 있어야 한다.

학력

경력과 학력 관점은 상호 반비례 관계를 갖는다. 경력이 많으면 학력은 덜 중요해지고, 경력이 적으면 학력이 더 중요해진다. 각 후보자의 학력을 볼 때 어느 정도의 가치를 둘지 주의 깊게 결정해야 한다. 확신하기 어려울 때는 더 좋은 학력을 가진 쪽에 치우치더라도, 경험이 과거를 상쇄한다는 점은 이해해야 한다. 탄탄한 학력 기반은 후보자가 단단한 기초를 가졌다는 표시이다(그렇다고 보증이 되는 것은 아니다).

언급된 교육기관들을 조사해서 어떤 교육과정을 제공하는지 이해하는 게 좋다. 모두 알고 있는 일류 대학을 포함하여, 수준 높은 교육과정을 제공하는 대학이 많이 존재하지만, 평범한 곳에서부터 철저하게 부도덕한 곳까지, 다른 교육기관들도 폭넓게 존재한다. 익숙하지 않은 학교 이름을 만나면 인터넷에서 찾아보고 웹사이트를 방문하여 둘러보도록 하자. 교육과정과 교수진을 확인해보자. 후보자가 온라인이나[8] 직업 훈련 학교에서 학위를

---

8) 전통 있는 교육기관에서 운영하는 수준 높은 온라인 과정들이 갈수록 많아지고 있다. 의심스러울 때는 해당 학교를 조사해보자.

취득했는지도 확인해야 한다. 이런 후보자들은 기술에 깊이가 없고 피상적인 능력 이상을 갖지 못할 가능성이 크다.

해외 교육기관은 평가하기가 어렵다. 다시 인터넷을 활용하되, 해당 국가 출신의 동료나 친구들에게 물어보는 것이 좋다. 대부분의 나라들은 좋은 대학들이 몇 개밖에 되지 않는다. 예를 들어 인도에는 인도공과대학(Indian Institutes of Technology, IIT)과 몇 개의 다른 대학이 있다. 인도에도 다른 교육기관들이 많이 있지만 거의 대부분이 전문대학이나 직업 훈련 학교 수준의 컴퓨터 관련 학위 과정을 제공하고 있다.

다양한 교육기관의 기술 과정 수준이 어떤지 감을 잡아야 한다. 미국 내 학교들에 대해서는 대학 교육과정에 대한 연도별 순위가 이런 정보를 제공한다. 연구조사 결과나 업계 조사 자료 등을 참고하라.

학위 유형에도 주의를 기울여라. 검증된 대학에서 받은 컴퓨터공학(Computer Science, CS) 학위가 가장 귀하게 인정받는 추세다. 교육과정이 좋을수록 가치는 높아진다. 정보기술(IT) 학위는 조심해야 한다. 이 과정은 대체로 경영학과 연계되거나, 온전한 컴퓨터공학 과정을 구성하지 못하는 교육기관에서 제공한다. 또한 응용프로그램 개발 학위 같은 것들도 조심하자. 직업 훈련 학교라는 표시이다.

컴퓨터공학 분야에서 고급 학위를 받은 후보자를 찾아보자. 고급 학위는 후보자가 전공 분야에 상당히 헌신했다는 것을 뜻한다. 많은 후보자들이 그저 취직하기 위해 대충 학사 학위를 따고 말지만, 일부는 전공 분야를 파고들어 추가 학위를 취득한다. 늘 그렇듯이, 해당 교육기관이 어떤 곳인지 확인해야 한다.

후보자가 정보기술 학위를 가졌거나 컴퓨터공학이 아닌 다른 컴퓨터 관련 학위를 가지고 있다면, 해당 과정이 어떤 커리큘럼을 제공하는지 조사해야 한다. 가끔 이런 학위들은, 특히 미국을 제외한 다른 나라에서, 취득하기가 매우 수월한 경우가 있다. 반대로 회사가 원하는 특정 기술을, 심지어 적절한 실무 경험과 엮어서 제공하는 곳도 있다.

컴퓨터공학 이외의 학위를 가진 후보자들을 어떻게 다룰 것인지 결정해야 한다. 뚜렷한 경력이 있는 후보자라면, 단순히 학위 유형 때문에 떨어뜨려서는 안 된다. 컴퓨터공학과 밀접하게 관련된 다른 전공들을 고려해 보도록 하자. 수학과 기상학의 관계처럼, 전자공학을 포함한 다른 몇몇 공학 학위들은 컴퓨터공학과 비슷한 수학적, 논리적 기초를 제공한다.

놀랍게도 나는 사회학과 영문학 학위를 가진 업계 리더들도 많이 알고 있다. 이런 경우에는 후보자의 경력에 무게를 많이 실어줘야 한다.

수상 내역과 과외활동에도 관심을 기울이자. 학점 정보를 제공하는 후보자들은 거의 없지만, 성적우수자에게 수여하는 마그나 쿰 라우데Magna Cum Laude 상을 받은 사람은 그 사실을 언급하기 마련이다. 교육기관의 수준이 높을수록 수상 내역의 가치도 올라간다. 기술 또는 과학 관련 활동이나 동호회 내역도 찾아보자. 이런 활동을 통해 후보자를 평가할 때 중요한 항목인 리더십과 직업 관심도 등을 알아볼 수 있다.

문제점 발견

이 관점으로는 문제가 될 만한 점을 이력서에서 찾아낸다. 문제점을 붉은 깃발이라고 생각해보자. 이력서를 검토하면서 붉은 깃발을 세어보는 것이다. 붉은 깃발이 너무 많으면 후보자를 탈락시킬 이유로 충분하다. 하지만 붉은 깃발 몇 개가 이력서의 긍정적인 부분과 균형을 이룬다면 큰 문제가 되지 않는다.

다른 관점에 기초해서 이력서를 검토하다가도 불가피하게 문제점들이 발견될 것이다. 문제점 발견이라는 관점이 이와 다른 것은 능동적으로 특정 문제점들을 찾는다는 점이다.

어떤 문제점들은 상호 결합하면서 하나의 행동 유형을 구성한다는 점을 이해해야 한다. 경험이 더 쌓이면, 긍정적이든 부정적이든 유형을 인지할 수 있을 것이다. 더 나아가면 개별 관점을 가지고 매번 새로 검토하는 것이 아니라 후보자의 심리구조를 직관적으로 구성하고 분석할 수 있게 될 것이다. 하지만 참을성을 가져야 한다. 이러한 '리' 단계의 능력을 얻는 데는 시간이 걸린다.

전화 면접에서는 잠재적으로 문제가 될 만 한 점을 모두 파고들어서 중요한 문제인지 아닌지 판단해야 한다. 이 장의 나머지 부분에서는 이력서를 통해 감지하기 쉬운 몇 가지 주요 문제점을 짚어보도록 하겠다.

직장 넘나들기

직장 넘나들기는 한 곳에 진득이 있지 못하고 일자리를 계속 옮기는 경향을 말한다. 직장 넘나들기는 오래 한 자리에 있지 않으려는(또는 오래 있지 못하는) 성향을 보여준다. 오래 일할 사람을 채용하려고 해도, 직장을 넘나드는 사람을 오래 붙잡고 있기는 어렵다. 그런 사람이 직장 문을 나서는 순간, 회사는 그 사람이 제대로 일을 하기까지 투자한 상당한 노력과 그가 축적한 개별 정보들을 잃게 된다.

언제나 그렇지만, 다른 요소들을 고려하지도 않고 후보자에게 직장을 넘나드는 사람이라는 꼬리표를 붙이지 않도록 조심해야 한다. 후보자가 오랜 기간 동안 계약직으로 일을 했거나, 생계를 꾸리면서 학교를 다니는 등, 다른 사정이 있었는지도 모른다. 또 정리해고나 경영상의 폐업과 같이 개인이 통제할 수 없는 어려운 상황을 연속으로 맞았을 수도 있다. 때로는 직장생활 초기에 다양한 분야를 경험해 봐야겠다는 등의 전략적 이유로 직장 넘나들기를 했을 수도 있다.

후보자가 수시로 직장을 넘나드는 사람인지 판단할 수 있는 뚜렷한 규정은 없다. 모든 이직은 얘기해볼 가치가 있지만, 여기서는 이직 횟수가 도를 넘는지만 살펴보기로 하자. 소프트웨어 산업계에서는 장기근속이 관례보다는 예외에 가깝다. 구체적인 수치자료는 없지만, 한 비공개 소프트웨어 토론 모임에서 개발자들이 직장을 옮기는 주기에 대해 공유한 자료가 있다. 숫자도 그렇지만 토론 자체도 재미있다. 이 비공식 자료에 따르면 대략 2년에서 3년 정도가 평균이라고 한다.

나는 최근 직장들에서의 근무 연수에 초점을 맞추며 추세를 파악한다. 최근에 그런 일이 없다면 경력 초기의 직장 넘나들기에 대해서는 크게 신경 쓰지 않는다.

계획적인 직장 넘나들기 사례

한 후보자의 이력서를 검토하는 중이었다. 기대했던 것보다 경력 연수가 다소 짧았지만 몇 가지 참작할만한 상황이 있어, 우리는 그가 경력은 짧으나 높은 잠재력을 가진 후보자로 면접을 해볼 만하다고 생각했다.

문제가 되는 것은 이직 횟수가 많다는 것이었다. 후보자는 회사를 옮겨 다니는 기간에 학교를 다니긴 했지만, 내내 그런 것도 아니었다. 전화상으로 그 문제에 대해 물어봤다.

실제로 학교를 다니기 위해 직장을 옮긴 경우도 있었다. 졸업 이후에 있었던 이직에 대해 물어보자, 후보자가 예기치 않은 답변을 주었다. 그는 의도적으로 이직했다고 말했다. 어디에 둥지를 틀지 결정하기 위해 다양한 사업영역과 업무 환경을 겪어보려 했다는 것이다. 그는 전자상거래 쪽에 자리를 잡았다.

이는 직장 넘나들기가 용인되는 두 가지 이유의 좋은 예이다. 또한 종합적으로 정보를 분석하는 것과 유연한 사고가 얼마나 중요한지, 틀에 맞지 않지만 특별한 사람이라고 생각했을 때 스스로의 감을 존중하는 것이 얼마나 중요한 일인지 보여준다.

풀타임 경력인데 근무 연수가 2년이 되지 않는 경우에는 세밀히 조사해봐야 한다. 근무기간이 짧을수록 더 무게를 두고 살펴봐야 한다. 짧게 근무하고 이직한 경우가 한 번뿐이라면 전화 면접 때 질문 하나 정도만 하면 되겠지만, 이런 짧은 근무 경력이 계속된다면 문제적 유형일 수 있다.

직장 넘나들기에 대한 우려가 있을 때는 꼭 기록으로 남겨서, 후보자와 전화 면접을 할 때 면접관들이 이 문제에 집중할 수 있도록 하자. 타당한 이유가 있었겠지만, 사실을 확인해야 한다. 합당한 이유가 없다면, 이는 심각한 결격사유이다.

계약직 경력에 대한 지침은 풀타임 경력과 다르다. 보통 해당 경력이 계약직일 때는 그렇다는 표시 같은 게 있는 법이다. 계약직 일은 보통 3개월 단위로 계산된다. 3개월, 6개월, 9개월, 또는 1년처럼 말이다. 별다른 표시가 없을 때는 근속 기간에서 암시를 얻을 수 있다.

계약직의 근무기간에는 후보자가 별다른 영향력을 행사할 수 없다는 점을 이해하는 것이 중요하다. 그러므로 계약직에서는 직장 넘나들기를 탐지하기가 쉽지 않다. 계약직 업무를 보자면, 나는 3개월짜리 프로젝트에서 많은 것을 성취하거나 배우기가 어렵다고 생각하기 때문에 그런 유형의 프로젝트에는 큰 가치를 두지 않는다. 대부분의 시간이 일에 익숙해지는 데 투여되기 때문에 능력을 키울 시간이 거의 없다. 나아가 짧은 계약기간 때문에 계약직들은 자신들의 기술적 선택의 결과를 지켜볼 수가 없다. 학습할 만큼의 피드백이 없는 셈이다. 나는 그런 3개월짜리 근무를 그 자체로 직장 넘나들기로 보지는 않지만, 학습 측면에서는 큰 가치를 두지 않는다. 예를 들자면, 3개월짜리 경력 네 개가 1년짜리 경력 하나만 같지 못하다. 장기 프로젝트를 더 중요하게 보고, 거기서 어떤 것을 성취했는가에 집중하도록 하라.

> 근무기간이 길수록 배우고 성장할 수 있는 시간도 길다. 단기 근무에서는 직원들이 자신의 결정이 낳은 결과를 고민할 필요가 없을 때가 많다.

6개월 계약기간 정도면 발전의 혜택을 보는 데 충분하다. 9개월이나 12개월, 또는 더 긴 계약기간은 계약직이라는 한계 내에서는 발전을 위한 좋은 기회가 된다. 계약은 어느 때고 종료될 수 있기 때문에, 계약기간이 길다는 것은 그만큼 고용주가 만족했다는 의미일 가능성이 크다.

나는 계약이 3개월 미만일 경우에 걱정이 된다. 일반적이지 않은 시간 범위로 끝난 계약의 경우는 기록해둔다. 이런 경우는 계약이 비정상적으로 종료됐을 가능성이 있다. 짧은 근무기간이 계속되는 것은 언제나 우려할 일이지만, 직장 넘나들기가 아닐 수도 있다. 후보자는 그저 짧은 기간의 계약직을 쓰는 회사와 계약을 하고 일했을 뿐일지도 모른다.

계약직 노동자의 이력서를 보면서 영속성을 짚어내려면 어느 정도 참을성이 필요하다. 예를 들어, 개별적으로 보이는 프로젝트가 여러 개 나열된 것처럼 보이지만, 면밀히 살펴보면 같은 팀 내에서 진행되는 대형 프로젝트의 각 단계들이라는 것을 발견하는 때가 있다. 이런 경우, 후보자는 전체 근무기간에 걸쳐 동일한 업무환경에서 발전할 수 있는 기회를 가졌으므로 대형 프로젝트의 전체 작업을 보고 점수를 주어야 한다.

최근에 계약직으로 일한 경력을 가진 후보자를 고려할 때는 조심해야 한다. 후보자가 반복되는 계약에 지쳐서 정착을 원하는지도 모른다. 다양한 영역을 경험한데다 계약직 생활을 하다가 안정을 찾기 위해 정규직을 선택했다는 점에서, '계약에 신물이 난' 계약직 노동자를 채용하는 건 대체로 좋은 일로 받아들여진다.

한편, 계약직 노동자가 다음 계약직 고용이 있을 때까지 버티기 위해 정규직 고용을 이용하는 경우도 있다. 예를 들어, 경제 침체기에는 회사들이 계약직 일거리를 줄이기 때문에 계약직 노동자들은 경제 상황이 나아질 때까지 안전하게 피난해 있을 장소를 찾게 된다. 가끔 일련의 계약직 경력 사이에 아주 짧은 기간의 정규직 경력이 끼어 있는 이력서에서 이런 행동의 흔적을 볼 수 있다.

계약직 노동자의 이력서를 다루는 규정은[9] 다음과 같다. 전화 면접을 하기로 했다면, 왜 후보자가 변화를 생각하게 됐는지 이유를 꼭 캐봐야 한다. 경기나 시장 상황도 염두에 둬야 한다. 후보자가 어떤 종류의 경제적 압박에 시달리고 있거나, 안정할 수 있는 기간을 찾는 것은 아닌지, 신호를 잘 잡아내야 한다. 여러분이 장기적으로 일할 직원을 찾는다는 점을 분명히 하고, 후보자가 원하는 것도 같은 것인지 직접적으로 물어보도록 하자.

경력

선임 소프트웨어 개발자, 라디오컴퍼니 주식회사	2008.02 ~ 2008.12
기술팀장 & 프로젝트 매니저, CRM 주식회사	2006.12 ~ 2008.01
선임 소프트웨어 개발자, 어떤 건강 그룹	2006.01 ~ 2006.09
소프트웨어 컨설턴트, 컴퍼니세븐	2005.11 ~ 2006.11
선임 소프트웨어 개발자, 어떤 대학	2005.03 ~ 2005.12
프로젝트 매니저, 컴퍼니파이브 주식회사	2004.05 ~ 2005.01
기술팀장, 컴퍼니포 주식회사	2001.12 ~ 2003.12
선임 소프트웨어 기술자, 컴퍼니쓰리 주식회사	2000.08 ~ 2001.10
소프트웨어 기술자, 컴퍼니투 주식회사	1999.01 ~ 2000.07
소프트웨어 기술자, 컴퍼니원 주식회사	1996.05 ~ 1998.12

이력서 3 경력 정보의 앞머리 부분 발췌

이력서3은 경력의 앞머리 부분만 발췌한 것이다. 이 이력서에서 신경 쓰이는 점은, 소재지 정보가 없다는 것이다. 만약 후보자가 이렇게 빈번하게 일자리를 옮기면서 일하는 지역도 옮겨 다닌 거라면, 우려는 더 커진다. 이 예제에서 각각의 근무기간은 2.5년, 1.5년, 1년 2개월, 2년, 8개월, 9개월, 1년, 8개월, 1년, 10개월이다. 한 번을 제외하고는 다 정규직이다. 후보자는 한 자리에 오래 머물지도 못했을 뿐더러, 업무 영역마저도 바꾸고 있다.

---

9) 이것은 진짜 '규정'이다.

나는 이 후보자야말로 한곳에 머무르지 않고 직장을 넘나드는 사람이라고 판단한다. 이 후보자의 이력서가 웬만큼 훌륭하지 않고서는 전화 면접을 고려하지 않겠지만, 전화 면접을 하게 되더라도 제일 중요한 사안이 이 후보자가 정착할 계획인지 어떤지를 가려내는 일이 될 것이다.

정체

이력서에서 볼 수 있는 건강한 경력은 점차 늘어나는 책임 범위, 기술 수준 향상, 성과, 직책과 지위로 특징지을 수 있다. 시간 순으로 서술된 업무의 범위와 그 업무에서 후보자가 담당한 역할을 평가해보자.

후보자가 같은 일을 계속 해온 것처럼 보인다면 '정체'가 우려된다. 책임 범위와 성과의 규모에 대한 감을 가지도록 노력하자. 시간의 경과에 따라 후보자가 사용하는 기술들에 변화가 있는지 확인해보자. 항상 같은 기술을 사용하는가, 아니면 점차 달라지는가? 시간이 지나면서 달라진다면, 이는 후보자의 유연성과 발전성을 말해준다.

후보자가 사용하는 기술이 철이 지난 것들인가? 후보자는 왜 아직도 코볼에 빠져 있는가? 가끔 후보자의 발전을 가로막는 막강한 압력이 존재할 때도 있다. 물론 이런 때는 왜 그런 상황에서도 회사에 남아 있었는지 궁금해진다. 후보자의 판단력이 취약할지도 모른다는 뜻이다.

동일한 직책이나 지위를 너무 오래 가지고 있었던 후보자에 대해서도 의심해볼 필요가 있다. 사회생활의 초반 8년에서 10년까지는 2년이나 3년마다 직책이 바뀌는 것이 자연스럽다. 언제나 그렇듯이, 여기에도 정상을 참작할 만한 상황들이 있다. 예를 들어, 어떤 회사들은(주로 신생업체들) 개발 관련 직책의 상하관계가 생산성을 저해한다고 생각한다. 전화 면접을 하게 되면, 후보자에게 이런 문제들에 대해 꼭 질문하도록 한다.

때로 '정체'는 짚어내기가 힘들다. 어떤 이력서에서 후보자가 죽 '개발자' 직책을 갖고 있다가, 아주 잠깐 '팀장' 또는 '설계자' 직함을 가진 후, 다시 '개발자' 직책을 돌아간다고 치자. 후보자가 해당 업무에 적합했는지 의문을 가질 수 있다. 또 리더로서 문제가 있는지도 궁금해질 것이다. 한편으로는, 이렇게 '올라갔다 다시 내려오는' 상황에 대한 온당한 설

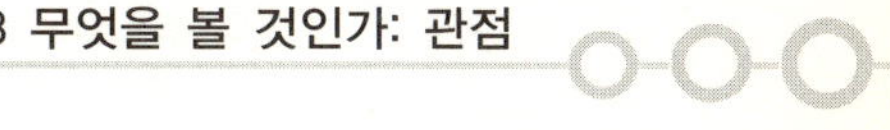

명들도 있다. 이력서에 이런 현상이 보이거든 관심을 갖고 관리 시스템에 표시를 해두었다가 꼭 확인해볼 수 있도록 하자.

다음에 나오는 경력 자료는 다소 길긴 하지만 몇 가지 측면에서 흥미로운 자료이다.

경력

소프트웨어 기술자, 컴퍼니식스, 유타 주

책임 범위 :   2007.10 ~ 2008.02

- 스트러츠 프레임워크를 이용한 **서블릿과 JSP 설계 및 개발 참여**
- 도메인 객체 모델과 KTMI 맵핑 설계 및 개발 참여
- **스프링** 프레임워크를 이용한 응용프로그램의 모든 정보입력 및 데이터 처리
- 응용프로그램 컨테이너로 하이버네이트 맵핑을 이용하여 일반적인 데이터베이스 기능을 수행하는 **DAO**(Data Access Objects - 역주) 객체 개발
- **하이버네이트** 도구를 사용하여 데이터 처리 계층(persistence layer) 구현 - 데이터베이스와 시스템 구성 정보를 이용하여 persistence 서비스와 객체를 응용프로그램에 제공
- **Junit과 Jmock**을 이용하여 응용프로그램 컴포넌트 테스트
- ECIS(Electrical Cell-Substrate Impedance Sensing, 실시간 세포 관측 시스템 - 역주) 응용프로그램의 다양한 컴포넌트들의 기능성 통합 테스트 설계 및 개발
- Xfire를 이용한 **웹서비스**와 Soap UI를 이용한 WSDL 호출 테스트 개발 참여
- **Log4J**를 이용한 디버깅과 로그 관리 및 Maven을 이용한 JAR, WAR 파일 배치
- 고객서비스용 HTML, CSS, DHTML 개발
- IDE 이클립스 3.2 버전을 이용한 응용프로그램 개발
- **스트러츠**와 **자바스크립트**를 이용한 서버-클라이언트 정합성 검증
- **클리어 케이스**를 이용한 소스/버전 관리

선임 J2EE 개발자, 컴퍼니파이브, 매사추세츠 주

책임 범위 :   2007.04 ~ 2007.11

- 스트러츠 프레임워크를 이용한 서블릿과 JSP 설계 및 개발 참여

- **웹로직 9x**와 배포 서술자(Deployment Descriptor) 설정
- **스프링** 프레임워크를 이용한 모든 응용프로그램 요청 처리
- **JDBC, Data Sources, Connection Pooling**을 이용하여 응용프로그램 서버와 **NetEzza 연동**
- 응용프로그램 컨테이너에 **JNDI**(Java Naming and Directory Interface - 역주)로 정의된 데이터 소스를 이용하여 일반적인 DB 기능을 수행하는 **포괄적 DAO** 객체 개발
- 네트워크 트래픽과 서비스 로케이터, 색인을 위한 트랜스퍼 오브젝트, 검색과 DAO를 위한 밸류 리스트 핸들러를 줄이기 위해 세션 퍼사드와 같은 J2EE 설계 유형 적용
- **하이버네이트** 도구를 사용하여 데이터 처리 계층(persistence layer) 구현 - DB와 시스템 구성 정보를 이용하여 persistence 서비스와 객체를 응용 프로그램에 제공
- **재스퍼 리포트**를 이용하여 리포트 화면 구현
- **Log4J**를 활용하여 디버깅과 로그 관리 및 **Ant**를 이용하여 **JAR**와 **WAR** 파일 배치
- 표와 화면, 명령어, 제약 사항 등을 포함한 DB 생성
- 서비스단을 위한 HTML, CSS, DHTML 페이지 작성
- **스트러츠**와 **자바스크립트**를 이용하여 클라이언트의 유효성 확인
- **IDE**로 이클립스, 웹서버로 아파치, 응용프로그램 서버로 웹로직 9x, DB로 NetEzza를 써서 RCOM 응용프로그램 개발 및 배포
- 클리어 케이스를 이용하여 버전/소스 관리 및 클리어 퀘스트를 이용하여 배치와 티켓 테스트 생성
- **ANT**와 유닉스 쉘 프로그래밍을 이용하여 빌드 및 배치 스크립트 구성
- **전반적인 기능, 유닛 테스트** 진행
- 최종 사용자와 연동하여 제품 지원 및 버그 수정

선임 J2EE 개발자, 컴퍼니파이브, 매사추세츠 주

책임 범위 : 2005.11 ~ 2007.3

- **스트러츠** 프레임워크를 이용한 **서블릿과 JSP 설계** 및 개발 참여
- **웹로직 8x**와 배포 서술자(Deployment Descriptor) 설정
- 응용프로그램 컨테이너에 **JNDI**(Java Naming and Directory Interface - 역주)로 정의된 데이터 소스를 이용하여 일반적인 DB 기능을 수행하는 **포괄적 DAO** 객체 개발
- **하이버네이트** 도구를 사용하여 데이터 처리 계층(persistence layer) 구현 - DB와 시스템 구성 정보를 이용하여 persistence 서비스와 객체를 응용프로그램에 제공
- **재스퍼 리포트**를 이용하여 리포트 화면 구현

- Log4J를 활용하여 디버깅과 로그 관리 및 Ant를 이용하여 JAR와 WAR 파일 배치
- **표**와 **화면, 명령어, 제약 사항** 등을 포함한 DB 생성
- 서비스단을 위한 HTML, CSS, DHTML 페이지 작성
- IDE 이클립스 3.1을 이용하여 응용프로그램 개발
- **스트러츠와 자바스크립트**를 이용하여 클라이언트의 유효성 확인
- ANT와 유닉스 셸 프로그래밍을 이용하여 빌드 및 배치 스크립트 구성
- **전반적인 기능, 유닛 테스트** 진행
- 최종 사용자와 연동하여 제품 지원 및 버그 수정

선임 J2EE 개발자, 컴퍼니포, 애리조나 주

책임 범위 :   2004.6 ~ 2005.10

- **스트러츠 프레임워크**를 이용한 **서블릿과 JSP 설계** 및 개발 참여
- **웹스피어 응용프로그램 서버 4x** 설정 및 색인목록 배포
- **JDBC**와 **데이터 소스, 커넥션 풀링**을 이용하여 **응용프로그램 서버와 DB2 연동**
- 응용프로그램 컨테이너에 JNDI(Java Naming and Directory Interface - 역주)로 정의된 데이터 소스를 이용하여 일반적인 DB 기능을 수행하는 **포괄적 DAO** 객체 개발
- 네트워크 트래픽과 서비스 로케이터, 색인을 위한 트랜스퍼 오브젝트, 검색과 DAO를 위한 밸류 리스트 핸들러를 줄이기 위해 세션 퍼사드와 같은 J2EE 설계 유형 적용
- **하이버네이트** 도구를 사용하여 데이터 처리 계층(persistence layer) 구현 - DB와 시스템 구성 정보를 이용하여 persistence 서비스와 객체를 응용프로그램에 제공
- 현업 요구사항을 위한 테스트 케이스 작성과 실행, 테스트 데이터와 업무흐름도 준비
- 웹서비스를 이용하여 배포된 웹서비스에 접속하는 웹 서비스 클라이언트 개발 및 배포
- **표**와 **화면, 명령어, 제약 사항** 등을 포함한 DB 생성
- 서비스 단을 위한 HTML, CSS, DHTML 페이지 작성
- IDE WASD를 이용하여 응용프로그램 개발
- **스트러츠와 자바스크립트**를 이용하여 클라이언트의 유효성 확인
- IDE로 이클립스, 웹서버로 아파치, 응용프로그램 서버로 웹스피어 5.x, DB로 DB2를 써서 **e1 관리 시스템의 응용프로그램** 개발 및 배포
- ANT와 유닉스 셸 프로그래밍을 이용하여 빌드 및 배치 스크립트 구성
- **전반적인 기능, 유닛 테스트** 진행

J2EE 개발자, 컴퍼니쓰리, 아프리카

책임 범위 :   2003.6 ~ 2004.5

- 액션 맵핑, 액션 클래스, 디스패치 액션 클래스, 액션 폼, 다이나액션 폼, 밸리데이션 프레임워크, 스트러츠 타일, 스트러츠 태그 라이브러리와 같은 스트러츠 콤포넌트 설계 및 구축
- HTML/서블릿/JSP/XML을 이용한 표현 레이어 구현과 자바스크립트를 이용한 클라이언트 유효성 확인
- 웹 컴포넌트 생성과 엔터프라이즈 빈 생성, 응용프로그램 구성, 응용프로그램 배포, 유지보수 등 개발의 전 과정 참여
- HTTP 기본 인증과 폼 기반 인증, HTTP 상호 인증으로 구성된 웹 층 인증시스템 개발
- JDBC를 이용하여 DB 연동 및 JNDI를 이용하여 데이터와 EJB 검색
- 이용자 대화 저장과 확장성 확보, 메모리 관리, 데이터 교환을 위한 무상태 빈 및 관계형 데이터의 객체 투입을 위한 엔터티 빈 확장 구현
- 네트워크 트래픽과 서비스 로케이터, 색인을 위한 트랜스퍼 오브젝트, 검색과 DAO를 위한 밸류 리스트 핸들러를 줄이기 위해 세션 퍼사드와 같은 J2EE 설계 유형 적용
- IDE로 이클립스, 웹서버로 아파치, 응용프로그램 서버로 **JBoss 3.2.5**, DB로 포스트그레스 Sql을 써서 **웹페이**(Webpay) 응용프로그램 개발 및 배포

J2EE 개발자, 컴퍼니투, 메릴랜드

책임 범위 :   2002.4 ~ 2003.5

- 드림 뷰어 편집기를 이용한 화면 설계에 참여
- JSP를 이용한 화면 설계 및 구현
- HTML/서블릿/JSP/XML을 이용한 표현 레이어 구현과 자바스크립트를 이용한 클라이언트 유효성 확인
- EJB 세션 빈을 사용하여 Arida을 위한 비즈니스 로직 구현
- 웹 컴포넌트 생성과 엔터프라이즈 빈 생성, 응용프로그램 구성, 응용프로그램 배포, 유지보수 등 개발의 전 과정 참여
- HTTP 기본 인증과 폼 기반 인증, HTTP 상호 인증으로 구성된 웹 층 인증시스템 개발
- 이용자 대화 저장과 확장성 확보, 메모리 관리, 데이터 교환을 위한 무상태/상태

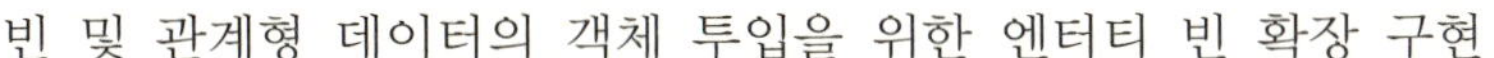

　빈 및 관계형 데이터의 객체 투입을 위한 엔터티 빈 확장 구현
- IDE로 이클립스, 웹서버로 아파치, 응용프로그램 서버로 웹로직 7.x, DB로 오라클 8i를 써서 Arida 응용프로그램 개발 및 배포
- **비주얼 소스 세이프**를 이용하여 버전/소스 관리 및 클리어 퀘스트를 이용하여 배치와 티켓 테스트 생성

J2EE 개발자, 컴퍼니원, 뉴욕

책임 범위 :　　　　　　　　　　　　　　　　　　　　　　2001.5 ~ 2002.3

- 드림 뷰어 편집기를 이용한 화면 설계에 참여
- JSP를 이용한 화면 설계 및 구현
- HTML/서블릿/JSP/XML을 이용한 표현 레이어 구현과 자바스크립트를 이용한 클라이언트 유효성 확인
- 웹 컴포넌트 생성과 자바 빈 생성, 응용프로그램 구성, 응용프로그램 배포, 유지보수 등 개발의 전 과정 참여
- JDBC를 이용하여 DB 연동 및 JNDI를 이용하여 데이터와 EJB 검색
- IDE로 이클립스, 웹서버로 아파치 톰캣, DB로 오라클 8i를 써서 LSRC 응용프로그램 개발 및 배포
- 현업 요구사항을 위한 테스트 케이스 작성과 실행, 테스트 데이터와 업무흐름도 준비
- 비주얼 소스 세이프를 이용하여 버전/소스 관리

　주목해야 할 첫 번째 문제점은 후보자가 똑같은 작업을 계속 반복한 것으로 보인다는 점이다. 실제로 많은 항목들이 복사해서 붙인 것처럼 보인다. 두 번째 문제점은 대부분의 작업이 평범하고 사소한 작업이라는 점이다. 고려해볼 만한 세 번째 문제점은 7년의 업무경력이 있는데도 여전히 평범한 작업들을 하고 있다는 점이다. 발전이라고는 전혀 보이지 않는다. 마지막으로, 후보자가 어떤 편집기를 썼는지, 어떤 소스관리 툴을 썼는지 같이, 책임 범위에 관한 내용이 아닌 것을 책임 범위에다 적어놨다는 점이다. 이는 심각한 판단력 부족을 보여준다. 전체 이력서가 9장 정도였는데 이 내용이 3~4장은 족히 잡아먹었을 것이다.

리더십 기피

일부 개발자들은 어떤 종류든 리더십을 기피한다. 리더십 기피는 다른 문제들과 함께 나타날 때가 많기 때문에, 리더십 잠재력이 있는 개발자를 선호하는 문제와는 별개로, 리더십 기피 문제에 대해서는 신경을 써야 한다. 리더십을 기피하는 사람들은 사람들과 어울리는 기술이나 의사소통 능력, 판단력 등이 썩 좋지 않은 경향이 있다. 이런 사람들은 그저 혼자 남아 프로그래밍 문제를 해결하는 쪽을 선호하는 경우가 많다. 대부분의 조직은 이런 유형의 직원을 오래 두고 싶어 하지 않는다. 협업을 중요시하는 조직이라면 이들은 발붙일 곳이 없다. 더 나아가 이들은 회사의 리더십 공급 계획에 부담을 준다.

한편으로 보자면, 관리자가 되지 않고서도 완벽한 기술직 경력을 쌓을 수는 있다. 하지만, 어떤 종류라도 기술적 리더가 되지 않고서 그런 성공적인 경력을 쌓을 수 있는 재주 많은 기술자가 있을 성 싶지도 않다. 만약 회사에 직원들이 선택할 수 있는 확고한 기술직 경력 관리 프로그램이 있다면, 다른 사람을 이끌겠다는 욕망이 없는 직원이라도 참아줄 수 있을 것이다. 그 말은, 선임 과학기술자라면 어쨌거나 의사소통이나 기술과 사고, 방법론, 설계 혁신 등과 같은 것에서 리더십 책임을 지고 있다는 뜻이다. 리더십 능력이 없는 선임 과학기술자는 조직의 발목을 잡는 요인이 된다.

경력 연수가 7년이 넘었는데도 소규모 프로젝트조차 이끌어본 적이 없다면, 이는 우려해야 할 사항이다. 이와 마찬가지로, 예전에 리더십 직위에 있었던 후보자가 최근에는 그렇지 않았다면 이 역시 리더십 기피일 수 있다[10]. 리더십에 관한 부분을 검토해보도록 하자. 이력서에 리더십에 관한 내용이 전혀 없다면 문제가 될 수 있다.

잠깐 리더십에 발을 담갔다가 리더십을 요구하지 않는 경력에 안주한 것으로 보이는 후보자가 있으면 주의 깊게 살피도록 하자. 또 다른 표식으로는 '외로운 늑대' 프로젝트들이 반복되는 것을 들 수 있다. 고립돼서 일하는 개발자들은 협업 환경에서 일하는 개발자들처럼 리더십 기술을 배울 수가 없다.

이력서상에서 명백하게 리더십 기피가 나타나도 별 문제가 안 되는 경우도 있다. 면접에서 이와 관련한 후보자의 경력관리 계획을 들어보고 이해한 다음, 이를 직무 요구사항이나

---

10) 앞서 얘기한 '두 발 전진하고 한 발 후퇴하기'에 대한 얘기도 염두에 두도록 하자.

조직의 현재와 미래 리더십 수요를 맞춰보도록 하자. 후보자가 리더십을 요구하는 위치로 옮겼다가 원위치로 돌아오게 된 상황을 살펴보도록 하자.

학력

어떤 종류든 학사 학위가 전혀 없는 후보자에 대해서는 매우 조심해야 한다. 강력한 경력이 뒷받침되지 않는다면 이 하나만으로도 후보자를 떨어뜨리기에 충분하다. 컴퓨터공학이나 프로그래밍 훈련을 받지 못한 후보자들은 이해력에 커다란 공백이 있는 경우가 종종 있다. 복잡한 문제를 풀 때 도움이 되는 기초적인 지식이 부족할 수도 있다.

때로는 학위를 갖고 있다고는 하지만 교육기관이나 학위의 종류를 밝히지 않는 후보자들이 있다. 어떤 종류의 표준 이력서에서도 공백은 문제를 의미한다. 이런 경우는 대체로 교육기관을 밝히는 것이 후보자에게 도움이 되지 않거나, 후보자가 외국에서 공부했기 때문에 교육기관을 밝혀 봐야 모르거나 신경 쓰지 않을 거라고 지레짐작한 경우이다. 결국 이 경우는 후보자가 형편없는 판단력을 지녔거나 불리한 정보를 은폐하려 시도한다는 것으로 요약된다.

드물기는 하지만 후보자가 이름 있는 교육기관에 다닌 경우에도 문제가 발생한다. 공부하는 기간과 구직하는 기간이 어떻게 되는지 알면 도움이 된다. 재학 기간 정보가 있으면 도움이 되지만 생략되는 경우가 많다. 나는 정보 은폐와 관련하여 다른 문제가 있지 않으면 그리 신경을 쓰지 않는 편이다.

정보기술 학위[11]나 준학사 학위, 지역 전문대학이나 직업 훈련 학교 등의 학위는 탄탄한 경력이 뒷받침되어야 한다. 후보자에게 학력의 약점을 상쇄할 수 있는 긍정적인 요소가 있고, 초급 직위에 채용하는 거라면 학위는 심각한 문제가 아닐 수 있다.

놀라운 얘기일 수도 있겠지만, 박사 학위를 가진 후보자들은 컴퓨터공학(CS)을 전공했어도 학위 취득 이후에 상당한 직장 경력이 있지 않다면, 상당히 주의해서 봐야 한다. 어느 분야에서건 박사 학위를 취득하는 것은 대단한 성취이지만 나는 몇 가지 문제가 제기되는 상황을 봐왔다.

---

11) 컴퓨터공학 학위에 대비되는 개념으로.

박사 학위를 가진 사람들은 협소한 분야에 엄청난 투자를 한 사람들이고, 일반적으로 그 투자분을 회수하고자 한다. 박사 학위를 취득하는 데 따르는 노력을 감안했을 때, 면접관은 항상 그 동기가 무엇이었는지를 물어봐야 한다. 주요 이유들은 다음과 같다.

- **가르치려고** : 가르치는 일이 자신의 길이 아니라고 중도에 깨닫는 사람들이 많지만, 어쨌든 학위는 끝내고 보는 경우가 많다.
- **기업가가 되려고** : 제대로 되지 않은 듯하다. 별로 좋지 못한 발상이었는지도 모른다. 계속 이야기를 따라가면서 판단력을 의심하라.
- **더 많은 연봉을 받으려고** : 효과적인 투자방안이 아니었다. 판단력을 의심하라.
- **학교에 남기 위해서** : 영원히 학생으로 남고자 하는 사람은 언제나 전문가의 세계에 맞지 않는다.

박사 학위를 가진 후보자들의 행동적 특징에 특별한 주의를 기울여라. 때로는 의도하지 않은 자만이나 우월의식이 학위를 따라다니기도 한다. 충분한 경험이 없으면서도 이름에 연연하는 태도가 있을지 모른다. 방심하지 말고 이런 행동적 특징을 경계하도록 한다. 자만을 자신감과 혼동하지 않아야 한다. 박사 학위는 자신감의 원인이 될 자격은 충분하다.

다시 말하지만, 박사 학위 취득은 상당한 성과이다. 박사 학위 취득 후에 몇 년 정도의 성공적인 사회 경험만 있다면, 여기 나열된 잠재적 우려들이 전혀 문제되지 않을 것이다. 거기에다 마침 후보자의 논문이 직무 요구사항과 연관된 것이라면, 좋은 선택이 될 것이다.

컴퓨터공학이 아닌 분야의 박사 학위를 가지고 있으면서 눈에 띄는 경력을 가진 후보자가 훌륭한 채용의 대상이 되는 경우를 종종 봤다. 학위가 컴퓨터공학과 연관된 것이면 특히 좋다. 이런 사람들은 회사가 원하는 분야는 아니지만 특정 분야의 전문가이면서 뭔가를 알고 있는 사람들이다. 한 분야에 통달한 사람은 다른 분야도 통달할 수 있다는 점에서 이들은 매력적이다. 후보자가 회사가 원하는 분야에 관심을 가졌다는 증거는 없는지 찾아보도록 하자.

붉은 깃발, 노란 깃발, 아니면 녹색 깃발?

가끔 발견한 문제점들을 세어보는 것이 좋다. 지금쯤이면 이력서 검토에서 몇 가지 사항들의 흑백이 가려졌을 것이다. 우리는 믿을 수 없을 만큼 다양한 조각 정보와 파편화된 진실을 다루고 있다. 몇몇 문제는 매우 분명하고 심각하다. 나는 이런 것을 붉은 깃발이라 부른다. 붉은 깃발은 한두 개만 있어도 후보자를 떨어뜨리는 사유로 충분하다.

노란 깃발은 문제가 좀 있거나 문제가 될 수 있는 것들이다. 후보자를 전화 면접하게 될 경우 시간을 내서 확인해야 할 문제들이다. 노란 깃발이 여러 개라면, 거기에다 빨간 깃발이 한 개라도 있다면, 후보자를 떨어뜨리는 사유로 충분하다.

때로 문제를 잘못 해석했다거나, 추가 조사를 통해 뭔가 긍정적인 것이 발견됐을 때, 문제점이 돌변해 녹색 깃발이 되기도 한다.

이 방법은 발견한 것을 수치화하는 방법 중 하나일 뿐이다. 부정적인 내용들은(또는 긍정적인 내용들은) 서로 얽히면서 후보자를 설명해주는 하나의 유형을 형성하므로, 발견한 것들을 지속적으로 쫓아가면서 검토하도록 하라. 경험이 쌓이면, 특정한 문제점이 특정한 행동적, 성격적 결점과 어떻게 연관되는 경향이 있는지 짚어낼 수 있다. 조만간 여러분은 아마추어 심리학자가 된 것처럼 느끼게 될지도 모른다. 채용 과정 내내 후보자를 주의 깊게 따라가면서 여러분의 진단이 맞는지 확인해보기 바란다.

전문용어 대잔치

일반적인 이력서 양식에는 후보자들이 경험해본 기술을 적는 보유 기술 항목이 있다. 앞서 얘기했듯이, 후보자들은 이 항목을 두 가지 목적을 위해 작성한다. 1) 이력서를 읽는 인간 독자와 심사관에게 잘 안다고 생각하는 기술 항목을 제공하는 것과 2) 자동화된 이력서 선별 프로그램에 검색 키워드를 제공하는 것.

후보자들이 보유 기술 항목을 적는 방식은 다양하다. 일부는 자제력을 보이며 합당한 경험이 있는 기술만 적는다. 다른 극단에는 지금까지 자신의 주변에서 사용되는 모든 기술을 적는 사람들이 있다. 모든 이력서는 이 사이 어디쯤에 존재한다.

회사가 주목하는 기술에 해당하는 전문용어를 찾아보되, 경력 정보에서 그 숙련도에 대한 증거를 항상 확인해야 한다. 거기서 명백한 불일치가 보인다면, 주의해야 한다. 후보자들이 보유 기술 항목에 내용을 꽉 채워 넣는 경향이 있기 때문에, 경력 정보의 내용이 회사가 필요로 하는 기술과 잘 겹쳐지지 않는다면, 해당 후보자가 적합한 후보자일 가능성은 적다.

어떤 이력서는 전문용어 목록이 너무 길어서 의심이 생길 지경이다. 어느 정도가 너무 많은 것인지 정해진 것은 없으니, 각자의 직관을 이용해야 한다. 과도한 목록은 해당 이력서의 내용이 정확하지 않다는 방증이다. 달리 우려할 만한 부정적인 사항도 있는 경우라면, 이런 목록은 큰 문제가 된다.

내 경험으로 보자면, 뛰어난 개발자들도 통달한 기술은 고작 몇 개 정도이고, 유용하게 쓸 수 있는 기술도 열 개 이하이다. 하지만 이력서에서 딱 열 개의 기술명만 적힌 전문용어 항목을 본 적은 없다.

나는 보유 기술 항목이 어느 한 쪽의 극단이 아닌 경우에는 거의 비중을 두지 않는 편이다. 설사 어느 한 쪽의 극단이라고 하더라도, 그 자체만으로는 그다지 중요하지 않다. 그보다는 이력서 전반에 걸쳐 은근슬쩍 과도하게 전문용어를 많이 쓰지 않는지, 주의 깊게 보도록 하자. 그런 이력서에는 일반적으로 사실 과장이나 노골적인 정보 위조가 있을 가능성이 크다.

전문용어가 난무하는 것은 정상이지만, 어디고 깊이 있는 지식 없이 사용되는 전문용어가 큰 문제이다. 이력서에서 사실을 과장하는 몇몇 사례를 보면, 매우 심각할 정도이다.

믿기지 않는 성과

과장의 다른 형태는 믿기지 않는 성과로 나타난다. 전문용어 대잔치와는 반대로, 믿기지 않는 성과 목록은 짚어내기 쉽지만 훨씬 심각한 문제이다. 후보자가 성과를 적는 방식에는 상당한 정도의 의도가 개입한다고 생각되므로, 이 성과들이 믿어지지 않을 때, 문제는 더 심각해진다.

가끔 믿기 힘든 성과 항목을 보고도 확신하기 어려운 때가 있다. 이때가 바로 전문용어 때와 마찬가지로, 이를 뒷받침하는 내용이 있는지 이력서의 다른 부분을 펼쳐 확인해야 할 때다. 그런 게 없다면 우려되는 부분을 기록하되, 거기에 너무 비중을 두지 않도록 한다. 전화 면접할 때 해결하도록 남겨두자.

후보자들은 자신이 성취한 것을 최대한 돋보이려 한다는 점을 기억해야 한다. 윤색하고 픈 유혹이 언제나 도사리고 있다. 하지만 정직이야말로 핵심적인 가치이기 때문에, 사실 과장은 언제나 주의 깊게 살펴야 한다. 과장이나 심지어 노골적인 거짓말을 보더라도 놀라지 마라. 후보자가 그저 돼지에다 립스틱을 발라놓았을 뿐인지, 아니면 천연덕스럽게 돼지를 유니콘이라고 말하는지 잘 판단해야 한다.

후보자의 주장을 평가할 때는 상식을 동원해야 한다. 나는 8개월 동안에 10개의 대형 프로젝트에서 중요한 역할을 했다고 주장하는 후보자의 이력서를 본 적도 있다. 얘기가 앞뒤가 맞는지 보려면, 날짜를 놓고 산수를 해보라. 믿기지 않는 성과의 다른 흔한 예로는 자신이 주도적인 역할을 하지 않은 작업을 자신이 했다고 주장하는 것이다. 전화 면접에서 밝혀지기도 하지만, 누군가 찔러주는 정보 없이는 사전에 감지해내기 어려운 부분이다. 후보자는 프로젝트에 대해 실제보다 큰 소유권을 주장하거나, 더 많은 부분을 자신이 했다고 주장한다. 혼자 일한 게 아니었다거나, 보조 역할을 했다는 사실을 감출 수도 있다.

후보자가 말하는 성과가 경력 연수에 비춰 그럴만한 것인지 확인해보자. 한동안 채용 과정에 참여하다 보면, 2년, 5년, 10년의 경력으로 어떤 일을 할 수 있는지 감을 갖게 된다. 뭔가 의심스럽다 싶으면 적어놨다가 전화 면접에서 캐묻도록 하자. 보통 과장하는 사람은 일관적인 성향이 있어서, 경력 정보나 이력서의 다른 곳에서도 그 신호를 볼 수 있다. 정직이야말로 핵심적인 가치이다. 누군가가 정직하지 않다고 확신한다면, 이 문제에 무게를 실어야 한다.

너저분한 이력서

다들 게임의 규칙은 안다. 이력서는 후보자의 일차적인 홍보 수단이며, 보통은 잠재적 고용주에게 후보자에 대한 첫인상을 심어주는 수단이다. 그런데 왜 지적이고 사려 깊은 인간이 너저분한 이력서를 내밀까? 답은 바로 그런 사람이 아니기 때문이다.

> **고정관념이 나쁜 채용으로 이어진다.**
>
> 개발자들의 이력서가 좀 미적지근해도 봐주려는 경향이 있다. 여기에 모든 구닥다리 고정관념들이 적용된다. '개발자들은 비사교적이다', '개발자들은 의사소통이 구리다', '개발자들은 코드가 잘 써지기만 하면 의사소통의 필요성을 못 느낀다.' 이런 고정관념에 혹하면 나쁜 채용이 따라온다. 말이든 글이든, 의사소통은 모든 소프트웨어 개발자들의 핵심 역량으로 고려되어야 한다.

인터넷이나 대학에는 멋진 이력서를 쓰는 데 참고할 수 있는 자료들이 많다. 직업소개소에서도 후보자를 대변하는 입장에서 도움을 줄 것이다. 단어와 맞춤법 검사기도 널려 있다. 심지어 외국어로 이력서를 쓸 때에도 활용할 수 있는 수단들이 많다. 너저분한 이력서에는 변명이 있을 수 없다. 그와 마찬가지로, '뭔가 말 못할 사연이 있겠지.'라거나 '뭔가 빠뜨린 중요한 정보가 있겠지.' 따위의 가정도 절대 해선 안 된다.

왜 이력서가 너저분하거나 불완전할까?

- 부주의
- 경험 미숙(예: 이력서 잘 쓰는 법을 찾아보지 않았다.)
- 무지(예 : 이력서 잘 쓰는 법을 찾아보지 않았다.)
- 판단력 부족

어느 것이든 이런 특성을 가진 사람과 같이 일하고 싶지는 않을 것이다. 이력서는 후보자가 가진 가장 강력한 도구이다. 이력서조차도 그럴듯하게 만들지 못하는 후보자가 다른 일이라고 잘할 리가 없다. 너저분한 이력서를 평가할 때는 공평해야 한다. 문서 구성이나 형태에 대한 개인적인 선호는 지워버려라. 오탈자와 잘못된 맞춤법, 막연한 표현, 이해할 수 없는 내용에 집중해라.

나는 보통 맞춤법을 틀리거나 멋대로 기술명을 영문 대문자로 써놓은 후보자를 보면 주의하게 된다. 한 번의 실수는 문제가 아니지만, 계속 기술명을 잘못 써놓은 것을 보면,

후보자가 해당 기술을 얼마나 경험해봤는지 의문을 품게 된다. 해당 기술을 자주 사용하고 공부해본 사람이라면 기술명을 자주 접했을 테니 정확하게 쓸 수 있어야 한다.

너저분한 이력서를 심각하게 받아들이자. 조심성 없이 의사소통을 하거나 판단력이 떨어지는 사람은 좋은 채용대상이 될 수 없다.

경력 공백과 중복

항상 경력 정보의 일자를 따져 공백이나 중복이 있는지 살펴보자. 공백이나 중복이 있어도 문제가 아닐 수 있지만, 뭔가 심각한 문제를 시사하는 경우도 있다. 보통 불규칙한 일자 자체가 어떤 설명을 주지는 않지만, 이력서의 다른 곳에서 사연을 알아챌 실마리를 보는 경우가 많다.

경력에 공백을 발견했다면, 그 기간 동안 후보자가 어떤 일을 했는지 실마리를 찾아보자. 학력 항목에서 후보자가 학교를 다니지 않았는지 확인해보자. 학력 난에 실마리가 없어도, 공백이 2년 이내이고 후보자가 석사 학위를 가지고 있다면 걱정은 크게 줄어든다.

일부 여성 후보자는(남성 후보자도 점점 증가하고 있다) 몇 개월 정도의 출산휴가나 육아휴직을 갖는데, 이는 전혀 문제될 것이 없다. 일부는 더 오래 휴직하거나, 아예 몇 년간 노동계급에서 빠져나가기도 한다. 길이가 얼마든 공백은 주의해야 한다. 공백이 길수록, 또 최근에 있을수록 우려가 커진다. 자녀나 아픈 부모를 돌보는 일은 엄청나게 중요한 개인적 사안이다. 그럼에도 불구하고 잠재적인 고용주의 관점에서 보자면, 이는 후보자가 한동안 다른 분야에서 일을 한 것과 같다.

몇 년간의 공백이 문제가 되는 이유는 후보자가 최신 기술을 습득하지 못했을 가능성 때문이다. 프로젝트를 떠나기 전에 후보자가 했던 일과 노동계급으로 돌아와서 어떻게 제 속도를 회복하는지 살펴보자. 나는 일을 쉬는 동안 단순히 기술면에서 무뎌지거나 뒤처지지 않기 위해서 파트타임으로 일을 하거나 소규모 프로젝트를 하는 후보자들을 본 적이 있다. 이는 훌륭한 판단력과 주도력의 사례이다. 몇 년간의 공백을 평가할 때는, 후보자가 회사가 사용하는 기술을 따라잡는 데 어느 정도의 노력이 필요할지 고려해야 한다. 2년 사이에 크게 바뀐 것이 없을 수도 있다.

때로는 실직 때문에 경력 공백이 생기기도 하는데, 이 역시 기간이 길수록, 최근의 일일수록 우려가 커진다. 보통 후보자의 경력 연수가 오래될수록 일자리를 찾는 데 시간이 더 걸린다는 점을 알아두자. 그러니 실직이라는 걸 아무한테나 기계적으로 적용해서 계산해서는 안 된다.

실직으로 인한 경력 공백의 이유 중에는 뜻밖의 것들도 있다. 내가 면접했던 한 사람은 재산이 있어서 일할 필요가 없다고 했다. 다른 사람은 아픈 부모를 돌봐야 했다고 했다. 또 다른 한 사람은 부인이 일하는 사이 갓난애를 돌봤다. 실직 기간을 빈둥거리며 지내는 후보자는 거의 없다. 어떤 사람은 실직 기간에 공부했던 기술 목록과 예제 프로그램을 제시하기도 했다.

나는 최근에 있었던 꽤 긴 공백에 대해 이력서에 사유를 밝히지 않는 후보자는 판단력이 부족한 게 아닌가 생각한다. 한 줄 덧붙인다고 해서 손해될 것도 없는데다, 고용주의 지레짐작을 막을 수 있는데 말이다.

경력 중복은 공백보다 더 심각한 문제일 때가 많다. 왜 한 번에 두 가지 일을 하게 될까? 만약 경제적인 이유 때문이라면, 앞으로 일어날 수 있는 온갖 상황들을 걱정하지 않을 수 없다. 후보자는 뭔가를 잘못 판단하는 바람에 경제적 곤란에 처한 걸까? 후보자는 일반적인 소프트웨어 전문가의 월급으로는 생존할 수 없는 걸까? 후보자는 일반적인 소프트웨어 전문가에 해당하는 보수를 못 받은(혹은 받을 자격이 안 되는) 것일까? 한 가지 일에 집중하지 못 하는 문제가 있는 걸까? 후보자는 보안 위험인물인가?[12] 심각한 재정 문제가 있어 보인다면 신원조회를 하는 게 좋을 것이다.

대부분의 경력 중복 상황은 컨설팅 회사를 차린다거나 아주 작은 회사를 차려 파트타임 역할을 맡는다거나 하는 개인 사업과 관련이 있다. 이런 상황이 죄가 되는 것은 아니지만, 회사의 요구와 상충될 가능성을 고려해봐야 한다. 또한 이중 직업을 필요로 하는 후보자의 삶이 어떤 것일지도 고려해보자. 아마 항상 행동이나 생활을 선택해야 하는 문제가 있을 것이다. 가정생활은 불가능할지도 모른다. 여러 가지 가능성을 알고 있는 것만으로도 해당 후보자에 대한 채용 절차를 계속할지 결정할 수 있는 다른 실마리를 간파해낼 가능성이 높아진다.

---

12) 개발자들이 재무시스템에 접근하는 것을 허용하는 회사에서는 심각한 재정 문제가 있는 후보자를 보안 위험으로 간주한다. 자신의 문제를 그 '접근성'으로 해결하려 시도할 가능성이 있기 때문이다.

궁극적으로 부업은 후보자에게도 건강치 못한 일이고, 회사 입장에서는 주의가 분산되는 문제가 된다. 두 가지 일을 하는 직원들을 어떻게 판단할지 결정하라. 이해관계가 상충될 수 있기 때문에 법무 상담을 받아보는 것이 좋다. 조그만 부업을 하거나 회사를 운영하는 후보자가 공정한 입사 제안만 주어진다면 선뜻 포기하겠다고 나서는 경우도 많다.

나는 오늘날까지 상당히 혼란스러운 경력 정보들을 진지하게 봐왔다. 문제가 있다고 생각되면, 특별한 주의를 가지고 경력 내역을 검토해야 한다. 예를 들어 경력 정보에 상하관계를 둬서, 맨 상위에는 한 외주용역 업체와 전체 기간을 표기하고, 아래 단계로 여러 프로젝트와 각각의 기간 정보를 표시하는 후보자들이 있다. 한 회사에서 여러 개 프로젝트를 했거나 다양한 직책을 맡았던 후보자의 이력서에서도 비슷한 형태를 볼 수 있다. 슬쩍 보기에는 경력이 중복되는 것처럼 보이지만, 아니다. 시간을 가지고 찬찬히 살펴보자. 깜짝 놀랄 만한 것들을 발견할 수 있을 것이다.

이력서의 경력 정보에 날짜가 들어 있지 않으면, 나는 즉각 후보자가 무엇을 숨기려 하는지 의아해한다. 일반적인 이력서 양식이라면 어느 것이나 날짜 정보를 입력하게 되어 있는데, 이는 후보자가 이력서 쓰기의 기초를 모르든가, 아니면 뭔가 숨겨야 할 일이 있든가 둘 중 하나이다. 둘 중 어느 것이라도 비중 있게 다뤄야 할 문제이다.

중요한 것은, 경력 공백이나 중복이 있는 후보자와 일단 얘기를 해보기로 했다면 낱낱이 물어봐야 한다는 점이다. 얼버무리는 것에 대해 이미 한 번 의심을 한 상황이기 때문에, 여기서는 정직성에 민감해져야 한다.

부가 비용

일부 후보자들은 부가 비용을 달고 있다. 이주 지원금과 비자 보증이 가장 일반적이다. 채용하는 데 부가적인 비용이 드는 후보자를 고려하고 있다면, 후보자를 평가할 때 이런 비용 요소를 감안해야 한다.

해외에 있는 후보자는 면접하는 데 비용이 많이 든다. 전화 면접은 별 것 아니겠지만, 현장 면접을 위해 비행기로 날아오게 하려면 상당한 비용이 든다. 후보자가 기준에 간당간당한 정도라면 진행하지 않는 것이 일반적이다.

회사 정책에 따라 다르겠지만, 이주비용이 상당히 비싸질 수 있다. 최소한의 이주비용도 보통 600만 원 정도가 소요된다. 개발자를 위한 최고급 서비스는 수천만 원이 든다. 이주비용이 발생할 경우, 회사는 후보자에게 일정 기간 이상 회사에 근속할 것을 요구하고, 그 전에 그만둘 경우에는 이주비용의 일부를 반환하도록 하는 것이 일반적이다.

회사에서 비자와 영주권 신청을 보증하는 경우라면, 그 비용도 생각해야 한다. 인사관리 부서에 어떤 비자를 제안해야 하는지, 일반적인 비용은 어느 정도인지 물어보라. 후보자의 이력서를 검토할 때는 항상 부가 비용을 염두에 둬야 한다. 최우선 사항은 아니겠지만, 선택을 위해 저울질을 할 때는 중요한 고려사항이 된다.

정보 은폐

누락된 정보에 대해서는 이미 논의한 적이 있다. 가끔은 이력서 전체에 걸쳐 전반적인 은폐의 기조가 나타나기도 한다. 이력서를 검토하다가 누락된 정보를 확인하면, 어떤 경향성이 있는 것은 아닌지 알아보자.

누락될 수도 있지만, 그렇다고 그냥 놔둬서는 안 되는 정보 항목들은 아래와 같다.

- **학력** : 중등교육 정보 누락, 공부했거나 취득한 학위 종류 누락, 교육기관명 누락, 기간 정보 누락 등이 모두 문제가 된다.
- **상세 기술** : 개별 작업에 사용된 기술을 명확히 밝히지 않는 것은 심각한 문제이다. 이 문제를 풀려면 해당 항목보다는, 그 기술이라고 생각되는 내용을 요약해놓은 곳을 찾아보자(77 페이지의 '전문용어 대잔치'를 참조하라).
- **상세 이력 정보** : 근무 기간, 직책, 회사명, 소재지 정보 등 모든 누락이 문제가 될 수 있다. 일부 후보자들은 이전 회사의 이름을 제공하면 안 된다고 생각한다. 이들은 정확한 회사명 대신 '전자상거래 업체'와 같이 뭉뚱그려 표현한다. 이래서 좋은 점은 거의 없지만, 적어도 후보자의 판단력이 좋지 않다는 점은 알 수 있다.[13]

---

13) 일부 보안 관련 회사들은 후보자에게 회사 이름을 밝히지 말 것을 주문하기도 한다. 이런 경우, 후보자들은 보통 '비밀정보 취급 허가의 문제'라고 명시한다.

있어야 하는데 없다고 생각되는 내용이 있으면, 눈을 크게 뜨고 살펴보자. 누락된 정보가 일정한 경향을 띠고 있다면, 이는 문제다. 좋게 봐도 후보자의 판단력이 형편없다는 것이고, 나쁘게 보면 은폐를 시도한다고 볼 수 있다. 어떤 것이든 채용하고 싶은 경우는 아닐 것이다.

3.4 이력서 검토 기법

이 장에서 나는 이력서 검토의 기초로서 도움이 될 만한 기법 몇 개를 다룰 것이다. 이 기법들과 책에서 제시하는 다른 조언들을 따라가다 보면 채용 잘 하는 법을 배울 수 있다. 하지만 이것은 그저 시작일 뿐이다. 채용이라는 예술에 익숙해질수록 각자의 기법과 유형, 직관력을 갖게 된다. 이 책에 쓰인 것을 넘어서서, 남을 지도할 수 있게 될 것이다.

이력서 접근 방법

지금까지 상세한 이력서 검토 방안에 대해 얘기했다. 이 장에서는 어떻게 이력서에 접근해서 검토 기법을 적용할지, 그 구조와 몇 가지 고급 기법을 제공할 계획이다.

몇몇 전문가들은 이력서를 앞에서 뒤로 읽어야 하는지, 뒤에서 앞으로 읽어야 하는지 논쟁한다. 나는 필요에 따라 두 가지를 다 이용하기 때문에 이러한 논쟁이 의미 없다고 생각한다. 전체적으로 봐서, 나는 세 가지의 이력서 읽기 기법을 사용한다. 훑어보기와 앞에서 뒤로 읽기, 뒤에서 앞으로 읽기다. 어떤 관점에서 읽느냐에 따라 특정 읽기 방식이 다른 것보다 더 잘 들어맞는다. 내가 선호하는 방식과 이유를 제시하는 것뿐이니, 각자에게 맞는 방식이 무엇인지는 각자 찾아보도록 하자.

훑어보기

나는 이력서를 상세하게 살피기 전에 몇 번 훑어보곤 한다. 훑어보면서 몇 가지를 동시에 찾아보는 경우도 있는데, 내 경험으로는 한 번 훑어볼 때 한 가지씩 찾아보는 게 쉬운 것 같다. 내가 훑어보기를 이용하는 목적은 대략 아래와 같다.

- 이력서의 모든 부분이 빠짐없이 들어 있나?
- 후보자가 사는 곳이 어디인가?
- 후보자의 업계 경력이 어느 정도 되는가?
- 경력에 공백이나 중복은 없는가?
- 어떤 직책을 거쳤나?
- 보유 기술 항목에 쓸 만한 내용이 있는지, 아니면 무시해도 될 만한 전문용어들뿐인지?

훑어보기는 '광의의 질문'에 대답하기 좋은 방법이다. 나는 처음에 한 번 훑어보고도 내가 뭔가를 놓친 것 같거나 광의의 질문을 다시 해봐야 될 것 같은 상세 정보를 만날 때면 다시 훑어보기를 한다. 훑어보기는 대체로 이력서의 항목 제목 정도만 보면서 표면적으로 건너뛰다가, 목적에 맞는 부분이 있으면 잠깐씩 상세정보를 들여다보는 형태로 생각하면 된다. 훑어보기는 어느 방향으로든 가능하다.

이력서를 거를 때도 훑어보기를 통해 바로 제거해야 할 후보자를 빠르게 짚어낼 수 있다. 예를 들어, 보유 기술 항목에 회사가 요구하는 기술들이 기재되어 있지 않다면, 해당 후보자는 떨어뜨려야 한다. 이럴 때 나는 보통 바로 떨어뜨리기보다는 경력 부분에서 해당 기술들에 대한 언급이 있는지를 훑어봐서 확인한다. 사람들이 보유 기술 부분에서는 어느 정도 너저분해지는 경향이 있는 데다, 경력 부분과 일관성을 유지하지 못하는 일이 많기 때문이다.

훑어보기는 이력서의 전체 구조를 파악하기 좋은 방법이라, 이를 통해 전체적인 검토를 어떻게 할지 경로를 정해볼 수도 있다. 다양한 눈높이에서 후보자를 바라보는 것이 중요하다. 큰 그림도 세부정보만큼이나 중요하다. 훑어보기는 한 걸음 뒤로 물러서서 후보자를 직업적 관점으로 바라볼 수 있도록 도와주는 좋은 기법이다.

앞에서 뒤로 읽기

우리는 이력서가 제시하는 대로, 앞에서 뒤로 읽으려는 자연스런 경향을 가지고 있다. 후보자가 이력서를 쓰면서 앞에서 뒤로 읽히는 것을 의도했기 때문에, 그 의도대로 접근하는 것이 제일 좋다는 주장이 있다. 맞는 얘기지만, 이력서에 대해서는 이에 상응할 만큼 맞는 다른 얘기가 두 가지 더 있다. 이력서의 많은 부분은 그 자체로 독립적으로 읽힐 수 있다는 점과 전 세계적으로 경력 부분은 역(逆)연대순으로 제시된다는 점이다.

어차피 모아보면 후보자의 전체 사연을 알 수 있기 때문에 이력서의 각 부분을 독립적으로 읽어도 된다는 말이 아니다. 큰 그림을 보는 데는 훑어보기가 효과적으로 사용된다. 나는 상세 직업 정보를 제외하면 앞에서 뒤로 훑어보는 편이다. 때문에 경력 부분을 제외하면 나도 앞에서 뒤로 읽기를 한다고 볼 수 있다.

뒤에서 앞으로 읽기

나는 경력 부분은 뒤에서 앞으로 읽기를 선호한다. 경력 정보를 앞에서 뒤로 읽으면 계속 시간을 거꾸로 거슬러 생각해야 하기 때문에 비생산적이다. 경력 정보를 연대순으로 읽으면 후보자의 '사연'을 이해하기 편하다. 기술이나 책임범위, 리더십이 어떻게 성장했는지 볼 수 있다. 경력 이동 경로를 수치화하기도 편하다.

직책 변화와 같이, 시간 순서와 관련이 있으면서도 범위가 넓은 검색을 할 때는 뒤에서 앞으로 훑어보는 것을 선호한다. 이 편이 순수하게 시간에 따른 직책 변화의 관점에서 후보자의 경력 이동 경로를 알아보는 데 도움이 된다.

가끔 앞에서 뒤로 읽을 때와 뒤에서 앞으로 읽을 때 다른 내용이 들어오는 경우가 있다. 두 가지 방법에 다 익숙해지도록 하고, 어떤 내용을 보고자 할 때 어떤 것이 더 도움이 되는지 살피도록 하자.

장점과 단점 정리하기

이력서에서 발견한 장점과 단점을 정리하는 모종의 방안을 세워야 한다. 본 것을 계량하고 서로 연관되는 요소들을 짚어내기 위해서는, 어떤 형태라도 객관적인 방안이 필요하다.

검토한 내용을 정리해놓으면, 후보자에 대해 공정한 판단을 내리기 쉬워진다.

점검표 사용하기

발견한 것들을 표로 정리하는데, 부록C에서 제공하는 점검표를 사용하거나 아니면 하나를 새로 만들도록 하자. '슈' 단계의 접근법이긴 하지만, 찾아봐야 할 것들에 익숙해지는데는 좋은 방법이다. 의견을 관리 시스템에 옮기는 데도 점검표를 사용할 수 있다.

점검표로는 직관적으로 느낀 것들을 담아내기 어렵다. 이와 비슷하게, 복합적이거나 상쇄하는 요소들도 점검표에 담기 어렵다. 점검표를 완성하고 나서 좀 더 넓은 차원의 유형이 발견되는지 찾아보기를 권한다. 점검표에 메모들을 추가하고 후보자에 대해 느낀 예감이나 인상이 있다면, 역시 추가하도록 한다.

이력서상에 정리하기

출력한 이력서를 검토하면서 그 위에 메모를 하는 것이 더 쉽고 편리하다. 더하기, 빼기 부호로 주석을 달 수도 있고, 좀 더 재미있게 하자면, 배율을 표시해도 좋다. 검토한 항목 옆에 의견을 쓰도록 한다.

끝나면 관리 시스템에 발견한 내용을 옮겨 입력하고, 검토 내용과 의견도 입력하도록 한다. 언제나 그렇듯이, 관리 시스템에는 검토한 의견을 모두 입력하도록 한다.

관리 시스템에 정리하기

더 익숙해지면 관찰 내용을 관리 시스템에 직접 옮기는 것이 더 쉽고 간단하게 느껴질 것이다. 일을 반복해서 할 필요가 없다는 장점이 있지만, 능숙하게 하기 위해서는 기술과 경험이 필요하다.

다른 기법에서 불가피하게 해야 하는 반복 작업이 관찰 내용을 정리하는 데 도움이 준다는 점을 알 필요가 있다. 지름길을 택하기 전에, 다른 기법으로 배를 좀 채워놓을 필요가 있다. 바로 이 기법부터 사용하면 정보를 빠뜨리거나 잘못 옮길 가능성이 크다.

나는 컴퓨터에 이력서 파일을 열어 놓고, 이력서와 관리 시스템을 오가며 발견한 내용에

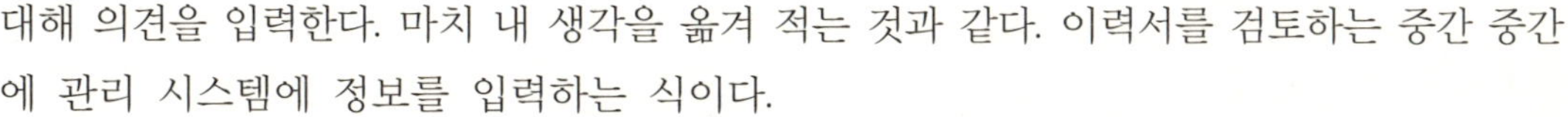

대해 의견을 입력한다. 마치 내 생각을 옮겨 적는 것과 같다. 이력서를 검토하는 중간 중간에 관리 시스템에 정보를 입력하는 식이다.

이력서 검토가 끝나면, 나는 관리 시스템으로 돌아가 의식의 흐름 기법으로 쓰인 내 기록을 검토한다. 보통은 정리가 필요한 상태이기 때문에 편집을 한다. 다음으로는 위에서 얘기했던 넓은 범위의 분석을 한다. 서로 연관되거나 상쇄하는 요소들을 찾아본다. 그리고 전반적인 유형이 있는지 찾아보고, 끝에 기록한다. 후보자에 대해 어떤 강한 예감이 들 때도 입력해놓는다. 마지막으로, 전화 면접을 볼 것인지에 대한 내 의견을 입력해 넣는다.

3.5 관리 시스템에 입력할 것들

먼저 정해야 할 것은, 자세하게 관찰한 바를 어떻게 표현할 것인가 하는 점이다. 산문체로 쓸 수도 있다. 이 방식은 관찰한 내용을 이야기로 풀어나가거나 요점을 설명할 때, 또는 세부정보에서 얻은 넓은 범위의 결론을 묘사하는 데 유용하다.

관찰한 내용을 장점과 단점, 또는 +와 -로 정리하는 것도 판단을 내리는 데 도움이 된다. 각 항목을 짧고 간단하게 정리할 수 있다. 이런 방식으로 항목을 정리하여 좋고 나쁜 점들을 병렬적으로 보면, 명료한 결론을 내는 데 도움이 된다.

산문체와 장점/단점 정리를 혼합해서 사용하는 것도 매우 효과적이다. 장점과 단점을 정리할 때, 간결하지만 완전한 문장으로 자신의 생각을 설명하고, 넓은 범위의 결론을 묘사하는 것이다. 의견이 잘못 이해되지 않도록 간결하고 정확하게 쓰도록 한다.

느낌이나 예감을 얘기할 때는, 이것이 사실이 아니라 느낌이라는 것을 명확히 표현하는 용어를 사용하도록 한다. 이와 마찬가지로, 자신이 봤다고 생각하는 것에 대한 확신의 정도를 잘 나타내는 단어를 가려 써야 한다. 어떤 내용이 사실로 보이지만 이를 뒷받침할 만한 증거가 없을 경우, 그 불확실함을 선명하게 드러내도록 글을 써야 한다. 어느 정도의 증거 없이는 예감이나 느낌은 쓰지 않도록 한다.

채용 절차의 다음 단계에 있는 면접관들에게 주는 제안을 포함시키도록 하자. 기술적 깊이와 직장 넘나들기, 경력 공백, 성격적 문제 등에 대해 우려되는 점과 짐작되는 점 등이 예가 될 수 있다. 나는 해당 후보자에게 부적격 판정을 줬어도 다수가 적격 판정을 줄 수 있으므로, 각자의 판정에 상관없이 제안 사항을 입력하도록 하자.

관리 시스템에 입력할 마지막이자 가장 중요한 사항은, 후보자를 전화 면접에 초대할 것인가에 대한 각자의 의견이다. 나는 의견 상단에 '예/아니오'라고(아니면 통과/실패, 수락/거절 등 쉬운 단어로 후보자의 합격 여부를 나타내도록 하라) 한 단어로 표시하는 걸 권장한다. 각자의 판정을 맨 위에 적어놓으면, 진행 관리자가 검토 결과를 취합할 때 일이 편해진다.

장점과 단점 저울질하기

본 것을 어떤 방식으로 정리하든, 염두에 둬야 할 것이 몇 가지 있다. 첫째, 장점(혹은 단점)이라고 해서 다 똑같지는 않다. 다른 말로 하자면, '장점 여섯 개와 단점 세 개가 있으니 전화 면접을 권해야겠다.'와 같이 장점과 단점의 개수만 가지고 선택하는 건 극도로 순진한 발상이라는 것이다.

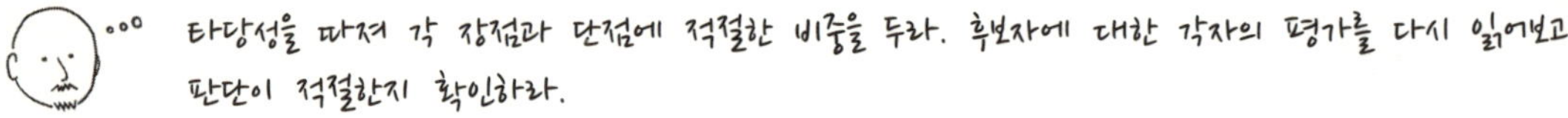

모든 장점과 단점은 상대적 중요도가 있다. 기술적 적합성이 좋은 학벌보다 더 중요하고, 과도한 전문용어 남발도 직장 넘나들기만큼 심각하지는 않다. 관찰 내용을 검토하거나 각 항목에 어떤 종류의 비중을 줄 때는 이 점을 꼭 되새겨야 한다. 내가 보기에, 수학적 접근은 처음 시작할 때는 편리하지만 경직되기 쉽고 직관의 숨통을 막는 경향이 있다.

둘째, 어떤 관찰 내용은 서로 통합되거나 상쇄된다는 점을 기억하라. 예를 들어, 경력 공백과 정보 은폐는 합해져서 뭔가 후보자가 말하지 않은 중요한 사연이 있다는 점을 가리킨다. 기초 단계에서는 각각의 관찰 내용을 따로 보지만, 다음 단계로 올라서면 통합되거나 상쇄되는 측면을 알게 될 것이다.

셋째, 만약 후보자에 대해 어떤 직감이나 직관이 생겼다면, 적절하게 비중을 조절하도록 하라. 뚜렷한 증거가 별로 없다면, 언급할 가치는 있겠지만 결정에 큰 영향을 줘서는 안

된다. 직감을 뒷받침하는 증거가 많아질수록 그 직감에 더 많은 비중을 두게 된다.

예술과 실행

규칙과 점검표가 능사는 아니다. 좋은 이력서 검토란, 채용 전반이 그렇지만, 예술이면서 또한 실행의 문제이기 때문이다. 능숙해지려면 자기인식과 함께 의식적인 노력과 피드백, 멘토링을 통한 의도적인 학습이 필요하다.

자기인식이란 외부적 요인이 어떻게 각자의 채용 능력에 영향을 주는지 안다는 의미다. 다른 사람들의 의견이 언제 어떻게 나의 선택에 영향을 주는지 인지하고 받아들여야 한다. 자신의 기분이 관찰 능력과 공평성에 어떤 영향을 주는지 살펴야 한다. 채용 과정에서 우리가 내놓는 결과가 외부적 요인에 의해 영향을 받는 것이 현실이다.

성공을 강화하고 뒷받침하면서, 실패를 인지하고 수정할 수 있도록 피드백 구조를 만들어보자. 관찰력과 직관력을 연마할 수 있도록 채용 과정에 피드백 구조를 활용하자. 검토 과정이 여러 단계로 나눠져 있다면, 초기의 가설이 들어맞았는지 확인하는 기회를 가질 수 있다. 효과적인 방안은 더 개발하고, 그렇지 못한 방안은 원인을 탐구해보자.

어떤 형태의 검토에서건, 불충분하고 산만한 정보에 기대면서도 후보자에 대한 가설을 생성하게 된다. 기회가 있을 때마다 자신의 가설을 시험해보자. 후보자와 직접 접촉하지 못한다면, 전화나 현장 면접의 의견들을 읽어 보거나 다른 검토자와 얘기를 해봐도 좋다. 나중의 면접 단계에서 밝혀진 내용이 채용 초기 단계에서도 짚어졌는지, 이력서를 다시 검토해봐도 좋다.

실력이 향상될수록 이전엔 눈치채지 못했던 세부 상황과 관련성들이 보이기 시작할 것이다. 기술을 갈고 닦으며 자신의 가설을 계속 확인하다 보면, 자신의 직관력과 고차원적인 상호작용을 신뢰할 수 있게 될 것이다. 실수도 하겠지만 반추를 하다 보면 자신의 직관을 어느 정도까지 취할 것인지 배울 수 있다.

객관적인 자료가 자신의 가설을 뒷받침해주지 않는다면, 기존의 것을 버리고 자료에 더 부합하는 새로운 가설을 세워야 한다. 중요한 것은, '내 생각이 맞다'가 아니라 훌륭한 사람을 채용하는 것이 목표라는 점이다. '얼마나 완벽하고 선견지명이 있는가?'가 아니라 '얼마나 효율적이고 정확하게 채용에 적합한 사람을 찾아내는가?'로 자신을 평가해야 할 것이다.

3.6 진부함 뛰어넘기

초보자에게는 점검표와 간단한 기법들이 잘 맞는다. 하지만 익숙해질수록 그것만으로는 부족하다고 느낄 것이다. 점검표의 진부함을 뛰어넘는 유형들이 보이기 시작한다. 여러분은 이제야 **보기** 시작하는 것이다.

먼저, 두어 개의 장점이 합쳐져 뭔가 주목할 만한 것이 된다거나, 또는 두어 개의 붉은 깃발이 모여 즉각 후보자를 떨어뜨리는 요인이 된다는 점을 눈치채기 시작한다. 명확한 것들보다 작은 것들이 더 많은 의미를 가지게 된다.

어느 순간 '슈' 단계에 있는 사람에게 자신의 생각을 설명하고 있는 자신을 발견할 것이다. 그들은 아마 이해하지 못할 것이다. 이럴 때는 스스로와 '슈' 단계에 있는 동료들을 위한 배움의 기회라 생각하자. 이는 스스로를 감정할 수 있는 좋은 기회다. 존재하지 않는 것을 볼 수 있다고 생각하기 시작할 때야말로 예언자 콤플렉스를 조심해야 할 때다. 자기기만이야말로 진짜 위험한 것이다. 다른 사람들이 의견을 물을 때면, 스스로의 타당성 검증 체계에 의지하면서 다른 사람들의 얘기도 듣도록 하라.

자칫하면 이력서의 상세 정보로부터 정확하게 유추된 의견이 아니라 되는대로 내뱉는 과장이 되기 십상이다. 직관력을 갈고 닦아 그 힘을 활용하되, 직관이 틀리기 쉽다는 사실도 잘 인지하고 있어야 한다.[14]

---

14) 말콤 글래드웰, '블링크-첫 2초의 힘', [Gla09]. 2005년 21세기북스에서 출간 - 역주

3.7 결론

훈련되지 않은 사람들에게 이력서는 공간을 때우기 위한 온갖 허섭스레기에 몇 가지 사실이 버무려진 문서에 지나지 않는다. 하지만 훈련된 눈에는 유용한 정보들로 가득 채워져 있는 것이 이력서다. 정보를 보는 법을 배우는 것은 앞으로 가야할 길의 일부일 뿐이다. 평가하는 법과 그 정보의 비중을 매기는 법을 배우는 일이 남아 있다.

이력서에 있는 정보는 불완전하고 파편적이다. 후보자에 대한 온전한 그림을 그리려면, 검토자는 퍼즐의 조각을 맞춰야 한다. 그림이 모양을 갖추면 검토자는 의견을 정리한다. 새로운 정보가 더해질 때마다 검토자는 그에 맞춰 그림을 수정해야 할지도 모른다. 단순한 사실을 보는 것은 쉽지만, 파편 조각을 맞추는 것은 예술이다.

먼저 점검표 사용하기를 배우자. 장점과 단점을 정리하여 적절하게 비중을 두자. 연습하다 보면 점검표를 뛰어넘어 원하는 대로 그림을 그릴 수 있게 될 것이다. 적절한 이력서 검토로 시간과 돈을 절약할 수 있다. 명백한 것 이상을 보기 시작하면, 한때는 지루했던 작업이 재미있고 도전적인 놀이가 될 것이다.

제4장

전화 면접

전화 면접의 목적은 후보자에 대해 현장 면접을 실시할지 판단하는 것이다. 현장 면접은 비용이 많이 소요되므로, 전화 면접을 통해 충원할 직무의 요구사항을 만족시키지 못하는 후보자를 걸러내는 것이다.

전화 면접에서 얻는 정보의 충실도는 이력서에서보다는 훨씬 높은 편이지만, 여전히 현장 면접에서 얻는 정보의 충실도보다는 한참 떨어진다. 하지만 이력서 검토와 마찬가지로, 전화 면접을 잘 진행하면 엄청난 분량의 정보를 얻어낼 수 있다. 반면에, 전화 면접을 형편 없이 진행했을 때는 후보자에 대한 정보를 거의 얻을 수 없을 뿐만 아니라 회사에 대해 나쁜 인상을 줄 위험도 있다.

전화 면접이 이렇게 중요한데도 불구하고 얼마나 많은 회사들이 전화 면접을 엉망으로 진행하는지 알면 놀랄 정도이다. 나 역시 후보자로서 전화 면접을 받아 본 경험이 많지만, 수준을 논할 만한 가치가 있는 전화 면접은 기억도 나지 않는다. 이 역시 전화 면접이, 채용이 전반적으로 그렇지만, 잘하기가 힘들다는 사실을 보여준다.

4.1 원칙

일반적으로 전화 면접을 통해 회사와 후보자가 처음 접촉하기 때문에, 양쪽 모두 좋은 첫인상을 주는 게 중요하다. 당신과 동료들이 전화 면접을 얼마나 효과적으로 진행하는가에 대한 책임을 지고 있다. 면접을 진행하거나 회사가 원하는 정보를 이끌어내는 책임은 후보자에게 있지 않다. 면접을 진행하고, 결정을 내리는 데 필요한 정보를 이끌어낼 질문을 던져야 하는 쪽은 바로 회사의 면접팀이다.

여타의 채용 절차와 마찬가지로, 회사의 원칙을 정의하는 것이 전화 면접 시 높은 수준과 일관성을 유지하는 데 도움이 될 것이다. 앞서 얘기됐던 채용 전반에 대한 원칙들에 전화 면접 원칙들이 더해진다. 회사마다 자체적인 전화 면접 원칙들을 정해야겠지만, 여기서는 하나의 사례로서 효과적이라 검증된 원칙들을 제시해보도록 하겠다.

- **정중하게 대하라** : 후보자는 아마 여러분보다 훨씬 더 긴장해 있을 것이다. 사려 깊고 우호적인 태도로 대하라.
- **전문가답게 대하라** : 회사를 대표하는 여러분이 일개 후보자에게 한 행동이 어떤 파장을 불러올지, 알 수 없는 일이다.
- **정보를 제공하라** : 필요하다면 후보자에게 좋은 정보를 제공하라.
- **참을성을 가져라** : 후보자의 질문에 솔직하고 정확하게 답하고, 필요하다면 시시비비를 가려라. 어떤 형태든 의사소통에 문제가 있을 때는 해결하려는 책임감을 가져라.
- **미리 준비하라** : 면접에서 무엇을 얻을 것인지 미리 숙지하고, 다른 사람의 시간을 쓸데없이 뺏지 않도록 하라.
- **시간을 지켜라** : 전화 면접을 정시에 시작하고 끝내라.
- **간결하게 말하라** : 말을 많이 하지 말고 후보자가 얘기하도록 유도하라. 이해하기 어려

운 복잡한 질문은 삼가라.

- **유연하게 대처하라** : 면접은 똑같은 것이 없는데다, 대부분의 면접이 계획과는 달리 돌아간다. 능동적으로 대처하면서 원하는 결과를 얻어내도록 하라.
- **강하게 나가라** : 후보자가 막연하거나 불완전한 답을 할 때는 추가적인 질문을 해서 후보자의 능력을 꼭 확인하도록 한다.
- **분별력을 가져라** : 필요할 때는 단호하게 결정하라. 후보자가 자격미달일 경우는 후보자의 자존심을 다치지 않는 범위 내에서 우아하게 면접을 마무리 짓자. 제대로 진행하지 못한 면접은 다시 일정을 잡고, 면접이 표류할 때는 초점을 다시 설정하도록 하자.

주도권을 가진 쪽은 면접팀이므로, 전화 면접의 원활한 진행과 그 수준도 면접팀에서 책임을 지게 된다.

4.2 준비

개인적으로나 조직적으로나, 전화 면접은 미리 준비해야 한다. 면접관을 빨리 선정해서 이력서와 그에 대한 평가, 예상 질문지나 이력서 요약 같은, 후보자에 대한 자료를 검토하면서 준비할 시간을 충분히 줘야 한다.

면접관을 한 명밖에 준비하지 못할 수도 있는데, 최소한 두 명 정도는 확보하는 것이 좋다. 한 사람 분의 의견을 더하고 다수결을 가능케 하려면, 세 명이 최고의 숫자가 아닌가 싶다. 그보다 많은 수가 참여하면, 초과되는 인원이 참관만 하는 게 아니라면, 관리하기가 힘들어진다.

충원할 직무에 대해 면접할 자격이 있는 이들로 엄선하도록 하자. 맞지 않는 사람을 면접에 투여하면 득보다 실이 크다. 가능한 한 충원과 직접적인 관련이 있고 후보자에게 관심이 있는 사람을 확보하도록 하자. 달리 보자면, 채용은 전사적인 노력이므로 면접관은 자기 팀의 요구뿐만 아니라 전사적인 요구를 이해해야 하고, 이에 맞게 면접을 진행해야 한다.

전화 면접이 방해받지 않도록 조용하고 독립된 공간을 준비하도록 한다. 자꾸 중단되는 면접은 여러 가지를 시사하는 데, 모두 나쁜 것들뿐이다. 후보자들은 혼란을 감지하고, 회사에 대해 나쁜 인상을 갖게 된다.

이미 한 전화 면접에 대한 보강이 아니라면, 전화 면접은 한 건당 최소 한 시간 정도로 잡도록 한다. 면접이 아주 효율적으로 진행되면 45분 이내에 끝나기도 하는데, 내 경험으로는 대부분의 경우 45분으로는 충분치 않다. 후보자가 명백하게 협조적이지 않아서 면접을 빨리 마무리하는 것은 쉽지만, 후보자가 예정보다 더 길게 면접에 응해 주리라 기대하는 것은 무례한 짓인데다, 한 건의 연장 면접 때문에 전체 일정이 꼬일 수도 있다.

전화 면접에 참여하는 사람들은 모두 그 과정에서 자신의 역할을 숙지하고 있어야 한다. 모두 전형적인 면접 안을 알고 있어야 하고, 각자 면접에서 어떤 결과를 얻을 것인지 계획을 세워야 한다.

사전 회의

전화 면접 전에 간단한 회의를 하는 것도 좋은 생각이다. 5분이나 10분 먼저, 가능하면 면접실에 모여 진행상황을 공유하는 것이다. 면접관들의 경험이 적을수록 이 회의가 중요해진다. 모두 전화 면접에 익숙하고 경험이 풍부한 사람들이라면, 사전 회의가 굳이 필요치 않다.

채용 공고를 검토하고, 면접에서의 역할을 배정하고, 안건을 검토하라. 후보자와 관련하여 특별한 요구나 물어보고자 하는 특별한 질문이 있는지 확인해보자. 관리 시스템에서 후보자의 이력서와 평가들을 검토하여 이력서 검토 과정에서 드러난 문제점이 어떤 것인지 확인하자.

면접팀장은 자신의 발언권 부여 방식을 다른 사람들에게 알리는 것이 좋다. 질문을 위해 면접팀장의 주목을 끄는 신호에 대해서도 합의하는 것이 좋다. 이런 준비를 통해 후보자에게 보다 매끄러운 전화 면접을 제공할 수 있을 것이다.

4.3 전화 면접에 따른 역할들

전화 면접에 따른 역할을 정의하는 주된 목적은 정돈된 전화 면접을 하기 위한 지침을 세우기 위해서다. 세 개의 주요한 역할이 있다. 면접팀장, 보조 면접관, 그리고 참관인이다.

면접팀장

면접팀장 또는 그냥 팀장이라고 불리는 역할은 후보자와의 접촉 대부분을 책임진다. 후보자의 입장에서는 질문하는 면접관이 적을수록 진행상황을 이해하기가 쉽다. 팀장은 타 면접관의 발언 기회를 조정함으로써 혼란을 최소화한다.

팀장은 전화 면접 원칙들에 능통해야 하고, 의사소통에 뛰어난 사람이어야 하며, 다른 면접관들의 개별적인 요구들도 잘 알고 있어야 한다.

조율자로서, 팀장은 다른 면접관들의 신호를 받거나 간간이 질문 있는 사람 있느냐고 물어서 다른 면접관들이 질문할 수 있는 기회를 제공해야 한다. 질문이 있는지 확인하기 좋은 때는 하나의 세부 업무 이력에서 다른 것으로 넘어갈 때나, 하나의 기술 영역에서 다른 것으로 넘어갈 때 등, 전환이 있을 때다.

팀장은 면접이 제 궤도를 유지하도록 해야 한다. 이를 위해서는 후보자와 타 면접관을 동시에 관리해야 한다. 후보자가 받는 인상에 민감해질 필요가 있다. 나중에 해명을 하는 한이 있더라도, 후보자에게 나쁜 인상을 주기보다는 동료 면접관의 기분을 상하게 하는 편이 낫다.

다른 면접관들과 그들의 전문 지식을 활용해야 한다. 데이터베이스 전문가가 같이 있는데 데이터베이스에 대한 적절한 질문 몇 개가 필요하다면, 전문가에게 넘기는 것이 좋다. 이 사람에서 저 사람으로 너무 건너뛰지 않도록 조심하면서, 분별력 있게 발언권을 넘겨주는 것이 좋다. 면접관들 사이에서 논의가 오가게 되면, 후보자가 혼란스러워할 수 있다.

화자 전환은 명확하고 깔끔하게 하는 것이 좋다. 간단한 소개나 안내를 덧붙이면서 당분간 다른 면접관이 논의를 주도할 것임을 명확히 하는 것도 좋은 방법이다.

보조 면접관

보조 면접관은 팀장을 도와 수준 높은 전화 면접을 위해 모든 노력을 다하는 사람이다. 힘든 역할을 맡은 팀장을 도우면서 동시에 자신이 의도한 목적도 달성해야 한다. 이를 위해서는 사전 회의에서 자신만의 특정한 요구나 지침이 있는지를 팀장에게 명확하게 밝혀야 한다.

팀장은 면접을 진행하는 데 집중하기 때문에 미묘한 어감을 놓치기 쉽다는 점을 염두에 두자. 보조 면접관은 무얼 말할까 생각하기보다는 들어야 한다. 팀장이 면접을 진행하는 동안, 보조 면접관은 면접 내용을 듣고 이해하는 데 모든 노력을 쏟는 것이 이상적인 역할 분담이다.

보조 면접관이 질문을 하거나 의견을 제시하고 싶을 때가 있을 것이다. 이때는 눈을 맞추거나, 손을 들거나, 때로는 쪽지를 건네는 방식으로 조심스럽게 팀장의 주의를 끌어야 한다. 때로는 질문을 팀장에게 전달해서 대신 물어보도록 할 수도 있다. 이런 방법으로 전체 흐름을 유지할 수 있다.

팀장이 하는 일을 간섭할 때는 분별력이 있어야 한다. 꼭 필요할 때만 해야 하며, 면접의 흐름을 깨뜨려서는 안 된다. 이런 원칙이 개인적인 목적 달성과 균형을 이루어야 한다.

참관인

채용 관련 직원들이 많아지면, 새로 들어온 사람에게 전화 면접의 예술을 훈련시킬 안전한 방법이 없을까 찾게 된다. 이를 위한 효과적인 방안이 신입들에게 참관인 역할을 주는 것이다.

참관인의 목적은 보고 배우는 것이다. 참관인은 질문을 하거나 다른 면접관들을 간섭하거나 면접 도중에 의견을 개진해서도 안 된다. 참관인은 질문이나 의견을 메모해 놨다가 면접이 끝난 후, 면접 평가 시간에 이를 제기해야 한다.

참관인도 후보자에 대한 평가의견을 내는 것이 도움이 되겠지만, 다른 참가자들의 발언이 모두 끝난 뒤에 순서를 주는 것이 좋다. 새로 참여한 사람들이 논의에 잡음을 일으키는 경향이 있으므로, 경험 많은 면접관들의 주의를 흩뜨리지 않도록 하는 것이 좋다.

인사관리 부서 직원이나 헤드헌터가 참관인이 될 수도 있다. 여러 가지 이유로 해서, 인사관리 부서를 대표하는 누군가가 전화 면접에 비정규적으로라도 참가하기를 바랄 때가 있다. 인사관리 부서가 후보자에 대해 특별히 우려하는 점이 있을 수도 있지만, 그저 여러분이 전화 면접을 어떻게 진행하는지 궁금해서 참석할 수도 있다.

헤드헌터와 아주 밀접한 관계를 맺고 있다면, 이들을 일부 전화 면접의 참관인으로 고려해볼 수 있다. 회사의 채용 과정을 더 잘 이해한다면, 회사의 요구에 맞춰 후보자들을 더 잘 가릴 수 있을 것이다. 여기서 경고 하나. 헤드헌터의 이해관계는 다양하다. 고객을 만족시키는 것도 목표 중의 하나이지만, 궁극적으로 그들은 고객이 누군가를 채용하지 않으면 대가를 받을 수 없다. 예를 들어, 이력서를 거르는 법을 몰라서 산탄총 쏘듯이 무작위로 뿌려대는 헤드헌터가 더 많은 후보자를 합격시킬 수도 있다. 특정 헤드헌터가 미덥지 못할 때는 거리를 두는 편이 나을 것이다.

4.4 면접 안

전화 면접에 쓰는 회사의 표준안(案)이 정해져 있다면 최소한 두 가지 점에서 유리하다. 첫째, 채용 담당 직원들에게 수준 높은 면접의 기본 틀을 제공해준다. 둘째, 여러 전화 면접을 관통하는 일관성을 제공해준다. 채용 과정에 일관성이 없다면, 일관성 있는 선택을 하기도 매우 힘들 것이다. 수준 높고 일관성 있는 면접은 후보자에게 회사에 대해 좋은 인상을 남길 기회를 높여 준다.

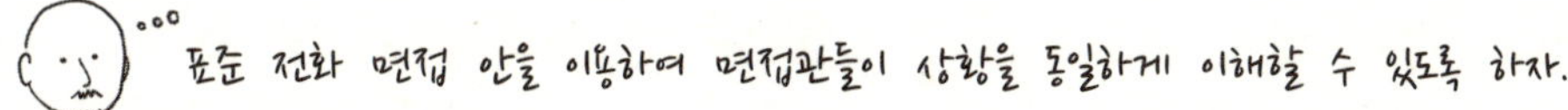

회사마다 자체 안을 만드는 것을 추천하지만, 여기서는 몇몇 회사에서 효과적으로 사용하고 있는 전화 면접 안을 예로 들어보도록 하겠다.

1. **준비** : 앞서 얘기한 사전 회의를 진행한다.
2. **전화 걸기** : 정해진 시간에 후보자에게 전화 걸기(1분).
3. **소개하기** : 면접관들을 대표해서 팀장이 자신의 이름과 직책을 소개한다. 다른 참석자들의 이름과 직책도 소개하는데, 팀장이 할 수도 있고, 돌아가면서 직접 할 수도 있다(2분).
4. **조건 맞추기** : 팀장이 후보자에게 해당 면접관들이 참여하는 면접이 한 시간 정도 진행해도 괜찮을지 물어보고('예'라는 대답을 기대하자), 후보자가 지원한 직무가 면접팀이 알고 있는 것과 동일한지 확인한다(때로는 혼선이 발견된다). 그리고 면접팀장이 구체적인 소요시간은 언급하지 않고 나머지 진행 단계들을 설명한다(2분).
5. **탐색하기** : 먼저 얘기한대로 팀장이 다른 면접관들을 참여시키고, 후보자의 질문이 있는 경우에는 이에 답하면서 공식적인 면접을 진행한다(30~35분).
6. **회사 소개** : 면접팀의 누군가가 회사와 충원하는 팀에 대해 간단하게 설명한다. 구조와 문화, 팀의 크기, 사용하는 방법론 등을 얘기한다(3~5분).
7. **직무 소개** : 회사의 입장에서 채용 공고를 낸 직무들에 대해 간단하게 설명한다. 각 직무를 대표할 수 있는 면접관들이 참석하는 것이 바람직하다. 해당 직무에서 기대하는 바와 팀 간 업무관계, 사용하는 도구들, 요구되는 능력 등을 얘기한다(3~5분).
8. **질의응답** : 후보자에게 질문을 더 할 수 있는 기회를 준다. 아마 후보자는 업무 절차나 사용하는 도구, 팀 구조, 문화 등에 대해 궁금해 할 것이다(5~10분).
9. **마무리** : 더 이상의 질문이 없거나 시간이 다 됐으면, 팀장이 다음 절차와 결과 통보시기를 간단하게 설명하고, 후보자에게 시간을 내줘서 고맙다고 인사하며 면접을 마무리한다(2분).
10. **후보자 평가** : 후보자에 대해 마음에 들었던 점과 그렇지 않은 점을 토론한다. 후보자에 대해 현장 면접을 실시할 것인지, 회사의 규정에 맞게 결정하도록 하자.
11. **면접 평가** : 면접에서 무엇이 잘 됐고 무엇이 안 됐는지, 어떻게 개선하면 좋을지 토론한다.

팀장은 진행계획을 지키면서 다른 면접관들을 조율하는 책임을 진다. 면접은 준비시간과 평가시간을 제외하고 한 시간 정도 소요된다.

정시에 전화를 걸도록 하라. 이는 회사의 신뢰성과 정중함을 보여줄 수 있는 첫 번째 기회이다. 만에 하나 늦었다면 후보자에게 사과해야 하며, 한 시간을 온전하게 보전할 수 있도록 새로 면접 일정을 잡는 등의 후속 작업을 할 준비가 되어 있어야 한다.

면접관 소개시간도 회사의 수준을 후보자에게 보여줄 수 있는 또 다른 기회다. 이때는 후보자가 보여주는 집중력과 호감도를 측정해볼 수 있는 기회가 되기도 한다. 후보자가 이름을 다시 한 번 말해 달라고 요청하는가? 후보자가 이름을 기억하는가? 후보자가 모두의 이름을 기억하기를 바라는 건 너무 지나친 기대지만, 기억하는 후보자가 있다면 좋은 인상을 받을 것이다.

조건 맞추기는 서로 당황하는 일이 없도록 하기 위한 것이다. 양쪽이 다 앞으로의 진행과정을 알고 있으면 의사소통을 관리할 수 있다. 나중에 회사에 대한 설명을 듣고 질문을 할 시간이 있는 것을 알면, 후보자가 나중에 해도 될 질문으로 흐름을 끊는 일도 적어질 것이다. 조건을 맞추고 나서 본격적으로 시작하기 전에, 궁금한 것이 있냐고 후보자에게 물어보는 것도 좋은 생각이다.

면접의 탐색하기 부분은 정보를 긁어모으는 시간이다. 일반적인 질문과 보다 면밀한 질문을 적절하게 섞거나, 답변을 분석해 들어가거나, 한 안건에서 다음 안건으로 넘어가면서 논의를 통제할 수 있다. 전화 면접에서 이 부분이 가장 복잡하기 때문에 이 장의 나머지를 여기에 할애하도록 하겠다.

회사 소개 부분은 직무에 대해 논의하기에 적합한 환경을 제공한다. 이때야말로 비즈니스 모델과 고객층, 조직과 팀 구조, 문화, 가치, 방법론 등등을 논의할 때다. 회사가 가진 좋은 점과 이 회사를 다닐 때 어떤 점이 좋은지를 광고할 수 있는 훌륭한 기회다. 일관성을 높이기 위해 공동으로 이용할 수 있는 문구를 미리 준비하는 것이 현명하다.

그 다음에 특정 직무 또는 후보자에 적합한 직무들에 대해 간략히 소개한다. 대략적인 팀 소개와 사용하는 기술, 요구되는 행동적 특징, 업무의 성격 등을 얘기한다.

팀장은 질의응답을 위한 시간이 충분하도록 진행시간을 조정해야 한다. 이 시간을 충분히 주기 않거나, 질의응답을 위해 면접 시간을 늘리게 되면 후보자에게 나쁜 인상을 줄 수 있다. 반대로, 모든 시간 배분이 자연스럽게 맞아떨어지면, 후보자에게 여러분의 능력과 배려를 다시 한 번 보여주는 것이 된다.

다음 단계로, 앞으로 어떤 절차가 있을지 설명하면서 면접을 마치도록 하라. 어느 정도의 시간 안에 후보자가 현장 면접 관련 통보를 받을 수 있을지 분명히 알리도록 하라. 현장 면접을 실시하든 안 하든, 가능한 빨리 후보자에게 통보하도록 하라. 일정에 맞게 후보자에게 통보를 하지 않는 것은 극도로 무례한 행동이며, 현장 면접 대상으로 선발되지 못했다고 통보하지 않는 것은 더 형편없는 짓이다.

면접을 끝내기도 전에 시간이 완료되었을 때는 몇 가지 선택지가 있다. 첫째, 현재 사용하고 있는 방을 계속 사용할 수 있는지 생각해보라. 계속 쓸 수 있으면, 후보자에게 통화를 좀 더 할 수 있는지 물어봐도 된다. 후보자의 반감을 살 위험이 있으므로, 묻기 전에 후보자의 능력과 수용 의지를 가늠해보도록 하자. 후보자가 더 질문할 것이 있을 때는 이 방법이 최고의 선택이 된다.

두 번째 선택지는 추가 면접 일정을 잡는 것이다. 사전에 준비할 수 있다는 장점이 있다. 세 번째 선택지는 불완전한 전화 면접의 위험을 감수하고 다음 단계로 넘어가는 것이다. 후보자의 질문에 답변을 다 했고, 후보자를 현장 면접에 부를 때의 위험이 크지 않을 때는 그다지 나쁘지 않은 선택이다. 예를 들어 후보자의 능력에 대한 확신이 들 때나, 후보자가 같은 도시에 거주하는 경우는 위험도가 낮다고 할 수 있다.

마지막으로 평가 작업을 하자. 후보자를 평가하고 현장 면접을 실시할지 결정해야 한다. 그리고 면접 자체에 대해 평가하면서 마무리를 한다. 채용이란 끊임없이 개선돼 가는 과정이다. 성과를 반추할 수 있는 기회를 절대 차버리지 말자.

4.5 계획을 세워라

전화 면접을 준비하는 데는 적어도 두 단계의 계획이 필요하다. 팀을 위한 계획과 개별 면접관을 위한 계획이 그것이다. 이미 정해진 면접 안이 있다면 팀을 위해 계획할 것은 별로 없을 것이다. 사전 회의에서는 이력서 검토 의견을 훑어보며 특정 후보자에 대해 특별히 언급해야 할 특이점이 있는지만 협의하면 된다. 몇 분 정도밖에 걸리지 않을 것이다.

면접관 역시 개별 계획을 세워야 한다. 팀장은 면접을 어떻게 구성해서 도출된 문제점들과 의문들을 모두 다룰 것인지 계획을 짜야 한다. 보조 면접관들의 계획은 각자가 무엇을 요구하는지에 따라 달라진다. 충원을 염두에 둔 면접관이라면 무엇을 찾고 있는지, 그 정보를 어떻게 얻을 수 있는지 명백하게 이해하고 있어야 한다.

당장 충원이 필요치 않은 면접관도 해당 직무와 충원이 필요한 팀의 요구사항을 잘 알고 있어야 한다. 모든 면접관은 그들의 목적에 부합하는 질문을 머릿속에 갖고 있어야 한다.

계획이 중요하긴 하지만 대부분의 면접은 예상치 않았던 결과를 보여주기 때문에, 계획에 집착하는 것은 그다지 바람직하지 않다. 예를 들어, 보통 경력이 많은 후보자에게는 의견을 자유롭게 개진할 수 있는 질문을 던지는데, 후보자가 과도하게 말이 많은 사람일 경우에는 제한적인 답을 유도하는 질문이나 단답식 질문을 이용해 면접 속도를 조절해야 할 것이다.

때로는 면접의 목적이 극적으로 달라지는 경우도 있다. 예를 들어, 후보자를 채용해야겠다는 확신이 들 때가 있다. 그러면 계획은 회사와 직무를 후보자에게 홍보하는 쪽으로 바뀐다. 때로는 후보자가 목표했던 직무보다 다른 직무에 더 적합하다는 판단이 들 때도 있다. 이때는 전면적으로 면접의 궤도를 수정하여 다른 직무에 초점을 맞추게 된다(이 경우 후보자에게도 알려야 한다).

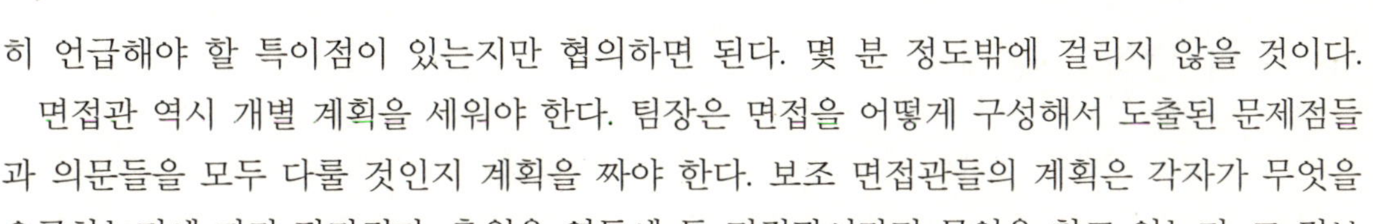

위에 얘기된 기초는 제쳐 놓더라도, 무엇을 탐색하고 싶은지는 알아야 한다. 원하는 답을 얻으려면 어떤 질문을 해야 되는지도 알아야 한다. 충원할 직무에 따르는 요구사항을 알고, 후보자가 거기에 잘 맞는지 어떻게 판단할지도 알아야 한다. 이력서에서 좋게 또는 나쁘게만 보이는 특정 영역을 파고 들어가, 핵심을 짚어낼 수 있는 질문 계획을 세워야 한다.

4.6 전화 면접의 문제들

전화 면접의 명백한 문제는 대면하지 못하는 데서 발생한다. 몸짓을 관찰할 기회가 없는 것이다. 몸짓으로부터 많은 정보를 얻을 수 있는 기회가 완전히 봉쇄됐다. 나아가 미묘하지만 훨씬 표현이 풍부한 얼굴의 움직임을 볼 수 있는 기회도 전혀 없다.

분명히 문맥에 따라 다르기야 하겠지만, 몸짓이 의사소통과 상호이해에 어느 정도나 기여하는가는 오랜 논쟁거리이다. 연구자들은 많게는 50% 또는 그 이상이 몸짓을 통해 소통될 수 있다는 데 대체로 동의한다.[1] 누구를 채용하는가 하는 중요한 결정을 앞에 둔 상황에서, 의사소통 폭의 절반을 잃어버린 전화라는 매체를 생각하면 정신이 번쩍 든다.

불행히도 상황은 더 심각하다. 전화 통화의 대역폭은 심하게 제한되어 있다. 많은 정보를 담고 있는 인간의 목소리가, 네트워크 자원을 보존하기 위해 상당히 좁혀진 대역폭에 맞추기 위해 변조되고 압축된다. 전화의 음질은 인간의 귀가 들을 수 있는 대역폭의 20%밖에 채우지 못한다.[2]

다른 변수들이 상황을 더 악화시킨다. 후보자가 휴대폰을 사용하고 있어서 통화가 간헐적으로 또는 전면적으로 끊어질 수 있다. 휴대폰을 사용할 경우, 서로의 목소리는 제조사마다 달라 예측이 불가능한 보이스 인코더와 디코더의 대상이 된다. 휴대폰은 유선 전화보다 더 좁은 대역폭을 가지고 있다.

마지막으로 전화 면접 시에 후보자가 어떤 상황에 처해 있는지 통제할 수 없다. 후보자가 집에서 마구 날뛰는 두 살짜리 아이를 보고 있거나, 뒤뜰에서 짖는 개 소리에 신경을 쓰고 있을지도 모른다. 또는 후보자가 바깥에 있어서 시끄러운 소음이나 바람 소리가 통화를 방해할 수도 있다. 때로는 후보자가 회사 회의실에서 동료나 관리자에게 발각될지 모른다는 걱정 때문에 전전긍긍하고 있을 수도 있다. 또는 전문가에게 조언을 구하거나 인터넷 검색을 하고 있을 수도 있다. 전혀 알 수가 없는 것이다.

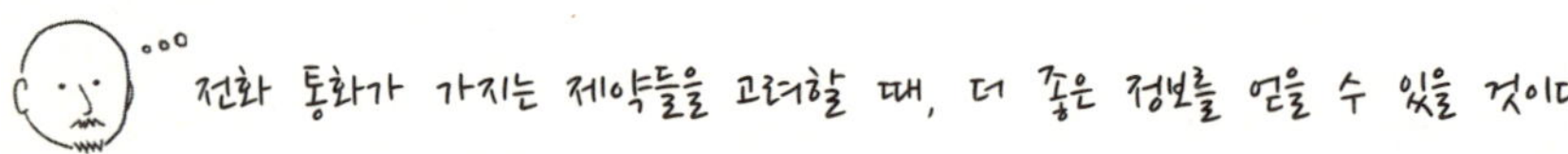

---

1) 초보자는 위키피디아, www.wikipedia.org/wiki/Body_language를 참조하도록 하자.
2) 로드먼, '대역폭이 대화 이해도에 미치는 영향', [Rod05]

전화 면접에서 의사소통 폭이 얼마나 제한되는지 이해하는 것이 절대적으로 중요하다. 경고 한 마디. 이런 현실 앞에 백기를 들고, 불충분한 면접 이상을 얻을 수 없다고 자위하기 쉽다. 이는 올바른 대응이 아니다. 그보다는, 주어진 통신 수단의 제약에도 불구하고, 전화 면접의 충실도를 극대화하기 위해 무엇을 해야 하는지 고려해야 한다. 예를 들어, 더 적절하게 질문하고, 납득할 수 있는 대답을 이끌어내는 것이다. 다음 장에서 이 주제에 대해 다뤄보도록 하겠다.

4.7 탐색하기

회사의 입장에서 볼 때, 탐색하기 부분은 전화 면접에서 가장 중요한 부분이다. 면접 시간의 반을 차지하는 데다, 질문을 통해 후보자를 이해할 수 있는 기회를 제공한다.

전화 면접의 이 부분을 수행하는 방법은 헤아릴 수 없이 다양하다. 여기서는 내 경험상 잘 맞았던 방법들을 제시하고 있지만, 여러분은 각자의 접근방법을 실험해봐야 할 것이다. 내 접근법은 몇 가지 원칙에 근거하고 있다.

1. 신뢰를 쌓는다.
2. 후보자가 '무엇을 할 것인가'보다 '무엇을 해왔는가'에 질문을 집중한다.
3. 답을 듣고자 하는 질문을 항상 염두에 둬야 하지만, 꼭 단도직입적으로 물을 필요는 없다.
4. 다소 수월한 주요 경력에 대한 질문으로 시작한다.
5. 경력에 대한 질문을 끝낸 다음, 특정 기술이나 태도에 대한 질문을 한다.

전화 면접을 받는 대부분의 후보자가 상당히 긴장하고 심지어 두려워하기도 하는데, 회사와의 첫 번째 접촉에서 훌륭한 첫인상을 주고자 하는 후보자의 입장에서는 당연한 반응이다. 후보자들은 자신의 대응에 따라 다음 단계가 결정된다는 점을 알고 있고, 전화 면접에는 많은 위험과 자신이 통제할 수 없는 요소들이 있다는 점도 이해하고 있다. 그들은 자신이 당신의 처분에 달려 있다는 걸 알고 있기 때문에, 당신이 멍청이가 아니길 바랄 뿐이다. 전화 면접은 극도로 신경을 자극한다.

소개와 조건 맞추기를 잘 해냈다면, 벌써 신뢰 관계가 형성되면서 후보자의 두려움은 좀 누그러졌을 것이다. 탐색하기를 어떻게 하느냐에 따라 신뢰 관계는 더 굳어질 수도, 물살에 떠밀려 사라질 수도 있다. 신뢰 관계를 만드는 데 도움이 된다고 생각해서 내가 곧잘 시도하는 몇 가지 기법들이 있다.

첫 번째는, 친근하고 친밀한 어조와 태도를 유지하는 것이다. 권위적이거나, 무시하거나, 추궁하는 듯한 어조는 피해야 한다. 머릿속에서 무슨 생각을 하건 간에, 나는 상대방을 존중하는 어조를 유지한다. 판단보다 정보 수집에 집중하면 더 쉬워진다. 나는 면접을 진행하면서 후보자가 얼마나 직무에 적합할지에 대해 이리저리 가설을 세워 굴려보지만, 한 사람의 인격체인 후보자에 대한 존중은 이와는 별개의 문제다.[3]

두 번째로, 나는 곧바로 세부적인 내용으로 뛰어들지 않는다. 후보자가 준비할 시간을 주는 것이다. 나는 쉬운 질문 몇 가지를 던지면서 후보자가 면접과 나에 대해 익숙해질 때를 기다린다. 나는 관계를 만들고자 한다. 이 단계에서 여러 면접관들이 얘기를 하게 되면 관계형성이 어렵기 때문에, 나는 초반의 대화를 면접팀장이 독점하고, 면접이 진행되면서도 많은 부분을 도맡는 것을 선호한다.

세 번째로, 나는 연대순으로 경력 사항을 질문하는 것으로 탐색을 시작한다. 이는 자연스럽게 시간 순서대로 대화를 이끌어가는 데 도움을 줄뿐더러, 너무 단도직입적으로 세부적인 내용에 뛰어들지 않는다는 두 번째 원칙에 입각해서도 좋은 방안이다. 거의 언제나라고 해도 좋을 만큼, 오래된 경력은 크게 흥미를 끌지 못하므로, 나는 정보를 놓칠까 하는 걱정 없이 가벼운 질문들을 던질 수 있다. 경력이 많은 후보자에게는 경력으로 들어가기 전에 학력에 대해 가볍게 질문하면서 시작하는 것도 좋다. 경력이 짧은 후보자에게는 학력과 관련된 질문들이 좀 더 중요한 의미를 가지므로, 가벼운 질문을 던질 수 있는 다른 방법을

---

3) 그렇지만 머릿속에 수립한 가설이 면접을 어떻게 진행할 것인지에 대한 판단에는 영향을 준다. 예를 들어, 후보자가 적당치 않겠다고 일찌감치 간파한 경우라면, 나는 정중하게 면접을 단축시킨다. 반대로, 후보자가 확실히 유망하다면, 일자리를 홍보하는 데 더 중점을 둘 것이다(면접의 수준을 떨어뜨리지 않는 범위 내에서).

찾는 것이 좋다.

마지막으로, 나는 쉬운 질문에서 어려운 질문으로 점진적으로 화제를 전환한다. '돌발 행동'은 후보자를 '위협'할 수 있기 때문에, 나는 되도록 부드럽고 자연스럽게 흘러가도록 노력한다. 급작스런 전환을 할 때는 후보자에게 미리 경고를 해서 놀라지 않게 하는 방법을 좋아한다. 놀람은 혼란을 낳고, 혼란은 불편함을 야기한다. 이는 여러분이 쌓고자 하는 신뢰 관계를 뒤흔든다.

경험이 적은 전화 면접관이 가장 흔히 저지르는 심각한 실수가, 후보자가 해온 일보다 자신이 알고 싶은 것에만 집중적으로 질문을 하는 것이다. 후보자가 성취해온 것들에 집중 함으로써 묻고자 하는 질문에 대한 답을 대부분 얻을 수 있는데다, 훨씬 더 많은 것을 알아 낼 수 있다.

후보자의 경력에서 적절한 부분부터 탐색하기 시작해야 한다. 후보자의 성과에 집중하라. 이를 통해 후보자의 지식과 능력이 드러날 것이다.

자신이 알고 싶은 것에 집중해서 질문하는 것이 뭐가 잘못된 걸까? 적절한 때에 아주 적절하게 잘 질문한다면 잘못될 일은 없다. 하지만, 나는 적어도 처음 시작할 때만큼은 후 보자가 해온 일에 대해 최대한 많이 알아두는 것이 좋다고 생각한다. 첫째, 후보자는 여러 분의 상황보다는 자신의 상황에 대해 얘기하는 것을 훨씬 편하게 생각할 것이다. 그 편안함 이 보다 많은 정보뿐만 아니라 훨씬 정확하고 믿을 수 있는 정보를 이끌어낸다.

둘째, 후보자에 대해 얘기함으로써 후보자가 자기 지식을 기반으로 마음대로 얘기할 수 있는 기회를 제공한다. 여기서 후보자가 당당하고 편안할 때 어떤 모습인지 감을 잡을 수 있다. 나중에 좀 어려운 질문을 할 때 이 모습을 끌어와 비교해보자. 후보자의 음색과 말하 는 속도를 비교하면서, 이때도 후보자가 여전히 편안해 하는지 판단해볼 수 있다. 이를 통 해 후보자가 얼마나 자신 있게 대답하는지 감을 잡을 수 있다.

셋째, 후보자가 성취한 것들에 집중하면서 후보자의 능력과 장래성에 대해 훨씬 많은 것을 알 수 있다. 예를 들어, 후보자가 어떤 분야에 전문성을 획득했는지 알 수 있다. 또한 후보자가 특별히 어려운 문제를 다뤄본 적이 있는지도 알 수 있고, 리더십 역할을 다뤄

본 적이 있는 지도 알 수 있다. 여러분이 가진 특정한 질문에 대한 직접적인 답은 아니지만, 이런 정보의 중요성은 결정적이라 할 만하다. 단도직입적인 질문으로 이 과정을 질러간다면, 좋은 정보를 얻을 기회를 놓치는 것이다.

단도직입적으로 질문을 하지 않는다 해도, 여러분은 여전히 후보자에 대해 알아내야 할 사항들을 염두에 두고 있어야 한다. 예를 들어, 고도의 데이터베이스 프로그래밍 능력이 필요하다면, 후보자가 이력서에 적어놓은 이력 중 데이터베이스와 관련된 경험들을 반복해서 언급하면 된다. 후보자들이 어떤 일을 했는지, 회사의 요구에 적합한지 헤집어 보자.

경력과 관련된 질문들이 끝나면, 회사의 특정한 요구에 연관된, 좀 더 직접적인 질문을 자유롭게 할 수 있다. 후보자가 보유한 기술에 대해서는 이미 잘 알고 있겠지만, 여전히 살펴봐야 할 간극이 있을 것이다. 다음으로는 직접적인 질문을 포함하여, 면접에서 사용되는 질문 전략을 다뤄보도록 하겠다.

경력에 관한 질문이 끝나면, 후보자로부터 듣지 못했지만 알아야 할 필요가 있는 특정 부분에 대해 좀 더 직접적인 질문을 던져야 한다.

'후보자에게 질문하기'는 예술의 영역이다. 때문에, 여러분의 성공을 보장해주는 처방이란 있을 수 없다. 대신에 나는 '후보자에게 질문하기'와 관련된 여러 가지 주제들을 제기하여 여러분의 질문하기 능력 연마에 이용할 수 있도록 하겠다. 이 정보의 상당 부분은 현장 면접에도 적용된다.

필사적으로 이해시켜라

전화는 문제가 많은 통신 수단이기 때문에, 최대한 열심히 이해시키는 것이 필수적이다. 후보자도 긴장해 있지만, 면접관도 긴장해 있는 경우가 많다. 긴장했을 때는 너무 빠르게 말한다거나, 불완전하거나 꼬인 문장을 사용하기 쉽다. 천천히, 말하기 전에 먼저 생각하고, 필요하다면 질문을 되풀이하도록 하라.

전화상으로 쉽지 않긴 하지만, 후보자가 얼마나 이해했는지 신호를 잡아내려 노력하라.

질문 뒤에 긴 침묵이 따라 온다면, 이는 후보자가 질문을 이해하지 못했다는 것을 의미한다. 한편으론 후보자가 대답을 생각하고 있을 수도 있다. 질문 몇 개를 해보면 후보자가 질문 내용을 생각하느라 시간을 끄는 유형인지, 아니면 즉시 대답하는 유형인지 구별할 수 있을 것이다. 후보자의 반응에 익숙해지면, 이런 의사소통 유형을 고려하여 질문할 때 활용하도록 한다. 후보자가 시간을 끌더라도, 질문 내용을 설명하고 싶은 유혹을 뿌리쳐라. 인내심을 가지고, 후보자가 스스로 대응하도록 내버려두라.

후보자에게 질문을 이해했는지 물어보는 것도 고려해보자. 아니라는 답이 나왔을 때, 통화 음질이 문제였을 경우는 질문을 그대로 되풀이해주는 것이 도움이 된다. 음질 문제가 아닌 경우에는 되풀이 대신 질문을 달리 표현해보자. 후보자가 또 질문을 이해하지 못할 때는 의사소통에 장벽을 가지고 있다는 신호일 수 있다. 후보자가 의사소통에 문제를 가지고 있는지 고려해야 하기 전까지는, 자신이 의사소통 문제의 원인이 되는 일이 없도록 최선을 다해야 한다.

포괄적인 질문 vs. 한정적인 질문

포괄적인 질문에는 후보자가 자유롭게 넓은 범위의 주제에 대해 답변할 수 있다. **한정적**인 질문에는 한 단어나 짧은 문장으로 답을 하게 한다. 포괄적인 질문이 나오면, 후보자는 생각하고 반추하여 의견이나 느낌을 제시할 것이다. 포괄적인 질문은 대화의 통제권을 후보자에게 넘겨주지만, 한정적인 질문은 그렇지 않다.

예를 들어, 다음과 같은 포괄적인 질문을 생각해보자. '자바와 C++의 차이점을 말씀해주세요.' 또는 'ORM(Object-Relational Mapping) 도구가 데이터베이스와 프로그램의 상호작용을 어떻게 지원하거나 방해하게 됩니까?' 후보자는 이런 질문에 대해 한동안 설명을 할 수 있는데, 어느 정도 말할 것인지 알아서 조절해야 한다.

한정적인 질문은, '자바 프로그래밍 언어를 사용해본 적이 있습니까?' 또는 '대학에서 학위 과정을 마쳤나요?'와 같은 것들이다. 한정적인 질문은 쉽게 대답할 수 있는 사실 정보를 얻는 데 유용하다.

때로는 후보자가 열심히 부연설명을 곁들어 한정적 질문을 포괄적인 질문으로 만드는 경우가 있다. 아마도 후보자가 중요하게 생각하는 내용이 있어서, 그걸 알리고자 하는 것일 테니 인내심을 가지기 바란다. 간결한 답을 기대하고 있었다면 성가실 수도 있다. 그러나 후보자가 계속 한정적인 질문에 포괄적인 대답으로 일관한다면, 면접 주도권의 문제가 될 수도 있다. 여기서 나타나는 묘한 역관계를 인식해야 한다. 면접 상황에서 주어진 역할의 제약범위를 받아들이지 못하는 후보자가 업무 환경에서라고 역할의 제약을 받아들일 리가 없기 때문이다. 모든 질문에 포괄적인 방식으로 대답하는 후보자들도 종종 있다. 이는 후보자가 포괄적인 질문과 한정적인 질문의 관습이란 것이 안중에 없는, 형편없는 의사소통 능력을 가졌다는 표시일 수 있다.

반대의 경우도 있다. 포괄적인 질문을 했는데 매우 제한된 답변을 받는 경우다. 이런 식으로는 후보자에 대해 깊이 있는 관찰이 불가능하기 때문에, 매우 실망스런 경우다. 때로는 대답을 회피하는 것처럼 느껴지기도 하지만, 의사소통의 문제일 때가 더 많다. 말이 많은 경우이든 없는 경우이든, 이런 후보자와 함께 일하는 게 어떨지 고려해보자. 효과적으로 일할 수 있을 것인가, 아니면 미칠 지경이 될 것인가? 그런 행동이 의사소통이 미숙하기 때문일까, 아니면 더 심각한 무언가가 있는 것일까?

포괄적인 질문과 한정적인 질문을 조심스럽게 골라가면서 대화의 속도와 폭을 조절할 수 있다. 기대하는 대답이 어떤 것인지 기억하자. 부주의하게 있다가는 답변에 당황해서 면접의 전반적인 진행에 영향을 줄지도 모른다. 단순히 확인이 필요하다면 한정적인 질문을 이용하고, 기술이나 태도, 철학, 능력 등에 대한 후보자의 이해도를 깊이 있게 알고 싶다면 포괄적인 질문을 하자. 필요하다면 질문의 폭을 넓히거나 좁힐 수 있다. 정도의 문제지, 이거냐 저거냐 둘 중 하나를 선택하는 문제는 아니다.

후보자의 수준에 맞춰서 질문하자. 경력이 오랜 후보자들에게는 포괄적인 질문을 더 많이 해서 그들의 생각과 의견을 표출하도록 해야 한다. 중간 정도, 또는 경력이 짧은 후보자들에겐 좀 더 명료한 지침을 주는 것이 좋다. 포괄적인 질문도 좋지만 폭이 좁거나 한정적인 질문들로 시작해서, 후보자가 긍정적으로 반응할 때 폭을 넓히는 것이 좋다. 이를 통해 후보자의 자신감과 의사소통 능력도 볼 수 있을 것이다. 경력이 오랜 후보자에게서도 철학적이거나 넓은 범위의 포괄적인 질문에 대해 흥미로운 답변을 얻지 못할 수 있으므로, 생산적이지 못하다고 판단될 때는 너무 많은 시간을 쏟지 않도록 하자.

답변 종용하기

전화 면접관들이 흔히 하는 실수 중 하나가 불완전하거나 불명확한, 심지어 둘러대는 답변에 타협하는 것이다. 면접관들이 이런 실수를 하는 이유는 다양하다. 다시 질문하는 것이 무례하다고 느낄 수도 있다. 또는 면접을 진행하는 데 급급한 나머지, 후보자의 답변이 불충분하다는 것을 깨닫지 못할 수도 있다. 이유가 무엇이건 간에, 면접의 주된 목적은 질문에 답을 얻어내는 것이다.

예의를 차린 대화라면 질문을 반복하는 것이 무례할 수 있지만, 면접의 규칙은 다르다. 면접관이라면 적절한 질문에 대한 답을 종용해야 한다. 하지만 정중하게 하도록 하자.

답을 받아내는 방법이 몇 가지 있다. 재차 질문하는 것도 한 가지 방법이다. 이 방식은 조금 꼴사납게 보일 수도 있다. 예를 들어, 이력서에 후보자가 메시지 컴포넌트의 설계를 맡았다는 기록이 있다고 하자.

면접관 : RMI(원격 메소드 호출, Remote Method Invocation - )같은 방법도 있는데 굳이 자바 메시지 서비스(JMS)를 선택한 이유가 있나요?

후보자 : JMS가 종류가 다른 자바 가상머신들 사이에서 비동기 메시지를 전송하는 표준이기 때문입니다.

이 답은 면접관이 요구한 정확한 대답이 아니다. 면접관은 질문을 다시 할 수도 있지만, 후보자가 다음과 같이 생각할 수도 있다. '음, 다시 질문을 하는군. 확실히 내 질문이 맘에 안 드는 거야. 무슨 대답을 원하는 거지?' 또는 후보자가 짜증을 내며 답을 다시 반복할 수도 있다. 이보다는 면접관이 대답을 이해하고 표현을 바꿔서 질문을 하는 게 좋다.

면접관 : 저도 JMS와 그 역할에 대해서는 잘 알고 있습니다. 제가 알고 싶은 것은 메시지 전송 기능에 다른 기술도 많은데 왜 JMS를 선택했느냐는 것입니다.

이런 방식으로 후보자의 답변을 어느 정도 정중하게 인정하면서도 원하는 것이 무엇인지 명확히 할 수 있다.

이 정도 했으면 여러분은 이제 후보자가 질문을 이해하고 적절한 대답을 하기를 기대할 것이다.

> **후보자** : 우리는 메시지를 발송 시점과는 상관없이 접속했다 나갔다 하는 다수의 고객들이 안정적으로 메시지를 수신할 수 있는 방법이 필요했습니다. RMI도 고려했지만, JMS로 이미 구현되어 있는 기능을 RMI로 만들려면 상당히 많은 코딩 작업이 필요했습니다.

이 정도면 훌륭한 대답이다. 여러분은 이제 다음 질문으로 넘어갈 수 있다. 하지만 후보자가 다음과 같이 대답한다면 어떨까?

> **후보자** : JMS를 다른 프로젝트에서 몇 번 써봤기 때문에 익숙했습니다.

이 대답을 적절한 것으로 받아들이고픈 유혹이 생길지도 모르겠다. 말 그대로 대답을 하긴 했지만 질문의 진짜 의도였던, 후보자가 설계에 관한 판단력을 갖고 있는지에 대해서는 전혀 알려주지 않는다. 면접관이 쉽게 빠져드는 함정이다. 하지만 아래와 같이 대응할 수도 있다.

> **면접관** : 알겠습니다. 당시의 팀이 JMS에 익숙했군요. 그런 이유로 JMS를 선택했다는 사실과 무관하게, 그 건에서 왜 JMS가 적절한 선택이었는지, 또는 왜 적절하지 않았는지 설명을 부탁드립니다.

이제 여러분은 후보자에게 여러분의 진짜 질문에 답할 기회와 함께, 뒤늦게 그 선택을 되돌아볼 기회를 주었다. 쓸모 있는 대답이 나오기를 기대하자. 뒤늦은 대답이 나오고, 그 기술이 어떤 이유로 인해 잘 맞지 않았다는 반응이라면, 그 후보자가 당시의 기술 선택을 하지 않았을 가능성이 크다.

해당 결정에서 후보자가 어떤 역할을 했는지 물어보는 것이 현명하다. 이런 질문은 거의 언제나 좋은 질문이다. 후보자의 경력이 너무 짧아서 그 결정에 참여하지 못했을 수도 있다. 그것으로 됐다. 뒤늦은 판단이 좋아봐야 얼마나 좋겠는가? 후보자가 결정에 참여했는데도 잘못된 결정이었다고 뒤늦게 판단했다면, 지금이라면 그 건에 어떻게 접근할 것인지 물어보도록 하라.

후보자에 대해 중요한 것들을 얻어내는 것이 목적이므로 여러분은 끈질겨야 한다. 가끔은 이런 되묻기로 인해 불리한 사실이 드러나기도 한다.

후보자 : 음, 사실 저는 그 결정에 참여하지 않았습니다. 설계 담당자가 결정했죠.

정말로 유용한 대답이다. 이력서에 후보자가 참여했다고 명시, 또는 암시되어 있다면('메시지 전송 솔루션 선택') 이력서에 허위 사실 또는 과장이 있는 것이다. 여러분의 전략은 상당히 단정적으로 표현된 내용들에 대해 의문을 제기하는 것으로 바뀌어야 한다. 하지만 후보자에게 정중하게 얘기해서 나쁜 일은 없다.

면접관 : 왜 이력서에는 그 기술을 선택했다고 썼습니까?

맞다. 불편하고, 힐난하는 것처럼 느껴지겠지만, 여러분은 알아야 할 필요가 있다. 후보자가 진실한 사람이 아니라면 입사 제안을 하지 말아야 한다. 후보자가 이력서에서의 실수에 대해 좋은 해명을 하길 바라자. 이와 같은 사실 과장 유형은 후보자를 떨어뜨리기에 충분할 정도로 심각한 것이다.

의사결정을 할 수 있을 만큼 완전하고 쓸모 있는 그림을 얻을 때까지, 일련의 질문을 계속하라. 보통 마지막 하나 또는 두 개의 질문을 놓치는 바람에 그림을 완성하지 못한다.

기본은 완고하게 답을 요구하는 것이다. 얼버무리는 답이나 모호한 답, 자세한 설명이 없는 답, 질문을 비껴나간 답을 참지 마라. 답을 얻거나, 아니면 후보자가 답하지 않으리라는 확신이 들기 전까진 계속 질문을 하라. 필요하다면, 왜 답을 기피하는지 물어도 좋다.

복합적인 질문을 피하라

전화 면접자가 복합적인 질문을 던지는 것이 흔히 나타나는 또 다른 문제다.

면접관 : 어떤 프로젝트였는지, 어떤 기술을 사용했는지, 그 기술을 선택할 때 어떤 역할을 했는지, 프로젝트는 성공적이었는지 말해주세요.

후보자 : 다시 한 번 말씀해 주시겠어요?

가끔 모든 질문을 하나의 큰 질문 안에 다 집어넣으려는 경향을 본다. 그 이유는 알 수 없다. 잊어버릴까 두려워서? 조금 전의 예를 보면, 질문 하나에 각각 길고 공들인 답변을 필요로 하는 포괄적인 질문 네 개가 들어 있다.

> ### 편견과 모호함
>
> 순전히 면접을 위해 회사 웹사이트와 연동하는 응용프로그램을 만들어 와서 강한 인상을 준 후보자가 있었다. 그의 경력도 훌륭했다. 우리는 후보자와 얘기를 시작하기도 전에 그 사람이 매우 똑똑하다고 믿게 되었다.
>
> 그러나 후보자와의 면접을 끝내고 보니, 그의 대답 대부분이 모호한 것이었다. 누군가가 통찰력 있는 질문을 던졌다. "우리가 그 후보자는 매우 똑똑하리라고 지레짐작하지 않았다면, 저런 모호한 답변들을 어떻게 생각했을까?"
>
> 그와 나눴던 대화를 곱씹어 보니, 우리는 그의 모호한 답변들에 뭔가 의미가 있을 거라 가정하고 있었다. 무엇보다 그는 똑똑한 사람이었으니 말이다. 건강한 비판의식을 가지고 그의 대답을 다시 검토해보니 만족스럽지 않았다. 게다가 후보자가 자세한 얘기를 거의 하지 않았다는 것도 명확해졌다. 모든 대답이 공허하고 모호했다.
>
> 외부적인 요인으로 인해 완전한 답을 얻으려는 여러분의 의지가 굽히지 않도록 주의하도록 하자.

복합적인 질문으로 후보자를 혼란스럽게 하고 좌절하게 만드는 것은 공정하지 못하다. 물어보고 싶은 질문이 여러 개라면, 잊어버리지 않도록 적어놓은 다음, 인내심을 가지고 한 번에 하나씩 물어보도록 하자. 당신은 더 좋은 정보를 얻고, 면접은 더 부드럽게 진행되고, 후보자는 더 행복할 것이다.

복합적인 질문을 받은 후보자는 종종 질문의 맥을 잊어버리고 답변을 다 하지 못하게 된다. 나는 심지어 다음과 같이 투덜대는 면접자 얘기를 들은 적도 있다. '그 후보자는 내 질문에 답을 다 하지도 않았어!' 한 번에 하나씩 물어보지 않고, 머릿속에 담고 있던 일련의 질문들을 한 질문 안에 다 구겨 넣고서는 말이다. 복합적인 질문은 위의 이유 때문에 어렵기도 하지만, 여러 가지 질문을 하나의 방향으로 몰아가는 부작용이 있다. 하나씩 질문했다면, 여러 방향의 대화를 끌어냈을 질문들인데, 안타까운 일이다.

후보자들한테는 복합적인 질문이 어렵기 때문에, 종종 답변이 파편화되거나, 앞뒤가 맞지 않거나, 조리가 없는 경우가 있다. 앞서 나온 예제 질문을 듣고 후보자는 복합 질문의 마지막에 나온 포괄적 질문을 잘못 이해해서, 프로젝트의 성공 여부보다 선택된 기술의 성공 여부를 설명할지도 모른다. 진짜 문제는 나쁜 질문이었는데, 면접자는 후보자가 질문을 잘못 이해했다며 감점을 줄지도 모른다.

문제풀이형 질문을 삼가라

또 다른 흔한 실수가 전화 면접에서 문제풀이형 질문을 던지는 것이다. 이 시도는 거의 언제나 부적절하다. 이유는 아래와 같다.

- 전화상으로 문제풀이형 질문을 정확하게 설명하기가 힘들다.
- 전화상으로 문제풀이형 질문을 이해하기가 힘들다.
- 답변이 어떻게 나오든 간에, 그다지 도움이 되지 않을 것이다.

문제풀이형 질문이 일반적으로 어떻게 소통되는가 생각해보자. 질문들은 보통 종이나, 화이트보드, 전자 문서 등에 적혀서 유통된다. 전화상으로는 그런 매체들을 효과적으로 사용할 수 없다.

문제풀이형 질문의 예는 다음과 같다. '**C++ 프로그래밍 언어를 이용하여 한 숫자를 다른 숫자의 거듭제곱근으로 써서 결과를 계산하는 메소드를 짜보라.**' 그리고 후보자로 하여금 해답을 적어서 전화상으로 읽어달라고 한다. 이런 방식은 다루기도 힘들뿐더러, 다른 질문을 할 수 있는 시간을 상당히 낭비하는 꼴이다.

복잡한 문제를 전화상의 말만으로 설명하는 것은 언어적으로나 의미적으로나 시도할 가치가 없을 정도로 까다로운 일이다. 먼저, 말만으로 묘사될 수 있을 만한, 적절한 유형의 문제를 선택해야 한다(그런 문제는 거의 찾기 힘들다고 본다). 그 다음은 오로지 문제를 정확하고 꼼꼼하게 설명하는 여러분의 능력에 달려 있다.

불행히도 얼마나 적당한 문제를 선정했는지, 얼마나 잘 설명을 했는지에 관계없이 후보자가 질문을 이해했는지 판단할 능력은 매우 제한적일 수밖에 없다. 대면 환경에서라면, 후보자가 적힌 문제를 볼 수 있을 뿐더러, 질문도 할 수 있고, 앞서 얘기했던 몸짓이나 표정과 같이 생생한 의사소통 수단도 사용할 수 있다. 전화로는 이 모든 것이 불가능하다.

다음으로 후보자는 면접관에게 해답을 정확하게 전달하는 문제에 부딪힌다. 이런 상황에서 정확함은 생명이다. 의사소통이 잘 되지 않거나, 또는 후보자가 다소 불분명한 표현을 쓰는 사람이라면 혼란이 발생한다. 또한 후보자의 긴장이 편견에 치우친 면접관의 결정으로 이어질지도 모른다. '문제'는 더 이상 거듭제곱식을 푸는 것이 아니라 전화상으로 해답을 전달하는 것이 된다. 이런 유형의 의사소통은 업무 환경에서는 전혀, 혹시나 있더라도 거의 발생하지 않는다. 이런 상황은 전적으로 의도적으로 설정된 것이다.

마지막으로, 후보자가 어떤 대답을 하더라도 전체 면접의 맥락에서 봤을 때는 거의 가치가 없다. 후보자가 답을 맞히면, 그저 후보자가 한 문제를 어떻게 푸는지 알고 있다는 걸 얘기해줄 뿐이다. 문제해결 질문이 전화상으로 이뤄진 것으로 봐서, 어쨌거나 그다지 재미있는 문제는 아니었을 것이다. 후보자가 문제를 맞히지 못했을 때는 무엇을 얻을 수 있나? 답을 틀린 것이 후보자의 능력이 모자란 것이 아니라, 의사소통의 실패 때문일 가능성이 상당히 높다. 이런 결론은 잘못된 판단으로 이끌 가능성이 높은데다, 누구에게도 도움이 되지 않는다.

문제풀이형 질문은 지식과 독창성, 분석 능력을 시험할 수 있는 훌륭한 방법이다. 문제를 정말로 성공적으로 전달하기 위해서는 생생한 상호작용이 필요하다. 대면 환경에서는 풍부한 2차 정보를 얻을 수 있다. 예를 들자면, 정신적 압박 상황에서의 작업 능력, 사고 절차, 발표 능력, 협업 능력 등이다.

전화 면접 대상자에게 문제풀이형 질문을 전달할 수 있는 방안을 고안할 수도 있다. 예를 들어, 면접 직전에 후보자에게 전자우편을 보내는 방안도 있다. 나는 이런 종류의 접근이 실패할 확률이 높다고 생각한다. 후보자가 불편하게 느낄만한 환경을 만드는 데다, 그렇다고 의사소통 수단의 폭이 넓어지는 것도 아니니 말이다.

협상단절형 질문

때로는 협상 단절을 유도하는 질문을 해야 할 때가 있다. 예를 들어, 회사가 해당 직무에 대해 원거리 통근을 허락하지 않는데 후보자가 이주를 할 수 없다면, 면접을 계속해야 할 이유가 없게 된다.

시간을 낭비하지 않도록, 협상단절형 질문은 탐색 단계의 초기에 이루어져야 한다. 협상단절형 질문에 어느 정도의 중요도를 둘 것인지는, 후보자가 어느 경로를 통해 전화 면접에 이르렀는가에 달려 있다. 여러분과 생산적인 관계를 맺고 있는 헤드헌터를 통해 추천된 후보자라면, 그 헤드헌터가 여러분 대신에 이미 그 질문을 했을 것이다. 전화 면접에서 다시 질문하느라 시간을 낭비하지 말자. 후보자가 인사관리 부서를 통해 온 거라면 인사관리 부서에서 여러분을 대신해서 그 질문을 했을 것이다.

필수 기술이나 경력이 없는 것도 협상단절 요인이 될 수 있다. 회사가 닷넷 선임 개발자를 채용하려 한다면, 후보자는 반드시 닷넷 기술을 잘 알고 있어야 한다. 하지만, 보통은 이력서에서 선별해낼 수 있기 때문에 직접적으로 들을 필요는 없다. 그보다는 전화 면접의 탐색하기 부분에서 후보자가 회사가 원하는 만큼 닷넷 기술에 능통한지 판단하는 데 관심을 집중하는 것이 좋다.

일반적으로 협상단절형 질문은 한정적 질문이다. '일주일에 40시간을 출근해서 일할 수 있습니까?', '이 지역으로 이사 올 수 있습니까?', 또는 '국내에서 합법적으로 일할 수 있는 신분입니까?'와 같은 질문들이다. 이중 어떤 종류의 질문에라도 '아니오.'라는 답이 나오면 협상은 단절된다. 곧장 면접을 중단하고, 이유를 설명하도록 한다.

지식확인형 질문

전화 면접에서는 문제풀이형 질문이 그다지 유용하지 않지만, 지식확인형 질문은 유용하게 쓰인다. 지식확인형 질문을 할 때 어려운 점은, 그 질문이 후보자와 충원하고자 하는 직무에 적절해야 한다는 것이다.

예를 들어, '자바 프로그래밍 언어가 상속을 어떻게 처리하느냐?'라는 질문은 컴퓨터공학 전공에다 8년의 자바 프로그래밍 경력을 가진 후보자에게는 적절하지 않다. 하지만 컴퓨터 공학에 대해 제한적인 교육을 받은, 자바 프로그래밍 3년 경력의 후보자에게는 적절한 질문일 수 있다.

경험이 많은 후보자에게 너무 쉬운 질문을 하게 되면, 후보자에게 모욕을 주거나 회사 측의 지식부족을 드러낼 위험이 있다. 능력이 뛰어난 후보자는 대체 무슨 일인가 의아해할 것이다. 경력이 많지 않은 후보자에게 너무 어려운 질문을 하면 불편한 분위기가 조성된다. 후보자가 방어적인 태도를 취하거나, 두려움을 느낄 수도 있다. 어느 쪽이든 좋은 결과를 얻기는 어렵다.

올바른 질문으로 여러분의 뛰어난 감각을 보여주라. 잘못된 질문이 후보자의 마음에 의심을 심는 것과 같이, 잘된 질문은 회사에 대한 평가를 끌어올린다. 식견이 높고 핵심을 꿰뚫는 질문을 받으면, 후보자는 신선한 느낌으로 해당 업무에 관심을 갖게 된다.

좋은 지식확인형 질문을 던지려면, 후보자가 지원한 직무에 대해 잘 알고 있어야 한다. 요구되는 기술은 무엇이며, 경력 연수는 몇 년 정도를 기대하는지 알아야 한다. 예를 들어, 자바 프로그래밍 능력에서는 전문가급을, 하이버네이트와 같은 ORM 툴과 SQL DB 간의 프로그램 연동에는 수준급의 능력을 요구하는 직무가 있다고 하자. 개발자들이 연동해야 하는 DB는 매우 방대하고, 그 성능이 결정적인 역할을 한다. 이런 간단한 설명만으로도 다양한 지식확인형 질문을 뒷받침하기에 충분한 기본 정보가 된다.

후보자가 즉석에서 대답할 수 있도록, 후보자의 기술 숙련도에 적절하게 맞는 지식확인형 질문을 해야 한다.

이 예를 보면, 자바에 관련된 질문은 좀 더 전문가적 측면에 초점을 맞춰야 한다. 자바에서 사용하는 개념이긴 하지만, 상속이나 인터페이스가 뭐냐는 질문은 이 경우에 적절하지 않을 것이다. 그보다는 좀 더 고급 개념인 제네릭Generics이나 동시성을 지원하는 **java.util.concurrent** 패키지에 대해 질문하는 것이 적절하다. 회사에서 중요하게 생각하는 프로그래밍 언어의 구체적인 특징에 대해 질문해보라. 회사에서 자바EE(Java Platform, Enterprise Edition - 역주)나 스윙Swing, 원격 메소드 호출(RMI) 등을 사용하고 있다면, 후보자의 지식을 효과적으로 드러내 줄 질문을 여러 개 만들 수 있다. 업무에 있어서 성과가 중요하기 때문에, 자바 프로그래머가 사용할 수 있는 특별한 생산력 증대 방안이 있는지, 혹은 과거에 성과와 관련한 문제를 해결한 적이 있는지 물어볼 수도 있다.

녹음된 질문?

회사 차원에서 전화 면접 중에 다룰 주제 영역을 일관성 있게 정리해놓는 것이 중요하다. 이런 질문을 '녹음된 질문'이라 부르는데, 약간의 부정적인 편견을 심어줄 수 있어서, 나는 '길잡이 질문'이라 부르는 걸 좋아하는 편이다.

녹음된 질문은 후보자에게 읽어주는 질문이다. 이렇게 되면 면접관들이 깊이 있는 탐색에 대한 책임을 내려놓게 되므로, 질문을 읽어주는 방식이 이상적이라고 보기는 어렵다. 더 나아가, 녹음된 질문은 정답이 있음을 암시하는 경우가 많은데, 이 역시 문제의 소지가 있다. 하나의 정답이 있는 질문, 즉 한정적 질문은 후보자를 평가하는 데 있어서 제한적으로 사용되어야 한다. 정답을 맞힌 후보자에게 무슨 말을 할 수 있는가? 질문에 대한 답을 알고 있다고 말할 수야 있겠지만, 그 대답 때문에 채용해야겠다 말아야겠다 말할 수는 없을 것이다. 후보자가 답을 틀리면 뭐라고 할 것인가? 면접 상황에서 후보자가 답을 맞히지 못했다고 말할 수는 있겠지만, 그 후보자가 현실 상황에서도 답을 맞히지 못할 것이라고 말할 수 없을 뿐더러, 그 틀린 답을 기반으로 채용을 결정할 수도 없을 것이다.

중요한 주제를 깊게 탐구해 들어갈 수 있는 질문과 대화를 하라. 어떤 탐구 경로를 택할지는 후보자의 답변에 달려 있다.

다른 한 편으로 보자면, 정해진 질문을 따라가는 것이 보다 목적지향적이고 쌍방향적일 수 있다. 후보자를 탐색하는 데 지침을 제공하고, 포괄적인 질문을 하도록 유도할 수도 있다. 포괄적인 질문이라면, 후보자가 자신이 아는 것을 피력하고 의사소통 능력을 과시하도록 할 수 있으며, 후보자가 어떤 생각을 하는지 들여다볼 수 있다. 이렇다 저렇다 해도 이 접근방식 역시 훈련과 기술이 필요한 것은 분명하다. 자바 개발자 직무에 적용할 수 있는 녹음된 질문의 예를 한번 들어 보자.

목표 : 자바 1.5 기능에 대한 후보자의 이해도를 파악함으로써 자바 지식을 탐색한다. 녹음된 질문들은 아래와 같다(후보자의 답변에 따라 달라질 수 있음).

면접관 : 자바 1.5 기능 중에 어떤 것을 써봤습니까? (제대로 된 프로그래머라면, 주요 기능의 내용을 버전 별로 알고 있을 것이다. 그렇지 않다면 개발언어 숙련도에 의문을 던지게 된다.)

후보자 : 제네릭과 어드밴스드 포 루프the advanced for loop와 주석 기능을 써봤습니다.

면접관 : java.util.concurrent 패키지는 어떻습니까? (후보자가 빠뜨렸을 경우. 예로 들 수 있는 것은 이것 말고도 다양하다.)

후보자 : 아 맞아요. 그게 1.5 기능이란 생각을 못했네요. 써봤습니다.

면접관 : java.util.concurrent를 이용해서 어떤 작업을 했는지 말씀해 주시겠어요? (다음으로는 동시성 기능에 대해 물어보고, 후보자가 그 기능을 프로그램 설계에 어떻게 활용했는지 얘기한다. 그냥 괜찮은 개발자인지 아니면 대단한 개발자인지를 판단하는 데 좋은 방법이다.)

면접관 : 제네릭을 어떻게 이용했는지 말씀해 주세요.

후보자 : 리스트와 맵과 같은 새 컬렉션 기능과 함께 사용했습니다.

면접관 : 제네릭 클래스를 생성해본 적이 있습니까?

후보자 : 아뇨. 하지만 할 수 있을 것 같습니다.

또는

후보자 : 예. 제가… (이후로는 이에 대해 논의한다.)

면접관 : 제네릭과 관련한 자바 작업에서 어떤 문제나 결함이 발생한 적은 없습니까? (여기서 후보자
가 삭제 개념을 이해하고 있는지 살펴볼 수 있다. 이 문제는 많은 개발자들이 모르는 고급
주제이지만, 출중한 개발자들 중에는 알고 있는 사람이 많다.)

나는 후보자의 역량을 가늠하는 데 필요한 만큼, 다른 자바 기능에 대해서도 비슷한 접근
방법을 따른다. 위의 예를 글자 그대로 따라하는 것은 아니며, 항상 그 순서대로 질문하는
것도 아니다. 후보자의 대답에 따라 어느 때라도 가지를 치고 나갈 수 있다. 언제나 새로운
정보를 캐낼 수 있는 영역을 찾는 것이다.

목표는 후보자가 모든 질문에 정확하게 답을 하느냐가 아니라, 후보자의 능력이 어느
정도 수준에 있는지를 판별하는 것이다. 주요 영역에서의 후보자의 지식수준에 대해 전반
적인 감을 잡을 수 있다. 대화를 하기 때문에 보통은 후보자의 의사소통 능력과 학습 유형,
선택 기준 등도 덤으로 알 수 있다.

회사가 찾는 주요 기술 영역에 대해서는 녹음된 질문을 권장한다. 빠짐없이 꼭 물어봐야
할 질문과 임의대로 조절할 수 있는 질문을 나눠서 정리하는 방법을 고려해보자. 위에 예시
한 것처럼, 질문들을 맥락에 맞게 엮어서 문서화하고, 채용팀이 내용을 숙지한 후 기술적으
로 운용할 수 있도록 준비하자. 정기적으로 채용팀이 이 질문들을 검토해서 실제 상황에서
얼마나 효과가 있는지 반영할 수 있도록 하는 게 좋다.

문제풀이형 질문이나 전화상으로 전달이 어려운 질문이 포함되지 않도록 조심해야 한다.
예를 들어, 프로그래밍 언어 체계에 대한 질문은 전화상으로 분간하기가 거의 불가능하기
때문에 물어서는 안 된다.

우리가 예에서 든 DB에 관해 보자면, 후보자가 작업했던 DB의 규모와 성능적 제약에

대해 구체적인 질문을 해야 한다. 후보자가 데이터베이스 관리 시스템(DBMS)에 어떤 방식으로 접근했는지도 탐색해보자. 대부분의 회사에서는 데이터베이스 관리자(DBA)가 데이터베이스 업무의 대부분을 처리하는 데 반해, 프로그래머들이 직접 데이터베이스 작업을 하는 경우도 종종 있다. 후보자들이 데이터베이스 작업을 하면서 부딪친 어려움은 없었는지, 그 문제를 어떻게 제기했는지도 물어 보자. 문제를 분석하기 위해 어떤 툴을 사용했는지, 그 결과 어떤 작업을 하게 됐는지도 확인해보자.

ORM(Object-Relational Mapping) 경험에 대해서도 물어보자. 'XML이나 자바의 주석 기능을 이용하여 지시문을 지정해본 적이 있느냐?'와 같이 하이버네이트에 관련된 상세한 기술적 질문을 할 수 있다. 후보자가 해당 기술을 잘못 이해하거나 잘못 사용하지 않았는지 판단해 봄으로써 그 역량을 알아볼 수 있다. ORM 기술은 잘못 이해했을 경우 기능상의 문제가 자주 발생하기 때문에, 이런 용도로는 안성맞춤이다. 후보자에게 하이버네이트를 이용할 때 성능 문제를 겪은 적은 없는지, 있다면 어떻게 해결했는지 물어보도록 하자. 한 기술을 잘못 사용하는 후보자가 다른 기술에서도 똑같은 실수를 저지르기 쉽다.

특정 기술에 대해 어떻게 생각하느냐고 묻기만 해도 후보자의 숙련도에 대해서 많은 것을 알 수 있다. 가장 선호하거나 기피하는 기능이나 기술의 성격에 대해서 물어보자. 해당 기술에서 무엇을 빼고 무엇을 넣고 싶은지 물어보자. 답변을 통해 숙련도와 함께 이해의 깊이도 알 수 있다. 기술을 휘두르는 법만 배운 후보자는 기술 자체를 숙고하는 사람에 비해 훨씬 가치가 떨어진다. 기술 자체를 숙고하는 것은 장인정신의 표식이기도 하다.

설계와 관련된 질문이 문제풀이형 질문만 아니라면, 지식을 시험하는 데 아주 적합하다. 예를 들어, 후보자에게 상속이 콤포지션과 어떻게 다른지 설명해보라고 요구할 수 있다. 그리고 어느 때에 어떤 것을 선택해야 하는지 질문을 이어가면 된다. 퍼사드, 데코레이터, 서비스 로케이터 등과 같은 특정 설계 유형에 대해서도 비슷한 질문을 할 수 있다. 회사의 개발 직원들이 자주 사용하는 유형을 질문하는 것도 좋다.

지식확인형 질문에 따르는 위험 중에 내가 '**구글 효과**'라고 부르는 것이 있다. 내가 참여했던 면접에서 후보자가 검색 엔진을 이용해서 질문에 대한 답을 찾는 게 분명하다고 느낀 적이 몇 번 있다. 누군가는 이런 행동이 독창성과 영리함을 보여준다고 생각할지도 모르겠지만, 나는 거기에 동의하지 않는다. 내가 한 질문은 후보자가 알고 있으리라 기대했던 것들이다. 답이 머릿속에 들어있지 않아도 별로 문제가 되지 않는 유의 질문들도 있다. 그럴 때 쓰라고 참고 자료들이 있는 것이다. 나는 그런 종류의 질문은 기피한다. 나는 후보자의 위치에서는 기초적인 내용이라 익히 알고 있으리라 생각하는 질문을 한다.

몇 가지 방법으로 구글 효과를 간파할 수 있다. 첫 번째는 자판을 두드리는 소리다. 하지만 놀랍게도 항상 소리가 들리는 것은 아니다. 많은 전화기가 거리와 방향에 따라 민감도가 크게 떨어지기 때문에, 자판 두드리는 소리가 안 들릴 수도 있다. 다른 방법은 후보자가 대답하는 속도를 보는 것이다. 보통은 초반에 공백이 있는데, 심사숙고하는 것으로 오인할 수도 있다. 하지만 곧 느릿하게 시작했다가 빨라지는 답변이 따라 나온다. 누군가에게 지금 읽고 있는 것을 자신의 언어로 설명한다고 상상해보라. 주의력이 분산되기 때문에 말이 느려지고, 가끔은 끊기기도 하다가, 읽기를 마치고 말하기에 집중하면서 말하는 속도가 정상화된다. 마지막으로, 답변 자체가 구글 효과를 입증하기도 한다. 대부분의 사람들은 교과서적인 대답을 줄줄 읊어대지 못한다. 만약 그러는 후보자가 있다면, 무언가를 보고 읽는 중인지도 모른다. 때로는 말하는 속도나 억양이 구글 효과를 암시하는 경우도 있다. 머릿속에서 생각하는 것을 묘사할 때와 뭔가를 읽을 때 나는 소리가 어떻게 다른지 생각해보라.

지식확인형 질문과 관련해 굉장히 중요한 것 한 가지. 좋은 답변과 나쁜 답변을 구분할 수 있어야 한다. 당신을 포함하여 전화 면접에 참여한 면접관이 좋은 답변과 나쁜 답변을 구분할 수 없다면, 질문이고 뭐고 아무 소용이 없다.

후보자의 답변에는 조심스럽게 반응해야 한다. 후보자가 답을 틀리게 말하거나 아예 답을 못할 경우에는 용기를 북돋아주려 노력하라. 잘못된 답변에는 굳이 대응할 필요가 없다. 후보자가 답을 모르겠다고 하면, 답을 말해줘야 할 것 같은 기분을 느낄 것이다. 적당한 때에 적절하게 하면 실제로 긍정적인 분위기를 만들 수 있다. 하지만 잘못하면 생색내는 것처럼 보이거나, 심지어 모욕하는 것으로 비칠 수도 있다. 때로는 그저, '괜찮습니다. 다음 질문으로 넘어가죠.'라고 말하는 편이 최선의 방안이다.

대응을 하려 할 때는 동기가 무엇인지 자문해보자. 자신의 총명함을 보여주고 싶은가? 그렇다고 해도, 그 사실을 부끄러워할 필요는 없다. 그저 아무 말도 하지 않으면 된다. 자신의 말과 태도로 후보자의 용기를 북돋을 자신이 있을 때는 대답하는 것도 고려해볼 수 있다. 일부 후보자들은 정답이 무엇이냐고 묻기도 할 것이다. 이런 경우에는 친밀한 어조로 답을 알려준다.

때로는 적절하게 정답을 알려주면서 분위기를 화기애애하게 만들고 상호간의 신뢰를 더 돈독하게 만들 수 있다. 후보자가 유약해서 제대로 대처하지 못할 때, 약간의 지식을 전달함으로써 자연스럽게 상황을 정리하면서 후보자에게 도움을 줄 수 있다. 이런 일에 능숙해지면 공포의 순간도 배움의 기회로 탈바꿈시킬 수 있다. 면접에서 배운 정보에 대해 실제로 후보자들이 나에게 고마워한 적도 있었다. 이런 상황에서도 후보자의 성격이나 행동에 대해 많은 것을 알 수 있다.

이력서 이용하기

나는 후보자들의 성취도와 능력을 탐색할 때 이력서를 자주 사용한다. 주로 재직 이력 부분이긴 하지만, 이력서를 논의를 위한 기본 틀로 사용하자는 게 이 방안의 핵심이다. 후보자와 상당한 유대관계를 만드는 동시에 후보자의 역량을 발견하는 데 굉장히 유용한 기법이라는 것이 증명되고 있다. 호락호락한 질문 형태가 아니기 때문에, 앞으로 몇 쪽에 걸쳐 이 기법을 설명하고자 한다.

후보자의 과거 성과에 집중하면서, 주요 질문들에 대한 답을 간접적으로 얻는 방식은 상당히 기회주의적인 접근방식이다. 일단 경력에 대한 확인이 끝나면, 여러분은 보다 직접적인 방식으로 본격적인 질문을 해야 한다고 생각할 것이다.

이력서 이용하기는 후보자가 과거의 노력들에 대해 상세하게 얘기하며 사연을 풀어놓을 수 있는 기회를 제공한다. 채용할 직무와 관련하여 중요한 정보를 들을 수 있도록, 세세하게 내용을 파고드는 유도신문을 해야 한다. 후보자의 얘기를 유도하면서 요구하는 능력에 적용될만한 경험이 있는지 찾아보자. 중요한 기술 또는 태도에 대한 정보를 드러낼만한 소재라면, 어느 것이나 상관없다. 여기서는 미리 계획을 짜는 것이 좋다.

업무 경력을 지침으로 활용하자. 과거 경력의 어느 시점으로 돌아가 그 시점 이후부터 최근의 직책까지 탐색하는 것이 검증된 접근방식이다. 이 접근방식의 장점은 앞서 이력서 검토 부분에서 얘기했던 것과 같다. 일단 시작지점을 정하면, 시간 배분을 염두에 둬야 한다. 너무 과거로 가서는 곤란하다. 후보자가 20년의 경력을 갖고 있다면, 마지막 8년이나

10년 정도만 논의하는 것이 합리적일 것이다. 얼마나 뒤에서부터 시작해야 하는지는 직무 기술서와 기술 수명을 고려해서 결정하도록 하자.

직무와 직접적으로 연관된 이력과 특별히 흥미로워 보이는 이력(직무와 관련이 없을 수도 있다), 가장 최근의 이력, 오랜 기간 일했던 이력에 주목하면서 연대순으로 상세정보를 훑어보자. 예를 들어, 컨설턴트로 재직하면서 3개월 단위의 프로젝트에 참여하며 모든 종류의 기술들을 써봤다는 후보자가 있다고 치자. 3개월짜리 프로젝트로는 뭔가를 성취하기 쉽지 않으니 이 부분에 시간을 많이 쓸 필요가 없다.

매 이력마다 셀 수 없이 많은 것들을 물어볼 수 있다. 경험이 쌓이면, 경력 정보에서 유용한 부분을 알아보고, 의미 있는 답변을 들려줄 탐침용 질문을 구성할 수 있을 것이다. 보통 '슈' 단계에서는 점검표를 활용하여 능력을 계발할 수 있다. 다음은 이력서상의 개별 이력들을 고려할 때 확인할 사항들의 점검표이다. 순서는 무시해도 괜찮다.

- 왜 그 직장을 택했는지 물어 보자. 이를 통해 보통은 잘 얘기하지 않는 후보자의 우선 순위를 엿볼 수 있다.
- 더 깊이 있는 질문을 위한 맥락을 만드는 차원에서, 해당 회사와 제품, 프로젝트에 대해 이해할 수 있을 만큼 충분히 물어보자.
- 이력서 검토에서 발견된 붉은 깃발들에 대해 탐색해보자. 전화 면접에서도 붉은 깃발들이 추가로 나타날 수 있다.
- 각 직장에서 후보자의 직책과 역할을 알아보자.
- 중요한 주제에 대해서는 후보자가 구체적으로 어떤 일을 했는지 확인하자. 이력서에는 종종 후보자가 큰 기여를 하지 않은 팀 단위의 일이 적혀 있기도 하다. 중요한 업무마다 후보자가 정확하게 어떤 일을 했는지 확실히 하자.
- 후보자가 리더십을 발휘한 적이 있는가? 리더십은 정규적인 것(팀장, 관리자 등)과 비정규적인 것(멘토링, 교육, 평가 등)이 있다. 리더십을 어떻게 적용했는지 들여다보도록 하자.
- 특정 기술을 사용하는 역할을 맡았을 때 어떤 일을 했는지 물어보고, 주요 기술들에 대한 후보자의 숙련도를 평가하자.

● 후보자의 문제해결 능력을 탐색해볼 기회를 노려라. 이력서에 있는 관련 항목을 깊이 있게 파보거나, 후보자의 답변에 질문을 추가하도록 하라. 이를 문제풀이형 질문과 혼동하지 않아야 한다.

● 주요한 업무에 참여했을 때의 팀 규모와 구성을 알아보자. 리더십 역할이 관련됐을 때 특히 중요하다.

● 적절하다고 판단되면, 사용했던 개발 방법론이 무엇인지 탐색해보라. 가능하다면 후보자가 회사의 방법론을 얼마나 능란하고 자유롭게 쓸 수 있을지 가늠해보자.

● 이력서에서 여러분이 잘 아는 영역을 찾아 후보자의 숙련도가 어느 정도 되는지 탐색해보자. 직접적으로 직무와 연관된 영역이 아니어도 괜찮다.[4]

● 후보자가 선호하는 업무 환경이 어떤 것인지 알아보고, 회사와 잘 맞는지 판단해보자.

● 이력서에 잘 모르는 영역이 있다고 해서 몸을 사릴 필요가 없다. 자신감을 가지고 물어보자. 후보자는 그 사실을 모를 테고, 여러분은 많은 것을 배울 수 있다. 약한 부분을 굳이 알릴 의무는 없다.

● 기술적인 질문을 할 때에는 다른 면접관들이 가진 전문 지식을 활용하자.

● 왜 직장을 떠나 다른 일을 찾았는지 물어보자. 장기근속이 가능할지 판단하는 데 있어서 매우 중요한 사항이다.

● 후보자에게 태도상의 강점이나 약점이 없는지 늘 살펴보자. 면접을 하는 동안 후보자가 상호작용하는 방식과, 후보자의 이야기 속에 나타나는 과거의 행동방식 모두를 평가하도록 하자. 자신의 입장에서 생각해보자. 당신은 저 후보자와 같이 일하고 싶은가?

● 직관을 믿어라. 뭔가 이상한 게 있다 싶으면 만족할 때까지 깊이 파보자.

● 각각의 직장에서 후보자가 다른 사람들과 어떻게 일했는지 감을 잡을 수 있는가? 후보자는 팀에 속해 있었는가? 그 팀은 협조적인 분위기였는가? 고객과 상품 담당자, 개발자, 테스터들 간의 관계는 어땠는가?

---

[4] 여러분이 잘 알고 있는 영역에 대해 후보자가 답변하는 것으로 미루어 보면, 여러분이 모르는 영역에서의 후보자의 숙련도 측정해볼 수 있다. 잘 아는 영역에서 후보자의 음색이나 말의 빠르기, 자신감 등을 기억했다가 잘 모르는 영역에서의 후보자의 반응을 관찰해보자. 어느 영역에서의 전문성이건 긍정적이다. 무엇인가를 통달할 수 있는 능력은 반복될 수 있기 때문이다.

● 해당 이력에 관해 더 알아야 할 사항이 있는지 후보자에게 물어볼 수도 있다. 후보자가 이력서에 없는 중요한 얘기를 꺼내는 경우가 종종 있다. 나는 크게 상관이 없어 보이는 이력을 재빨리 훑고 지나가거나 아예 건너뛰려고 할 때, 이 방법을 쓴다. 다음과 같이 말하는 식이다. '컴퍼니쓰리에서 맡았던 소프트웨어 기술자 업무에는 논의할 만한 특이점이 별로 없네요. 다음으로 넘어가기 전에 제가 알아야 할 사항이 있을까요?'

● 왜 최근의 직장을 그만두고 싶은지, 혹은 그만뒀는지 물어보자. 후보자가 직장 넘나들기 의혹을 받고 있다면 매우 중요한 질문이지만, 보통은 그냥 일반적인 이유로 귀결된다.

다시 한 번 말하지만, 점검표의 목적은 여러분이 좀 더 쉽게 출발하도록 돕는 것이다. '슈' 단계를 넘어서면, 회사와 자신의 접근 방식에 맞는 자체 점검표를 만들어야 한다.

발전성 측정하기

후보자가 전문성을 어떻게 발전시켰는지 측정하는 데 활용할 수 있는 일련의 질문들이 있다. 이력서를 검토하면서도 이 부분을 다루었는데, 전화 면접에서는 관찰했던 바를 확인하면서 더 깊이 들어가 보도록 하자. 회사의 업무 환경이 어떤 방식으로 개인의 발전을 장려하는지를 염두에 두고, 후보자가 이런 환경에서 잘 성장할 수 있을지, 최소한 잘 맞기라도 할지 검토해보자.

여기서는 단도직입적인 질문이 바람직하다. '주로 어떤 방식으로 새로운 걸 배웁니까? 교육을 받거나, 책을 읽거나, 멘토링을 받거나, 직접 해보거나, 또는 다른 방식도 있겠지요. 어느 쪽인가요?' 우수한 후보자는 자신의 학습 유형을 알고 있다. 후보자가 자신의 학습 유형을 모른다면 우려할 만하다.

선호하는 학습 유형에 대해 추가적인 질문을 해야 한다. 멘토링을 통해 중요한 새 기술을 배운 사례를 물어보자. 후보자가 지금까지 받았던 교육 중에 가장 효과적이었던 것이 무엇인지 물어보자. 후보자가 가장 좋아하는 기술서적은 어떤 것인지 물어보자. 현재 읽고 있는 기술서적은 어떤 것인지도 물어보자.

소프트웨어 업계는 항상 변화한다. 후보자가 능동적으로 자기계발에 신경 쓰지 않는다면, 나는 그들의 진지함에 대해 의문을 가질 것이다. 뛰어난 소프트웨어 전문가는 발전 노력이란 것이 항상 현재진행형이라는 걸 알고 있다. 이건 이 직업의 일부분이다.

행동에 관한 질문

후보자의 행동적 특성은 기술적 능력만큼이나 중요하다. 이제 후보자와 얘기를 하면서 그들의 행동적 특성에 대한 분석을 시작해보자.

나는 행동적 특성을 판단하기 위해 가설에 입각한 질문을 하는 것을 그다지 선호하는 편은 아니다. 가설에 입각한 질문은 이런 것이다. '어떤 사람과 둘이서 프로그램을 짜는데, 그 사람이 키보드를 독점하고 당신에게 기회를 주지 않는다면 어떻게 하겠습니까?' 분명 이런 질문은 재미있는 대화거리를 던져주는 동시에, 정말 중요한 행동적 특성을 드러낼 수 있도록 고안되어야 한다. 예를 들어, 회사가 항상 짝 프로그래밍 기법[5]을 이용한다면, 위의 질문과 같은 접근방식을 취해야 할 것이다.

다음과 같은 질문을 덧붙인다면, 가설에 입각한 질문을 좀 더 견고하게 만들 수 있을 것이다. '짝 프로그래밍을 얼마나 해봤습니까?', '짝 프로그래밍을 하면서 동료와 갈등을 경험한 적이 있습니까?', '어떤 갈등이었는지, 어떻게 풀었는지 설명해줄 수 있습니까?' 이에 대한 대답들은 가설이 아니라 사실이다(후보자가 진실하다는 전제하에).

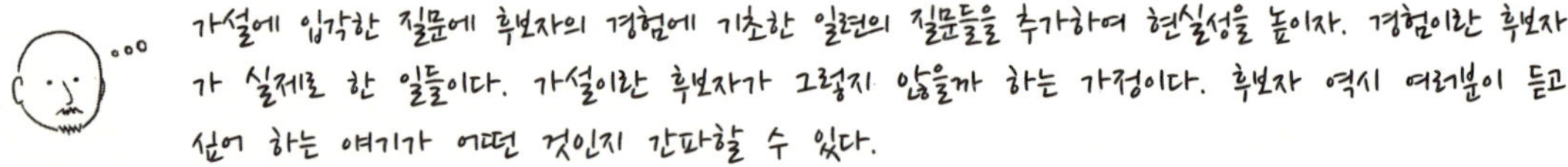

가설에 입각한 질문에 후보자의 경험에 기초한 일련의 질문들을 추가하여 현실성을 높이자. 경험이란 후보자가 실제로 한 일들이다. 가설이란 후보자가 그렇지 않을까 하는 가정이다. 후보자 역시 여러분이 듣고 싶어 하는 얘기가 어떤 것인지 간파할 수 있다.

나는 애매한 '행동에 관한 질문'을 싫어한다. 해석하기 어렵기 때문이다. '아무 동물이나 될 수 있다면, 어떤 동물이 되고 싶습니까? 그 이유는 뭔가요?' 아마 꽤 재미있는 답변이 나오겠지만, 내게 그 답변을 의미 있게 해석할 능력이 있을까 싶다. 이와 같은 질문은 후보자에게도 나쁜 인상을 남긴다. 어떤 상황에서는 애매한 질문이 의미가 있을지도 모르겠지

---

5) 역주 한 워크스테이션에서 두 명의 개발자가 같이 프로그램을 만드는 애자일 소프트웨어 개발방법론의 한 기법.

만, 애매한 질문으로 정보를 드러내봐야 그 가치는 매우 제한적이며, 잠재적으로는 문제가 될 소지가 있다는 점을 인식하기를 바란다.

내가 좋아하는 방식은, 후보자에게 질문을 하면서 전화 면접 전반에 걸쳐 지속적으로 행동적 특성을 관찰하는 것이다. 면접에서 후보자가 하는 말이나 행동 중 눈에 띄는 것들이 모여 행동적 특징이라는 그림을 그리게 된다. 그림이 불완전하거나 불편해보일 때에야, 나는 '행동에 대한 질문'을 시작한다.

'슈', '하', '리'를 생각하기 바란다. 전화 면접에서 질문할 때 쓸 수 있는 '슈' 단계의 목록을 아래에 정리해보았다. 한 시간짜리 전화 면접에서 이 모든 항목을 다 섭렵할 수는 없으니, 중요한 사항에 집중하도록 하고, 단도직입적인 질문보다는 면접 전체를 통해 최대한 많은 정보를 수집할 수 있도록 하라.

- 강력한 회화 능력이 필수적이다. 강한 억양에는 동료 직원들이 적응할 수 있어도, 이해할 수 없는 언어 구사에는 적응할 수 없다. 회화 언어는 명확하면서 모호하지 않아야 하고, 특히 기술적 개념을 논의할 때는 간결해야 한다. 후보자가 여러분의 질문을 듣고 이해하는지 확인하라.
- 변화하는 상황에 적응하려는 후보자의 의지와 능력을 통해 적응력이 있는지 살펴보자. 후보자가 역할 변화나 업무 영역, 방법론, 또는 다른 현저한 변화들에 어떻게 대처했는지 탐색해 보도록 하라.
- 여러분의 회사와 같은 환경에서 후보자가 다른 사람들과 협업할 수 있는 능력이 있는지 질문해보자. 후보자가 다른 개발자나 테스터, 비기술직 직원이나 고객과 협업한 사례를 논의해보라.
- 후보자가 자신의 행동에 대한 책임을 지는 유형인지 판단해보자. 실패 사례나 신중하지 못한 선택을 지적했을 때, 후보자가 책임과 관련하여 어떻게 반응하는지 보자.
- 때로는 후보자가 얼마나 꼼꼼하게 대답하는가에 따라 지엽적인 것에 집착하는 사람인지 아닌지를 쉽게 판단할 수 있다. 사안마다 적절한 깊이로 얘기하는 사람이 좋을 것이다. 테스트나 품질에 대한 전반적인 의견이 어떤지 물어 보면 드러날 것이다. 후보자가 별로 중요하지 않은 지엽적인 것에 집중할 때는 주의해야 한다.

- 후보자가 중요한 결정을 정해진 시간 내에 내릴 수 있는지 살펴보자. 적절한 때에 결정을 내리는 능력은 성공적인 결과를 만드는 데 필수적이다. 이는 리더십 역할과 관련된 경우가 많기 때문에, 동시에 탐색해보는 것이 좋다. 후보자가 우유부단하거나, 너무 유순하거나, 결단력이 부족해 보인다면 문제가 될 수 있다.

- 후보자가 행동이나 영향력 면에서 활동적이고 효율적인지 한번 측정해보자. 보통 활동적인 후보자를 가려내기는 어렵지 않다. 특히 흥미를 가지고 있던 주제를 토론할 때 열정적인 태도를 보인다.

- 후보자가 과도한 감시나 지시 없이도 독립적으로 일할 수 있는지 알아보자. 단독으로 주어진 임무나 파일럿 프로젝트 등에서 이런 특징을 알 수 있다. 반대로, '외로운 늑대' 유형으로서 다른 사람들과 같이 일하지 않는 사람이나, 임무에 집중하기보다는 이리저리 들쑤시고 다니는 사람도 조심해야 한다.

- 하나의 계획이나 임무를 능동적으로 수행하면서 주도한 사례를 찾아보자. 특히 고용주에게 이익이 되는 방향으로 기대치를 넘은 성과를 보여준 사례를 찾아보자. 혹시 고용주가 동의하지 않는 부정행위나 비정상적인 시도가 있지는 않았는지 주의해야 한다. 그런 경우에 후보자는 그저 분란을 일으키는 데 앞장선 것뿐이다.[6]

- 후보자가 정직한 사람인지 판단해보라. 이력서나 면접 답변 중 수상쩍은 항목에 대해 탐색해보자. 언제나 정확도와 일관성을 시험해야 한다. 거짓말이나 기만으로 사람을 속이는 것은 심각한 일이다. 사람을 속이지 않았다고 해서 정직한 것도 아니라는 점을 기억해두자.

- 후보자의 창의력을 드러내는 일련의 질문들을 해보자. 어려운 문제를 풀었거나, 사고의 전환이 필요했던 상황에 대해 얘기해보자. 후보자가 책을 낸 적이 있거나 특허나 고급 학위를 가지고 있다면, 그와 관련된 질문으로 창의력을 살펴볼 수 있다. 반대로, 이미 있는 것을 답습만 하는 후보자는 조심해야 한다. 반면에, 기존에 존재하는 것을 새롭게 활용할 줄 아는 후보자는 높게 평가되어야 한다.

---

6) 반대로, 권태감을 느끼는 사람들이 과외활동을 추구하는 것은 일반적이다. 그들은 일이 주지 못하는 충족감을 다른 곳에서 찾는다. 이는 좋은 징조일 경우가 많은데, 자극이 되는 도전을 즐기는 사람이라는 의미이기 때문이다.

- 후보자의 영향력이 어느 정도 되는지 고민해보자. 공통의 목적을 위해 자원을 배치하는 능력이나, 좋은 일이 일어나게 만드는 능력을 찾아보자. 때로는 자발성이 영향력과 같이 결부되어 나타난다.
- 후보자는 좋은 결과를 기대하는 유형인가? '할 수 있다'라는 자세가 공상과 넘겨짚기가 아니라, 논리와 정보에 기반하고 있는지를 밝혀야 한다. 과도하게 낙관적인 사람들은 오랜 야근으로 자신의 낙관주의에 대한 대가를 치르는 경우가 많으므로 조심해야 한다.
- 선임 급 후보자의 경우는 멘토 역할을 성공적으로 수행한 적이 있는지 확인하자. 이때는 단도직입적인 질문이 제일 효과적이다. '성공적으로 멘토 역할을 수행한 사례를 몇 가지 들어 주십시오.'나 '멘토 역할이 성공적인지 어떻게 알 수 있을까요?'와 같은 질문을 던져보자.
- 후보자의 대화 방식으로 볼 때, 후보자가 전략적, 외교적 수완이 있는 사람인지 판단해보자. 반면에, 충돌할만한 여지가 전혀 없는 곳으로만 가려는 후보자는 기피해야 한다. 이는 분쟁회피의 신호이다. 창의력과 공개적인 사고의 충돌을 가치 있게 생각하는 환경에서, 분쟁회피는 생산성을 저해하게 된다.
- 후보자는 건강한 수준의 자존감과 자신감을 보여주고 있는가? 후보자가 자신의 성과에 대해 얘기하는 방식에서 이를 관찰할 수 있다. 사소한 성과에 과도한 자긍심을 보이거나, 근거도 없이 자신감을 표출하는 경우는 조심해야 한다.

이 목록은 부록 A에 수록된 행동적 특징들을 추려본 것이다. 나는 제 1장에서 이미 조직의 가치체계에 맞는 행동적 특징의 목록을 만들라고 제시한 바 있다. 위의 행동 점검표를 회사의 자체 점검표에 통합시키는 쪽이 수월할 것이다. 위에 얘기된 요점의 대부분은 직접적인 '행동에 관한 질문'없이도 판단이 가능하지만, 일부는 직접적인 질문이 필요하다.

부적절한 질문

전화 면접 시간은 매분이 소중하므로 부적절한 질문은 피해야 한다. 나는 '앞으로 5년

후엔 어떻게 되고 싶습니까?'라는 질문이 직무에 요구되는 자격과 직접적으로 관련이 없기 때문에 부적절하다는 글을 읽은 적이 있다.[7] 나는 이를 잘못된 지적이라 생각한다.

공석을 최대한 빨리 채우는 것이 목적이라면(회사가 신생업체이고, 충원에 프로젝트의 성패가 달려 있다 치자.), 이런 전략도 말이 된다. 반면, 회사의 채용 전략이 '미래를 보고 가능한 한 오래 직원을 유지하자.'라는 방향이라면, 위의 질문은 부적절한 것이 아니다. 최선의 질문은 아니라 하더라도, 분명 유용한 정보를 끌어낼 수 있을 것이다.

나는 지속가능한 회사라면 응당 미래의 리더십을 보고 채용을 해야 하고, 또 그렇게 하고 있으리라 생각한다. 이럴 때 더 좋은 질문은 아마도 '장차 리더십 역할을 할 생각이 있습니까?'일 것이다. 답변에 따라 후보자에게 향후 5년 동안의 경력 관리 계획을 물어볼 수 있을 것이다.

선임 급 개발자를 채용한다면, 이들은 입사 후 가까운 미래에 다음과 같은 선택의 기로에 서게 될 것이다. '경영진이 되어야 하나, 아니면 기술직을 고수해야 하나?' 선임 급 개발자들의 많은 수가 경영에 매력을 느끼지 못한다. 여러분은 회사가 이런 개인들을 어떻게 수용할 것인지 알아야 할 필요가 있다. 회사에 기술직을 위한 승진 경로가 있는가?

일부 회사는 관리직 승진 경로의 부사장에 해당하는 수석기술자나 설계자 직책을 두고 있다. 후보자가 기술직을 고수하고 싶다고 한다면, 여러분은 해당 후보자가 회사에서 제안하는 기술직 승진 경로를 탈 수 있을지 고려해야 한다.

그러면 어떤 것이 부적절한 질문인가? 원하는 답변을 끌어내는 데 도움이 되지 않거나, 후보자의 성격이나 행동적 특징을 조망해주지 못하는 질문은 모두 여기에 해당된다. 여러분이 알고 싶은 답은 아래와 같다.

- 후보자는 직무가 요구하는 자격을 충족하는가?
- 후보자가 회사의 행동적 기준과 가치, 원칙들에 얼마나 부합하는가?
- 후보자가 충원하고자 하는 팀에 얼마나 잘 맞을까?
- 회사의 장기적인 성공에 기여할 수 있는 후보자의 잠재력은 무엇인가?

---

7) 로스먼, '최고의 지식노동자와 기술자, 괴짜 채용하기' [Rot04]

이 질문들에 대조해보면, 여러분의 면접 질문들이 부적절한지 어떤지 판단할 수 있을 것이다.

여러분이 듣고자 하는 답이 명시적으로나 암시적으로 드러나는 질문을 했다면, 바로 그것이 부적절한 질문이다. 여러분이 어떤 답을 원하는지 후보자에게 실마리를 줘선 안 된다.

명백한 사실을 다시 꺼내는 것도 부적절하기는 마찬가지다. 18년간이나 코볼을 사용했고, 지금도 쓰고 있는 후보자에게 '코볼을 정말 좋아하시는군요. 그렇지 않아요?'라고 묻는 것은 시간 낭비다. 그보다는 '왜 새로 나온 언어로 옮겨가지 않고 계속 코볼로 프로그램을 짜는지 말씀해 주세요.'가 더 적절하다.

후보자를 채용해야 할지 결정하는 데 도움이 되지 않는 질문도 부적절한 질문이다. 이런 질문은 귀중한 시간을 낭비하는 데다, 후보자의 감정을 상하게 만들 위험도 있다. 후보자가 이렇게 생각해도 좋을까? '대체 뭘 하려고 무슨 아이스크림을 좋아하는지 묻는 거람? 이 사람들, 바보야?'

물어선 안 되는 질문(미국의 경우)

난 법률가도 아니거니와, 면접 과정에서 물어서는 안 되는 질문을 완벽하게 목록으로 만들어 제공할 생각도 없다. 하지만 몇 가지 기초적인 내용은 다룰 필요가 있다고 생각한다. 회사에는 이미 일차적으로 각국의 법률에 따른 지침이 있을 것이고, 추가적으로 회사의 정책이 있을 수 있다. 인사관리 부서나 법무 부서에 확인해서, 법률이나 고용주에 의해 설정된 한계를 숙지하기 바란다.

물어서는 안 되는 질문의 상당 부분은 채용에서의 차별을 없애기 위한 목적을 가진다. 후보자의 나이와 인종, 종교, 성별, 장애 여부, 성적 지향, 출신 국가, 결혼 여부와 가족 형태를 물어서는 안 된다. 여러분은 미국의 시민권 여부에 대해서도 묻지 말아야 한다. 하지만 미국 내에서 일할 수 있는 법적 자격이 있느냐고 물을 수는 있다. 또한 불법은 아니지만 불법적인 질문의 경계에 너무 가까워서 피하는 게 좋은 질문들도 있다. 어쨌든 답변도 부적절하기 일쑤이고, 설사 적절한 답을 얻는다 하더라도, 감정을 상하지 않고 답을 끌어낼 수 있는 더 나은 방법들이 있다.

○○○어떤 질문을 하면 안 되는지 숙지하라. 원하는 답을 얻어낼 수 있는 합법적인 질문 방법은 언제나 있다.

후보자에게 영어가 유창하냐고 물어서는 안 된다. 대신에, 유창하게 읽고 쓰고 말할 수 있는 언어가 어떤 것이냐고 묻는 것은 괜찮다. 전화 면접이 끝날 때쯤에는 영어 숙련도에 대해서는 충분한 증거를 갖게 될 테지만 말이다.

조금 덜 노골적이긴 하지만, 상대방의 키와 몸무게, 또는 다른 신체적 특징에 대한 질문도 삼가라. 채용 절차상에서 요구하지 않는 개인 정보에 대해 물어봐서는 안 되며, 요구하는 개인 정보의 상당 부분도 지금 단계에서는 물어볼 필요가 없다. 물론, 후보자가 어느 도시에 살고 있는지는 알아 둘 필요가 있다.

결혼 여부나 가족 상황, 가족 구성은 경계 밖에 있는 사안들이다. 가족 중 누가 돈을 버는지, 아이 양육은 어떻게 할 것인지 물어서는 안 된다. 대신에, 후보자가 업무시간과 출퇴근 시간을 지킬 수 있을지 판단하기 위한 질문은 해도 괜찮다.

목록은 계속 된다. 다시 말하지만, 인사관리 부서나 법무 부서에 확인해서, 멀리해야 할 질문이 어떤 것들인지 숙지하도록 하라. 대부분의 경우는 회사의 법적 지위를 손상하지 않고도 원하는 답을 얻어내는 질문 방법들이 있다. 만약을 위해서라면, 인사관리 부서나 법무 부서와 함께 그런 전술들을 검토해보기를 권장한다.

하지만, 물어볼 수 없는 질문들에 대한 답을 알아내는 것은 불법이 아니다. 면접 과정을 거치면서 대부분의 질문에 대한 답이 관찰만으로도 명확해진다. 후보자가 자발적으로 밝히는 경우도 있다. 예를 들어, 후보자가 채용의 전 과정을 거치다 보면 점차 가족에 대한 얘기를 하게 마련이다. 단지 여러분이 먼저 물을 수 없다는 것뿐이다.

하지만 여기서 조심해야 한다. 남성 후보자가 아내와 두 아이가 있다고 언급했다고 하자. 여러분은 자연스럽게 다음과 같이 말할 수 있다. '저도 아이가 둘입니다. 딸은 여섯 살이고 아들은 두 살이죠.' 하지만, '아이들 나이가 어떻게 됩니까?'라거나 '부인은 집에서 아이들을 돌보나요?'와 같은 질문을 해서는 안 된다. 후보자와 개인적인 대화를 나누더라도 법적 테두리는 늘 염두에 두도록 하라. 새로 만난 사람들 사이가 늘 그렇듯이 후보자와 어느 정도의 유대관계를 쌓는 것은 일반적이지만, 채용 과정 동안에는 회사의 이해관계를 반드시 보호해야만 한다.

4.8 직관을 신뢰하는 법을 배우자

　전화 면접에서는 직관을 이용하는 것이 이력서 검토에서보다 훨씬 더 중요하다. 전화 통화라는 한계는 있지만, 다행스럽게도 의지할만한 정보가 훨씬 많다. 이전과 마찬가지로, 피드백 과정을 통해 직관을 연마하도록 하자. 현장 면접에서나 채용된 후에 후보자를 관찰하면서 여러분의 감각을 시험해보도록 하라.

　거만함과 같은 행동적 특징은 이력서에서보다 전화 면접에서 짚어내기가 쉽다. 조급함이나 좌절감, 빈정거림, 또는 욱하는 성질 등이 전화 면접의 특성 때문에 드러날 수 있다는 점을 인식하자. 사람들은 일자리를 원하는 사람은 침착하고 유순하리라 생각하는 경향이 있다.

　면접 중에 드는 예감과 직감은 적어 놓았다가 나중에 평가할 때 참고하도록 하자. 의심스러운 점을 확인하기 위해 일련의 질문을 할 생각이 아니라면, 면접 중에 동료 면접관에게 자신의 직감을 알리는 것은 자제하라. 편견을 가진 채 면접을 진행할 우려가 있다. 어떤 경우에라도 후보자에게 그런 티를 내서는 안 된다.

4.9 후보자 평가하기

　전화 면접의 결론은 후보자를 현장 면접에 초청할 것인가에 대한 결정이다. 결정을 내리는 가장 간단한 방법은 전화 면접 직후에 면접관들이 투표를 실시하는 것이다. 이력서 검토와는 달리, 이때는 유보도 하나의 선택이다.

　전화 면접이 잘 진행됐다면, 대부분의 경우 면접관 전원이 이쪽이든 저쪽이든 하나의 결정에 합의하게 된다. 가끔 의견이 엇갈리는 경우도 있는데, 이때도 보통은 좋았던 점과 안 좋았던 점을 허심탄회하게 논의하면 공감대를 형성할 수 있다. 후보자를 현장 면접에 초청할지 결정하는 기준을 미리 정의해놓는 것이 중요하다.

　만장일치가 불가능하다면, 규정에 추가할 수 있는 몇 가지 선택지가 있다. 먼저 다수결의 원칙이 있다. 면접관이 세 명이라면 두 표로 결정을 할 수 있다. 면접팀장에게 최종 판단을 미루는 방법도 있다. 또는, 후보자가 같은 지역에 거주하고 있으면 현장 면접을 보고, 다른 도시에 살고 있으면 현장 면접을 보지 않는다는 규정을 세울 수도 있다. 고위 관리자와 같은 중재자에게 면접팀의 결정을 도와달라고 요청할 수도 있다. 아니면 보강 전화 면접 일정을 잡자고 합의할 수도 있고, 면접관들이 각자의 의견을 관리 시스템에 입력해서 진행 관리자나 채용 관리자가 결정하게 할 수도 있다.

면접팀이 결정적인 질문에 대한 답변을 받지 못했을 때, 보강 면접이 대두된다. 질문을 하지 못했거나, 전화 면접이 뭔가 다른 이유로 제대로 진행되지 못했다면, 보강 면접이 적절한 선택이다. 반면에, 질문을 했는데 후보자가 답을 회피한 거라면, 그 후보자에게 기회를 더 줄 필요가 없다. 면접팀이 결정을 내리는 데 필요한 정보를 얻지 못했을 때, 보강 면접을 준비하라. 첫 번째 면접으로 결정을 내리지 못한 것을 벌하기보다는, 보강 면접을 하겠다는 결정을 지지하는 사내 문화가 바람직하다.

의견이 갈리는 경우라면, 위기관리라는 관점을 활용하여 합의를 도출하는 것도 도움이 된다.

- 후보자를 현장 면접에 초청하는 것에 따르는 위험은 무엇인가? 몇 명이 시간을 허비하고 일을 끝마치지 못할 것이다.
- 관련된 다른 비용은 없는가? 추가 비용을 확신하지 못할 때, 현장 면접으로 후보자를 시험해 보겠다는 전략은 현명하지 못하다.
- 후보자가 같은 지역에 거주하는가? 그렇다면 현장 면접 비용이 현저하게 낮아지는데다, 후보자가 기대에 못 미칠 때 면접을 빨리 끝내도 문제가 없다.
- 중급이나 초급 개발자를 놓치는 데 따르는 위험은 무엇인가? 위험이 많지 않다. 그러므로 미리 걱정하며 결정을 서두를 필요는 없다.
- 채용하고 싶은 선임급 후보자를 놓칠 때의 위험은 어떠한가? 높다. 그런 사람들은 찾기가 힘들다.
- 충원하고자 하는 자리에 맞을 만한 사람들이 채용시장에 얼마나 자주 나오는가?
- 충원이 얼마나 시급한가?
- 확신이 가지 않는 후보자를 채용했을 때의 위험은 어떠한가? 높다. 잘못된 선택을 하

면 그 직원이 조직의 발목을 잡으며 귀중한 자원을 소모하는 데다, 다른 직원들을 나가게 만들지도 모른다. 그 사람을 제거한다 해도 다른 직원으로 대체하는 데 많은 비용이 든다.

평가를 하는 과정에 심사숙고가 필요하다면, 개인적으로 고려해볼 만한 지점이 몇 군데 있다.

- 자신의 의견을 확고히 하라. 후보자를 원하는지, 원하지 않는지, 아니면 애매한지 분명히 하라. 무리수를 쓰면서까지 의심되는 점을 후보자에게 유리한 방향으로 해석하지 마라.
- 너무 완고하게 생각하지 마라.
- 다른 면접관은 자신이 보지 못한 것을 봤을 거라고 가정하지 마라. 어느 쪽인지 모르겠다면, 모르겠다고 말하라.
- 태도의 문제를 간과하지 마라. 어떤 경우라도, 같이 일하기 편하고 어느 정도 유능한 사람이라면, 성공할 수 있는 가능성은 충분하다.

한 후보자를 현장 면접에 초대할까 말까 결정하는 평가 과정은 보통 5분도 걸리지 않는다. 시간을 끈다 싶으면 면접팀장이 개입해서 주저하는 원인을 해소하는 조치를 취해야 한다.

4.10 전화 면접 평가하기

면접 과정의 모든 단계는 배움의 기회이지만, 전화 면접을 논의하기에 가장 좋은 때는 결정을 내린 직후다. 평가는 언제나 도움이 되지만, 경험이 적은 면접관이 참여했을 때는 특히 중요하다. 면접이 끝나면 회의실을 비워 줘야 할 수도 있으므로, 다른 곳에서 평가 시간을 가져도 좋다.

여기서도 역시 규정을 갖는 것이 좋다. 가능한 한 간략하게 진행하도록 하라. 무엇이 잘 됐고, 무엇이 잘못 됐는지 간결하게 논의하고, 다음에는 무엇을 해볼 것인지 얘기하라.[8] 서로 간의 신뢰가 높은 상황이라면, 그저 면접에 대해서만 얘기하는 것으로 충분하다. 참관인이 있을 경우에는, 어떤 일이 있었는지를 검토하고 주요 개념을 짚어보는 시간을 가지도록 하자.

전화 면접이 끝난 후에, 무엇이 잘 됐고 무엇이 더 개선돼야 하는지 정리하는 시간을 몇 분간 가지도록 하라. 이런 피드백 과정이 개인에게나 조직에게나 발전의 기회를 제공한다.

평가를 어떻게 진행하든지 간에, 서로를 존중하는 태도를 가져야 한다. 논쟁을 삼가고, 의견의 차이를 인정해야 한다. 업무상의 유대관계를 해치는 것보다는 이견이 있다는 것에 동의하는 편이 낫다. 논점이 중요한 것일 때는 회사의 지침을 참조하거나 논쟁을 중재할 수 있는 다른 누군가를 초빙해도 좋다.

4.11 마무리하기

모든 참석자는 자신의 결론에 입각하여 관리 시스템에 최종 의견을 입력해야 한다. 빠른 시간 안에 완료해서, 진행 관리자가 후보자에게 연락을 해서 현장 면접 일정을 잡든가, 전화 면접에서 떨어졌다고 통보하든가, 아니면 보강 면접 일정을 잡을 수 있게 한다.

후보자가 떨어졌을 때도, 우수한 조직은 신속하게 후속 작업을 한다. 후보자에게 관심이 있을 때라면 더 말할 나위 없이 가능한 한 빨리 결과를 회신해야 한다. 어떤 경우라도 신속한 회신이야말로 후보자에게 제일 좋은 인상을 남기는 방법이다.

---

8) 이 세 가지 질문은 반추할 때의 단골 메뉴이며, 애자일 개발론에서도 마찬가지다. 면접 평가도 기본적으로는 반추 행위의 하나이다.

4.12 문제해결

전화 면접에서는 여러 가지 문제가 발생하는 것이 자연스럽다. 변수도 많은데다, 면접관과 후보자가 떨어져 있다 보니, 온갖 종류의 애로사항이 생겨난다. 자주 일어나는 문제들을 정리해 보았다. 어떤 경우에라도 관리 시스템에 상황 설명을 입력하는 것을 잊지 말라.

늦은 시작

면접을 늦게 시작했다면, 이미 후보자에게 나쁜 인상을 준 셈이다. 이를 회복하는 것이 필수다. 제일 먼저 해야 할 일은 가능한 한 빨리 후보자와 연락이 닿는 것이다. 그냥 포기해 버리고 싶은 유혹이 있겠지만(특히 심하게 늦었다면), 이는 최악의 선택이다. 후보자와 연락이 닿지 않으면 메시지를 남기고, 헤드헌터가 연관되어 있다면 헤드헌터에 연락해서 면접 일정을 다시 잡도록 노력하자.

메시지를 남길 때나 후보자와 연락이 닿았을 때, 반드시 해야 할 일이 사과와 함께 실수에 대한 모든 책임을 지는 것이다. 그제야 정중하게 후보자에게 면접 일정을 다시 잡든가, 아니면 통화를 계속하든가 결정을 내려 달라고 요청할 수 있다. 이때 후보자가 한 시간을 온전하게 내줄 수 있는지 물어보자. 불가피한 상황이 아니라면 면접 시간을 단축하지 마라. 예를 들어, 예약한 시간 이상으로 회의실을 쓸 수 없다고 해보자. 이런 경우에는 다시 면접 일정을 잡는 방향으로 얘기해야 한다. 5분에서 10분 정도 늦은 거라면, 면접을 진행하되 제 시간을 채우지 못하면 보강 면접이 필요할지도 모른다는 점을 후보자에게 알리도록 한다.

일단 면접을 진행하기로 했으면, 다른 면접과 동일하게 진행해야 한다. 급하게 몰아치지 마라. 불가피하게 시간을 단축해야 한다면, 면접에서 가장 중요도가 덜한 부분을 빼거나 축소하도록 한다. 어쩔 수 없이 질문 시간을 단축해야 한다면 보강 면접을 제안하되, 사과의 의미로 선임 관리자나 경영진을 참여시키는 방안을 고려해볼 수 있다.

연결 불량

전화 연결 불량으로 면접을 망칠 수도 있으니, 억지로 계속하려고 하지 마라. 어느 쪽이든 연결에 문제가 있을 때 제일 먼저 취할 수 있는 조치는, 후보자에게 다시 전화하겠다고 알리는 것이다. 새로 전화를 하면 상태가 개선되는 경우가 종종 있다.

다시 걸어도 문제가 계속되면, 후보자에게 휴대폰을 사용하고 있는지 물어보라. 그렇다면, 유선 전화로 바꿀 수 없는지 물어보자. 불가하다면, 다시 한 번 끊고 재통화를 시도해보자. 상황이 나아지지 않으면, 후보자가 유선전화를 사용할 수 있는 때를 골라 면접 일정을 다시 잡는 수밖에 없다.

이 모든 과정에서 당황한 티를 내지 말고, 시종일관 정중하게 대하도록 하자. 후보자 역시 여러분만큼이나 기분이 좋지 않을 것이다. 일정을 다시 잡을 때는 신속해야 하고, 언제나 그렇듯이, 가능한 한 빨리 상황을 정리하도록 노력해야 한다. 헤드헌터가 후보자를 대리하고 있다면, 헤드헌터에게 알려서 상황이 원활하게 진행되도록 한다. 가능한 한 빨리 전화 면접이 다시 잡히는 것이 그들의 최대 관심사이다. 헤드헌터가 앞장서서 후보자에게 더 안정적인 연결 수단을 갖추라고 종용할 수도 있다.

부재 중

가끔은 후보자에게 전화를 했는데 안 받는 경우가 있다. 내 경험으로 보면 보통 그럴만한 이유가 있는 경우가 대부분이므로, 다른 이유가 있다는 걸 알기 전까지는 후보자를 의심하지 않는 편이다. 나는 세 번까지 전화를 걸어 보고 통화가 안 되면 포기한다. 그리고는 왜 후보자가 전화를 받지 않는지 알아본다.

후보자를 대리하는 헤드헌터가 있다면, 최대한 빨리 접촉해서 사태를 확인하고, 가능하면 면접 일정을 다시 잡으라고 요청한다. 그렇지 않으면, 진행 관리자로 하여금 최대한 빨리 후보자에게 연락해서 원인을 찾아보도록 요청한다. 내가 지금까지 경험했던 원인들은 아래와 같다.

1. 누군가 전화번호를 잘못 적어주었다.
2. 어느 쪽에선가 면접 일정을 혼동했다.
3. 후보자의 휴대폰에 문제가 있거나 배터리가 나갔다.

4. 다른 회의에서 전화를 먼저 사용 중이었다.

5. 교통체증으로 후보자가 제시간에 집에 도착하지 못했다.

6. 후보자가 통화를 피했다(이유는 다양하다).

7. 후보자가 다른 회사의 입사 제안을 받아들였다.

일부는 진짜이지만 일부는 그럴듯한 핑계일 수 있다. 마지막 두 개의 경우는, 더 이상 진행하지 못할 상황이다. 후보자가 실수했거나 판단력이 부족했던 경우라면, 선입견이 생겼더라도 면접 일정은 다시 잡겠지만, 한 번 더 그런 상황이 발생하면 그걸로 끝이다.

내 기억에 통화 중 신호를 들은 적은 없지만, 이 경우에도 전화를 받지 않은 경우와 똑같이 처리하면 될 것이다.

명백히 아닌 후보자

면접을 하는 도중에 해당 후보자는 안 되겠다는 확신이 들 때가 종종 있다. 이럴 때는 전화기의 뮤트 단추를 누르고 다른 면접관들의 생각을 물어 동의를 얻는 등의 방법을 찾아라.

뮤트 기능은 우리의 친구

경험이 적은 전화 면접관들이 혹시 실수를 하거나 후보자가 알아차릴까봐 뮤트 기능 쓰기를 두려워하거나 거부하는 경향이 있는데, 연습을 해야 쓰는 법을 배울 수 있다.

말 이외의 방법으로는 의사소통이 어려울 때, 뮤트 기능을 이용해라. 예를 들어 면접팀장에게 이해하기 까다로운 의견을 전달할 필요가 있을 때나 글로 적기 어려운 질문을 제안할 때, 특정 사안에 대해 면접팀 내부의 동의가 필요할 때, 뮤트 기능을 이용하면 좋다.

후보자가 당황하지 않도록 후보자가 질문에 답할 때, 가능하면 답변하는 데 시간이 소요되는 포괄적인 질문에 대답할 때 뮤트 단추를 이용하도록 한다. 시간이 많지 않으므로 미리 할 말을 준비해서 간결하게 의사를 전달하도록 한다.

뮤트 기능과 관련해서 모종의 신호체계가 필요할지도 모른다. 예를 들어, 면접팀장만 전화기를 뮤트시킬 수 있도록 하고, 다른 면접관들은 전화기 가까이에서 손으로 단추를 누르는 간단한 시늉으로 뮤트 기능을 요청하는 것이다. 이 방법은 실제 상황에서도 효과적이지만, 이보다 더 개방적으로 접근할 수도 있다. 수신호를 보내고 면접팀장과 눈을 맞춰 승인을 얻으면, 누구나 뮤트 단추를 누를 수 있게 해도 된다.

내부적으로 할 말을 다 끝내지 못했는데 후보자가 답변을 마친 경우에는 후보자에게 우선권을 줘야 한다. 방안에 있는 모든 사람이 이제부터는 여기서 하는 소리가 후보자에게 들릴 거라는 걸 알 수 있도록, 계획된 방법으로 뮤트 기능을 해제하고, 면접팀장은 면접을 계속 진행하도록 한다. 적절하게 포괄적인 질문을 던지면 곧 다른 기회가 올 것이다.

한 면접에서 뮤트 단추가 두 번 이상 쓰였다면, 이는 면접 평가에서 논의해봐야 할 사항이다. 내가 보기에, 뮤트 기능이 자주 쓰이게 되는 두 가지 주요 원인은, 후보자와 관련해 난감한 점이 있을 때나, 면접팀장이 고전하는 경우다. 면접팀장이 고전하고 있는 경우에는, 다른 면접관들이 최대한 보좌를 해서 면접을 망치지 않도록 해야 한다.

해당 후보자가 채용되는 일이 없을 것 같다는 공감대가 형성되면, 이제 면접팀의 목표는 가능한 한 정중한 방식으로 면접을 짧게 끝내는 것이다. 면접을 짧게 끝내면서도 후보자에게 좋은 인상을 주고, 입사하고 싶은 마음이 들게 하는 것이 가장 이상적인 결론이다.

앞서 얘기했듯이, 표준 면접 안을 지키면서도 각 부분의 내용을 줄이는 방식이 바람직하다. 앞에서 제시했던 면접 안을 기준으로 볼 때, 가장 먼저 내용을 줄일 수 있는 곳이 탐색하기 단계이다. 여기서 면접의 각 단계별로 내용을 줄일 수 있는 방안을 몇 가지 살펴보자.

양적으로나 질적으로나, 단축하기에 가장 좋은 곳이 탐색하기 단계다. 후보자가 안 될 것 같다고 깨닫는 곳도 역시 이곳이다. 심각한 의사소통 문제가 있는 게 아닌데도, 탐색하기 초반에 후보자가 채용되지 못할 것이라고 알게 되는 드문 경우가 있다. 이런 경우에는 가장 최근 경력을 들어 대화를 시작하라. 최근의 직장 근무연수가 몇 년 이상이 될 때도 거기서 시작하되, 다음과 같이 말하자. "가장 최근에 어떤 작업을 했는지가 제일 궁금합니다."

이보다는, 탐색하기를 한참 진행하는 중에 안 되겠다고 판단할 가능성이 훨씬 크다. 이런

경우에 쓸 수 있는 가장 좋은 방안은 압축과 건너뛰기다. 순수하게 질문하는 것처럼 보이도록 신경 쓰면서, 질문을 압축하도록 하자. 면접을 짧게 끝내는 것과 좋은 인상을 주는 것 사이에서 균형을 잘 잡아야 한다.

또 다른 유용한 압축 기법이 포괄적인 질문과 한정적인 질문을 적절하게 사용하는 것이다. 답변의 길이를 줄일 수 있도록 질문의 폭을 좁혀라. 세상물정에 밝은 후보자는 이를 눈치 챌 수 있으므로, 한정적인 질문만 해서는 안 된다. 다시 말하지만, 적절한 균형을 찾아야 한다.

가능할 때마다 경력 정보를 건너뛰어라. 6개월 미만의 직장이나 채용할 직무와 관련성이 적은 직장 경력을 건너뛰면 좋다. 건너뛰는 이유를 설명해서 후보자가 의아해하거나 방어적인 태도를 취하지 않도록 하는 것도 좋은 생각이다. 어쨌든 이 모든 과정을 진행하는 이유가 후보자에게 회사에 대한 좋은 인상을 남기기 위해서니까 말이다. 후보자가 친구들에게 회사를 추천하거나, 좀 더 경험을 쌓은 뒤에 다시 지원하는 경우도 흔하다. 나는 채용을 하지 않고서도 면접만으로 긍정적인 효과가 나타났던 여러 사례를 보면, 즐거우면서도 놀랍다.

회사 소개와 직무 소개는 합쳐서 5분 내지 10분 정도가 걸리는데, 이에 대한 통제권이 여러분에게 있으니 몇 분을 줄일 수 있는 좋은 기회이다. 나는 둘 중 하나는 빼지만, 둘 다 건너뛰지는 않는다. 회사가 잘 알려진 곳이라면, 회사 소개를 생략하고 직무 소개만 간단하게 하라. 회사 소개를 하기로 했다면, 너무 공들이지 말고 핵심만 얘기하도록 한다. 약간의 창의력만 발휘하면 이 단계를 3분에서 5분 정도로 티내지 않고 줄일 수 있다.

질의응답 단계는 후보자의 것이므로 조심스럽게 접근해야 한다. 후보자가 궁금해 하는 것은 모두 질문할 수 있도록 하자. 질문은 후보자가 통제하지만, 답변은 여러분이 통제할 수 있다. 간결하되 퉁명스럽지 않게 대답하도록 최선을 다하라. 너무 공들인 답변은 피해라. 필요한 사실만 전달하고 더 이상은 삼가라. 여느 때처럼 고분고분하고 느긋하게 정중한 태도를 보여라. 이 단계는 단축하기 어렵기 때문에, 좋은 인상을 남기는 것에 초점을 둬야 한다. 무례하지 않은 선에서 답변을 줄일 수 있는 방안을 강구하라.

마무리 단계는 압축할 여지가 없다. 모든 후보자를 대상으로 통상적인 마무리를 하도록 하자. 이 단계는 후보자에게 면접에 대한 긍정적인 인상을 줄 수 있는 마지막 기회다. 쓸데

없는 희망을 안겨줄 필요는 없지만, 가장 선호하는 후보자를 대할 때와 마찬가지의 정중함을 보여주도록 하자.

아주 드물지만, 후보자에게 입사 제안을 할 일이 없을 거라는 걸 일찍이 알게 되는 경우가 있다. 이런 때는 겉치레할 필요 없이 면접을 바로 끝내는 게 최선이다. 예를 들어, 선임급 자바 개발자를 찾고 있는데 후보자의 자바 경력이 일 년밖에 안 되는 경우라면, 면접을 끝내는 것이 모두를 위한 최선의 방안이다. 후보자에게 직책 요구조건이 안 맞기 때문에 양측의 시간을 허비하기 않기 위해 면접을 끝내고자 한다고 설명하라. 그리고 후보자에게 감사의 말을 전하고 전화를 끊는다.

일부 후보자들은 요구조건을 충족시키려면 어떻게 해야 하는지 묻는 경우도 있다. 긍정적인 내용으로 좋은 인상을 남기면서 면접을 끝낼 수 있는 기회다. 해당 직무에 대한 자격을 갖춘 후 몇 년 안에 다시 만나기를 바란다는 취지로 대답하라.

명백히 맞는 후보자

유력한 후보자의 경우에는 어느 시점에선가 현장 면접에 초대해야겠다는 생각이 명확해진다. 이럴 때는 불가피하게 면접 분위기가 일자리를 홍보하는 쪽으로 바뀌게 된다. 이는 인간의 본성이다. 나는 그런 분위기가 후보자에게 관심이 있다는 걸 보여주는 정도면 괜찮다고 생각하지만, 너무 나가는 경우도 종종 있다.

무엇보다, 전화 면접을 꼭 끝까지 진행해야 한다. 후보자가 면밀한 탐색 없이 빠져나가게 해서는 안 된다. 이 부분에서는 당신의 의견을 믿고 현장 면접을 진행할 사람들과 회사에 대해 책임을 져야 한다. '이 후보자는 정말 똑똑하니까 입사 제안을 할 필요가 있다.'라는 식의 의견은 도움이 되지 않는다.

후보자에게 '열광'하는 짓은 삼가라. 하지만 후보자에게 회사가 매우 관심 있어 한다는 인상을 주는 것은 바람직하다. 반대로, 너무 나가게 되면 의도치 않게 무능해보일 수 있다. 후보자는 '이런, 나한테 이렇게까지 관심을 보이다니, 이런 사람들이 유능해봐야 얼마나 유능하겠어?'라고 생각할지도 모른다. 후보자가 '이 사람들은 정말 절실히 나를 원하는 것 같군. 그냥 통과될 것 같아.'라고 생각하기를 바라진 않을 것이다. 전문가다워야 한다. '추종'

하는 태도는 좋은 인상을 주지 못한다.

정말로 후보자가 마음에 든다면, 그 열정을 보다 학구적이고 깊이 있는 질문을 하는 데 쏟아라. 회사와 직책의 강점을 홍보하라. 이런 후보자와의 면접이 보다 인간적인 분위기로 흘러가는 경우를 발견하곤 한다. 면접관 스스로 회사에서 일하는 데 있어서의 좋은 점과 나쁜 점을 얘기하기도 한다. 보통은 이런 친밀함이 후보자의 마음을 끄는 역할을 한다. 아무리 후보자를 채용하고 싶은 마음이 굴뚝같아도 과장하지 말고 항상 솔직해야 한다.

구글 효과

맞다, 후보자가 전화 면접을 하면서 인터넷을 검색하고 있다. 두 가지 방법으로 이를 알아챌 수 있다. 후보자가 마땅히 알고 있으리라 생각하는 질문을 했는데 구글링을 한다면, 후보자가 현장 면접을 받을 기회는 멀어질 것이다.

이와는 별개로, 후보자가 인터넷을 검색해서 답변을 한다는 의심이 들면, 먼저 여러분이 했던 질문을 반추해봐야 한다. 후보자가 마땅히 알아야 할 질문이었는가, 아니면 보통은 답을 찾아봐야 하는 질문이었는가? 때로는 질문이 그다지 좋지 못했을 수도 있다. 예를 들어, 모호한 프로그래밍 언어 체계에 대한 질문을 했을 때는 공정하지 못했다고 할 수 있다. 이런 경우에 후보자가 명령어 목록을 끌어다 사용하는 것이 잘못된 것일까? 직원들도 그렇게 하지 않았으면 하고 바라는 것인가? 어리석은 질문을 삼가서 이런 문제를 초래하지 말아야 한다.

후보자가 인터넷 검색을 하는지 간파하는 것은 그다지 어렵지 않다. 보통은 앞에서 얘기한대로 후보자가 말하는 방식으로 검색 여부를 판별해낼 수 있다.

나는 검색과 관련하여 후보자가 의심스럽다는 얘기를 하는 면접관을 본 적은 없다. 그래서 좋을 일도 별로 없을 것 같다. 그냥 면접을 계속 진행하면서, 다른 면접관들이 그 생각에 동의하는지 확인해보자. 여러분이 상황을 잘못 해석했을 수도 있다.

내 경험으로 보자면, 답변을 검색에 의지하는 후보자는 곧 어떤 방식으로든 자격 불충분을 드러내기 마련이다. 검색 자체가 문제라기보다는, 다른 질문에 답변하지 못하는 무능력 때문에 면접을 단축할지 결정하게 되는 경우가 많다.

> ### 솔직하게 털어놓는 후보자
>
> 한 전화 면접에서 후보자가 인터넷에서 무언가를 찾아봤다며 읽은 자료를 언급한 적이 있다. 질문은 일부 후보자들은 모를 수도 있는 프로그래밍 언어의 기능에 대한 것으로, 좋은 질문이었다. 솜씨 좋은 프로그래머도 특정 개념을 사용하기 전에 확인해보는 것이 일반적인데, 이 후보자도 질문에 답변을 하기 전에 확인을 해본 것이다.
>
> 간단하게 검색 페이지를 검토하고 나서, 후보자는 자신이 확인한 바에 힘입어 폭넓은 의견을 개진하면서, 해당 기능을 사용했던 실례도 몇 가지 언급했다. 후보자는 그 기능을 사용한지 좀 오래 돼서 기억을 되살릴 필요가 있었다고 설명했다. 후보자의 얘기를 듣고 보니, 그가 실제로 그 기능을 써 봤고, 잘 알고 있는 것이 확실했다.

구글러를 만나면 여러분의 질문을 고려해봐야 한다. 검색이 필요할만한 질문을 반복했다면, 정말 유용한 질문을 했다고 볼 수 있는가? 이는 면접 평가에서 다루기 좋은 주제일 것이다.

말이 너무 많은 후보자

때로는 후보자의 얘기에 끼어들 기회가 없을 때가 있다. 당황해서 말이 많아지는 경우가 일반적이므로, 후보자를 좀 더 편안하게 만들 방안을 찾아보자. 내가 이미 얘기했던 내용들이 이럴 때 도움이 될 것이다. 조건을 맞추고 면접 안을 충실히 따라, 놀랄만한 일이나 혼란을 최소화하면서, 점진적으로 질문의 깊이를 더해가야 하고, 정중하게 대해야 한다. 이 모든 것이 면접과 관련하여 부담감을 줄이는 데 기여할 것이다. 부담감을 느끼거나 말이 많은 후보자가 다수라면, 혹시 여러분이 부담감을 가중시키는 것이 아닌지, 전화 면접을 진행하는 방식을 점검해봐야 한다.

때로는 자신감 부족에 대한 무의식적인 보호 기제로 과도한 수다가 나타날 때도 있다. 이는 후보자에게 심각하게 불리할 수 있으므로, 자신감 부족이나 자존감 부족의 다른 징후

가 있는지 찾아보도록 한다.

과도한 수다가 면접을 주도하려는 전략일 수도 있다. 후보자가 자신의 무지를 면접관들이 눈치채지 못하도록 면접을 주도한다는 뜻이거나, 아니면 그저 단순히 지배하기 좋아하는 성격이라는 뜻으로, 어느 경우나 아주 심각한 상황이다. 둘 중 어느 경우이든, 다른 위험 신호는 없는지 눈에 불을 켜고 지켜봐야 한다.

어떤 경우라도 후보자가 전화 면접을 주도하게 내버려둬서는 안 된다. 면접팀장은 면접 안에 따라 필요한 질문을 다 할 수 있도록 면접을 주도해야 한다. 면접의 주도권을 되찾는 과정에서 후보자의 일면을 간파할 수도 있다. 똑똑한 후보자라면 암시를 알아채고 자연스럽게 주도권을 건네준다. 자신감이 부족한 후보자는 그냥 포기하거나, 또는 두려워서 포기하지 못할 수도 있다. 둘 다 많은 정보를 준다. 지배력에 집착하는 후보자는 맞설 테고, 기회를 잃을 것이다.

주도권을 되찾을 때는 점차 강도를 높여가며 주장하라. 첫 번째 단계는, 후보자가 생각을 하느라 잠시 얘기를 쉴 때, 끼어드는 것이다. 그럴 기회가 항상 있는 것은 아니다. 나는 일부 후보자들은 귀로 호흡하는 게 틀림없다고 맹세할 수 있다. 숨 쉴 틈도 없이 얘기를 하니 말이다.

다음 단계의 주장은 공손하게 후보자를 제지하는 것이다. '죄송합니다만'으로 얘기를 꺼내라. 듣지 않으면, '죄송합니다만, 홍길동씨.'라고 말해보라. 공식적으로 이름이 불리면 흥분이 가라앉는다. 전화 통화의 특성 때문에 후보자가 말하는 중에 꽤 끈질기게 애원해야 할지도 모른다. "죄송합니다만, 홍길동씨. 여보세요? 죄송합니다만, 여보세요?"처럼 말이다.

대부분의 후보자들은 몇 번만 제지하면 금세 눈치를 챘다. 긴장하고 겁먹은 후보자는 금세 위축되는 경향이 있다. 눈치 없고 지배하기 좋아하는 후보자는 그래도 계속한다. 적당한 때 후보자를 제지하고 상황을 설명해야 한다. 후보자 때문에 면접을 진행할 수 없어서 물어봐야 할 질문을 못하고 있다고 말하라. 후보자에게 간결하게 대답해 줄 것과 여러분이 얘기할 수 있는 기회를 더 많이 달라고 요청하라. 이조차도 듣지 않는다면, 즉각 면접을 중단하는 것이 낫다. 회사는 효과적으로 의사소통을 할 수 있는 후보자를 찾고 있으며, 면접에서 용납하기 어려울 정도의 의사소통 문제가 드러났다고 간단히 통보하도록 한다. 가능한 한 공손하게 후보자에게 감사의 말을 전하고 작별인사를 한다. 대리하는 헤드헌터가 있다면 후속 조치를 취하도록 하라.

몇몇 사람들이 권장하는 수다쟁이 관리 방안은, 폭이 좁은 질문만 하는 것이다. 효과적일 수는 있지만, 유용한 답변을 얻을 수 있느냐는 측면에서는 높은 수준의 기술을 필요로 하는 방안이다. 질문의 폭을 좁혔더니 정보를 거의 얻지 못하는 상황으로 귀결될 수 있다. 나로서는 질문 내용을 바꾸기 전에 다른 방안을 시도해보라고 권하고 싶다.

말이 너무 많은 면접관

면접관만 말을 하면, 면접팀은 후보자에 대한 정보를 얻을 수 없다. 후보자들과 마찬가지로 일부 면접관들도 긴장하거나 자신감이 부족해서, 이를 극복하는 방안으로 계속 말을 한다. 일부 면접관들은 자신이 얼마나 똑똑한지 드러내는 기회로 삼기도 하는데, 이는 낮은 자존감의 표현이거나 지배하려는 성격의 표출이다.

어떤 조치를 취할 것인지, 결정은 다른 면접관에게 달려있다. 당장 조치를 취해야할까, 아니면 면접이 끝나기를 기다려야 할까? 자기 팀에 충원을 하기 위해 관심이 가는 후보자와 전화 통화를 하고 있는 면접관이라고 가정해보자. 면접팀장이 후보자에게 질문한 문제의 정답을 놓고 허튼소리를 지껄이고 있다면, 후보자에 대해서 아무 것도 알 수 없을 것이다. 이럴 때는 즉각적인 조치가 필요하다. 최선의 방법은 뮤트 기능을 사용해서 면접팀장에게 너무 말을 많이 하고 있으니 후보자가 할 얘기에 집중해달라고 정중하게 얘기하는 것이다.

반면에, 후보자가 그다지 유력하지 않거나, 이미 충분히 정보를 얻은 상태라면, 면접 평가 때까지 사안을 미뤄두자. 어느 경우라도, 평가 시간을 꼭 가져서 사안을 거론해야 한다. 이때는 능력 향상에 중점을 두고 정중하게 말해야 한다. 반드시 왜 문제라고 느꼈는지 설명하고, 결과가 어떻게 됐으면 바라는지 얘기하도록 한다.

문제가 된 인물이 이후의 면접에서도 같은 행동을 계속할 때는 채용 과정을 책임지고 있는 관리자와 사안을 논의하는 것이 최선의 방법일 수 있다. 역량이 부족한 면접관은 회사의 평판과 채용능력 면에서 재앙을 초래한다. 참아야 할 문제가 아니다.

방해꾼

신경을 분산시키는 일이 계속 발생하는 가운데 수준 높은 전화 면접을 진행하기란 거의 불가능하다. 방해거리를 최소화할 수 있는 일은 뭐든지 하라. 면접을 진행할 조용한 장소를 확보하고 들락거림은 최소화하라.

사람들이 회의실을 쓸 수 있는지 알아보려 주기적으로 머리를 들이민다면, 여러분의 회사는 좀 더 좋은 회의실 예약 시스템과 의사소통 규정이 필요한 것이다. 예를 들어, 문이 닫혀 있으면 회의실이 사용 중이라고 짐작해야 한다는 말이다.

뭔가 일을 처리하거나 전화를 받기 위해 면접 중에 회의실을 들락날락하는 면접관을 그냥 두지 마라. 전화 면접은 웹사이트 다운이나 건물 화재를 제외하고는, 거의 모든 상황에 우선하는 것임을 명확히 해야 한다. 면접 평가 시간에 이런 종류의 방해거리에 대해 언급하고, 참가자들이 스스로 야기한 방해거리를 인지할 수 있도록 해야 한다. 이를 통해 당사자들의 행동이 정당한 경우, 해명할 수 있는 기회도 줄 수 있다.

면접관이 자리를 떠야 한다면 모든 사람에게 그 이유를 알리고 조심스럽게 나가야 한다. 정말로 급박한 상황이라면 면접을 중지하고 후보자에게 시급한 사안을 처리하기 위해 자리를 떠야 한다고 설명하는 것도 괜찮다. 사과를 하고 조용히 자리를 비우도록 한다. 면접팀장이 자리를 비울 상황이라면, 그만큼 중요한 이유가 있어야겠지만, 후보자에게도 뻔히 보일만큼 현저한 책임 범위의 공백이 발생하게 될 것이다.

조직 차원에서 면접 과정과 관련하여 책임감을 강조하는 문화를 만드는 것이 중요하다. 이런 문화가 방해거리뿐만 아니라 다른 부정적인 행동을 줄이는 데도 효과적이다.

만약 후보자 측에 방해거리가 있다면, 가장 좋은 방안은 이를 협의하는 것이다. 주위 소음이 들린다면, 후보자에게 좀 더 조용한 장소를 찾아보라고 요청하자. 불가피하다면 전화를 끊고 나중에 다시 통화를 시도하는데, 이때는 전화를 끊기 전에 후보자로부터 전화번호를 다시 확인받아야 한다. 여러분이 회의실에 있을 때는 후보자가 연락을 하기 어려울 경우도 많다.

후보자의 휴대폰이 배터리가 다 돼서 다른 사람 것을 빌려야 했던 적이 있다. 연결 상태가 안 좋아서 전화를 다시 걸어야 했는데, 새 전화번호를 받는 걸 잊어버렸다. 그걸 전화를 끊고 나서야 발견했으니!

통화 중에 뒤에서 아이가 소리를 지르거나 개가 짖는 경우도 있었다. 후자의 경우는, 개를 마당으로 내보내자 별 방해 없이 면접을 진행할 수 있었다. 앞의 경우는, 부인이 외출한 사이 후보자가 어린애를 봐야하는 상황이었다. 우리는 후보자에게 최상의 환경을 제공하기 위해 면접 일정을 다시 잡았다.

질문에 대답 않는 후보자

후보자가 질문에 전면적으로 답하지 않는 일은 매우 흔하다. 매우 다양한 이유가 있다. 두려움과 부담감 때문에 온갖 종류의 이상한 반응이 나올 수 있다. 후보자가 질문을 이해하지 못했을 수도 있다. 긴장한 후보자가 포괄적인 질문에 답변을 하는 도중에 무슨 얘기를 하려 했는지 잊어버리는 경우도 잦다. 후보자가 답을 모르는데, 이를 인정하려 들지 않거나, 충분히 훌륭한 답변을 할 수 있다고 생각하는 경우도 있다. 또는 질문 자체가 잘못 구성되었거나, 혼돈스럽거나, 아니면 과도하게 어려운 경우도 있다.

면접팀장은 충분한 답변을 얻기 위해 단계적으로 주장의 강도를 높일 필요가 있다.

1. 질문을 반복한다. 답변이 제대로 안 된 것 같다고 언급해도 좋다.
2. 질문을 다른 말로 바꿔 물어본다.
3. 후보자에게 질문을 이해했는지 물어보고, 필요하면 다시 질문을 설명한다.
4. 후보자에게 답을 모르겠는지 물어본다. 이때 후보자(이자 미래의 직원)가 모른다는 것을 솔직하게 인정하는지가 중요하다.
5. 솔직하게 말하라. '질문에 대한 답을 회피하는 것 같습니다. 왜 그러시죠?'

5단계까지 가는 건 중요한 질문일 때에만 의미가 있다. 하지만, 쉽게 다음 질문으로 넘어갈 때의 위험에 대해서도 인지해야 한다. 후보자에게서 회피하려는 성향이 보인다면, 이는 매우 심각하다. 이럴 때는 인터뷰를 단축하는 것을 고려해보라.

4.13 결론

내가 보기에는 전화 면접 기술이 익혀야 될 채용 기술 중에서도 제일 어려운 것 같다. 이럴 때는 자체 학습과 수준 높은 면접 관찰, 실제 해보면서 익히기, 팀의 성과 반추해보기를 적절하게 섞어 시도해보는 것이 제일 좋다. 참관인으로 배움의 과정을 시작하자. 면접관이 될 수 있도록 노력하자. 그러면 스스로 준비되고 팀의 지원을 받을 수 있을 때, 면접팀장 역할에 손을 뻗어보자.

항상 동료들과 채용 논의에 참여하는 사람들로부터 피드백을 받으라. 헤드헌터에게 전화 면접의 수준에 대해 후보자로부터 피드백을 받아달라고 요청하자. 채용한 사람들에게 그때의 전화 면접이 어땠느냐고 물어보는 것도 고려해보라. 전화 면접을 어떻게 진행해야 하는지, 그들이야말로 통찰력을 줄 수 있는 사람들이다.

제5장

현장 면접

회사들이 가장 어려워하는 부분이 이력서 검토와 전화 면접이라고 생각하기 때문에, 많은 분량을 여기에 할애했다. 하지만 회사와 후보자가 처음으로 얼굴을 맞대는 현장 면접이야말로 절대적으로 중요한 과정이다.

잘된 **전화 면접**은 두 가지 중요한 결정으로 귀결된다. 하나는 후보자가 회사에 잘 맞는지에 대해 면접관들이 내리는 결정이고, 다른 하나는 계속 입사 지원을 할지에 대해 후보자들이 내리는 결정이다. **현장 면접**은 이 두 가지 결정의 정당성을 더 깊이 입증하고 보강해서, 회사가 입사 제안을 할지 말지를 결정하는 데 도움을 줄 목적을 가지고 있다. 더 자세히 말하자면, 다음의 여러 측면에서 후보자를 판단해야 한다.

- 회사가 원하는 기술적 능력과 태도를 가지고 있는가.
- 회사가 원하는 일반적인 행동적 특징과 가치체계를 가지고 있는가.
- 회사의 업무 환경과 문화에 잘 어울릴 것인가.
- 일하게 될 팀과 잘 어울릴만한 성격을 가졌는가.

연애에 대한 비유를 떠올려보자. 서로의 시선을 사로잡고(이력서), 데이트를 하다가(전화 면접), 이제 점차 진지해져서 정치적 성향과 종교를 얘기하다가 가족들도 만나게 되고(현장 면접), 진지하게 청혼을 해야 할지 결정하려는 참이다(입사 제안).

전화 면접의 수준은 현장 면접이 끝난 후 입사 제안을 하는 비율로 측정할 수 있다. 현장 면접자의 50% 또는 그 이상에게 입사 제안이 가는 경우, 전화 면접이 제대로 진행됐다고 할 수 있다. 비율이 너무 낮은 경우는, 전화 면접이 부적절한 후보자를 제대로 걸러내지 못한 것이다. 한편, 입사 제안 비율이 75%나 80%를 넘을 경우는, 좋은 후보자들이 전화 면접 과정을 통과하지 못했을 수도 있음을 나타낸다. 회사에 따라, 전화 면접을 철저하게 진행하고 입사 제안 비율을 높여 비용을 절약하는 걸 선호하는 곳이 있고, 입사 제안 비율이 낮아지더라도 더 많은 후보자를 통과시키는 걸 선호하는 곳이 있다. 관리부서가 기대치를 조절하려면, 채용 과정에 대한 관찰과 주의 깊은 의사전달이 필요하다.

채용 절차의 우수성은 채용된 후보자에 대한 장기적인 만족도로 측정될 수 있다. 만족도가 95% 이상이면 좋은 절차라고 할 수 있다. 또한 직원들이 회사에 만족하는 정도와 그 만족도가 기대치와 얼마나 잘 맞는지도 고려해야 한다. 어찌 보면, '광고'와 '사실'의 대질신문이다.

5.1 원칙

현장 면접의 원칙은 전화 면접 때와 마찬가지인데, 몇 가지가 더 추가되는 것만 다르다.

- 방해거리를 최소화하라 - 후보자에게 모든 관심을 집중하라. 일은 나중에 해도 된다.
- 면접할 공간을 예약하라 - 후보자가 도착했을 때 면접할 공간이 준비되어 바로 사용할 수 있어야 한다.
- 최대한 편안하게 접대하라 - 후보자가 편안하게 느낄 수 있도록 하라. 커피나 물을 제공하고, 화장실을 안내하고, 짐이나 겉옷을 둘 수 있는 안전한 곳을 내주어라.
- 공감하라 - 후보자의 심리 상태를 십분 이해하라. 예를 들어, 후보자가 과도하게 부담감을 가진다고 느꼈다면, 그 부담감을 덜어줄만한 일을 찾아볼 수 있지 않을까?

- 잘 소통하라, 신체적으로 - 악수를 하고 시선을 맞추어라. 스스로의 몸짓에 주의하자.
- 잘 소통하라, 언어적으로 - 정확한 문장을 사용하고, 적절한 속도로 말하라. 명확하고 간결하게 의사를 전달하고, 불필요한 꾸밈말은 자제하라.
- 능숙하게 회사를 대리하라 - 여러분은 외교사절이다.
- 정직하라 - 이 말은 다시 한 번 반복할 만하다. 정직하라.

최소한 직원들을 대하는 정도로는 후보자를 대접해줘라. 그럴듯하게 속여도 언젠가는 후보자도 알아차릴 것이다. 형편없이 대하면, 후보자는 회사에 대한 흥미를 잃어버릴 것이다. 입사 제안을 하든 말든 간에, 모든 후보자는 여러분의 회사에서 근무하기를 바라고 있어야 한다.

5.2 세부 계획

일단 후보자를 현장 면접에 부르겠다고 결정이 내려지면, 곧바로 현장 면접 일정을 잡아야 한다. 시간이 관건이 되는 상황이 종종 벌어진다. 후보자에게 다른 면접 일정이 있는 경우가 일반적이고, 다른 회사의 입사 제안을 받아놓은 경우도 있다. 채용 절차를 재빨리 가동함으로써 후보자의 관심을 계속 유지할 수 있다. 다른 회사의 입사 제안을 받아 놓은 후보자라도 입사 제안을 받을 수 있는 기회가 또 있다면, 결정을 미루는 경우가 보통이다. 신속하게 움직여서 좋은 점 또 한 가지는, 이력서와 전화 면접 내용이 면접관들의 기억 속에 아직 생생할 때 현장 면접을 할 수 있다는 점이다. 현장 면접을 더 충실하게 할 수 있을 것이다.

전화 면접 직후에 진행 관리자가 후보자나 후보자의 대리인과 연락해서 현장 면접 일정

을 잡는다. 이때, 다른 도시에 거주하는 후보자를 위해서는 항공편과 호텔, 교통편 마련이 필요할 수 있다. 후보자를 위한 절차는 최대한 간단하게 만들어라. 성공적으로 진행된 면접은 긍정적 인상을 강렬하게 남기는데, 그 인상의 시작과 끝은 모두 좋은 계획에 달려 있다. 현장 면접의 첫인상이나 마지막 인상이, 엉망진창인 여행의 기억이길 바라진 않을 것이다.

면접 날짜를 잡으려면, 후보자의 일정과 면접 참여자들의 일정을 맞춰야 한다. 그렇기 때문에 진행 관리자는 충원을 원하는 사람이 누구인지, 누가 어느 후보를 만나야 하는지, 면접관들의 일정 제약사항이 어떻게 되는지 알아야 할 필요가 있다. 굉장히 복잡한 문제라 불가피하게 실수들이 생긴다. 후보자에게 매끄러운 면접을 제공하기 위해, 면접팀은 이에 유연하게 대처하면서 필요한 조치를 취해야 한다.

일단 후보자가 날짜를 정하면, 진행 관리자는 면접에 참여할 사람들을 적절하게 구성한다. 면접 참가자로 선정된 사람들은 재빨리 응답을 줘서, 진행 관리자가 필요한 조정 작업을 할 수 있도록 한다.

때로는 진행 관리자 말고 다른 사람이 면접 일정을 관리할 수도 있다. 급박한 상황에서 관리자가 일을 할 수 없으면, 다른 누군가가 조치를 취해야 한다. 후보자가 상당히 유망하고, 개발자가 접촉하는 것이 긍정적인 영향을 줄 것 같다는 견해가 있으면, 선임 급 개발자가 먼저 접촉을 하게 한다. 후보자가 직원 중 한 명과 개인적 친분 관계가 있다면, 그 직원이 절차를 이끄는 것도 도움이 될 것이다. 여기서 얘기하는 핵심은, 빨리 움직이고, 채용 절차에 인간적인 면모를 추가하라는 것이다.

5.3 면접 일정

현장 면접은 대략 네댓 시간이 걸리는데, 점심식사가 포함된다. 실제 걸리는 시간은 면접관의 숫자와 후보자의 가용한 시간, 후보자가 지역에 거주하는지 아닌지, 후보자의 경력 연수가 어느 정도인지에 따라 달라진다. 선임 급 후보자와 이사가 필요한 후보자들에게는 더 많은 시간을 쏟도록 하자.

나는 두 명의 최고참 개발자들이 진행하는 한 시간짜리 기술 면접부터 시작하는 면접

일정을 좋아한다. 그 뒤로 팀별로 진행하는 면접이 몇 개 이어진다. 이때는 두 명 정도의 채용 면접관이 참석하는 것이 효율적인 것 같다. 그리고 두어 명의 다른 면접관이, 가능하면 관리자급 면접관이 후보자와 함께 점심을 먹는다. 진행 관리자가 구성한 현장 면접은 대략 아래와 비슷할 것이다.

1. 기술 면접 - 가장 뛰어난 개발자 두 명이 면접관으로 참여하는 한 시간짜리 면접.
2. 팀 면접 - 45분짜리 면접을 몇 번 이어서 진행. 매 면접마다 팀장급 두 명이 참여.
3. 점심식사 - 흔히 중역을 한 명 포함하여 2~3명이 후보자를 데리고 나가 점심식사를 한다.
4. 팀 면접 - 면접 절차가 얼마나 긴가에 따라 하나 또는 여러 개의 팀 면접을 진행.
5. 마무리 - 기술이사나 다른 중역이 후보자와 마무리 면접을 진행.
6. 사후 회의 - 면접관들이 모여 입사 제안을 할 것인지 결정.

확대 면접

고위 관리직이나 경영진을 채용할 때는, 하루가 넘게 걸리는 면접 일정을 잡는 것도 일반적이다. 나는 선임 급 개발자를 뽑을 때도 똑같은 절차를 적용하는 작은 회사에서 일한 적이 있다. 우리는 14명의 직원으로 구성된, 복잡한 최첨단 소프트웨어를 만드는 원격 그룹이었다. 강력한 기술적 능력 못지않게 의기투합할 수 있는 사람을 찾는 것이 중요했다.

우리는 점심을 포함하여 8시간에 걸쳐 상당히 기술적인 내용으로 면접을 진행했다. 후보자가 기운을 차릴 시간을 조금 주고 나서, 몇 명이 후보자를 데리고 저녁을 먹으러 갔다. 다음 날, 모든 사람들에게 보고를 하고 나서 면접을 마무리하기 위해 조금 늦게 후보자를 불렀다. 후보자는 점심을 먹고서야 집으로 향했다.

과잉대응처럼 보이지만, 충분히 그런 노력을 할 만한 상황이었다. 우리는 작은 팀이어서 채용이 자주 있는 게 아니었다. 채용을 할 때는 딱 맞는 사람을 찾는 것이 필수적이었다.

이 일정도 실용적이지만, 다른 구성도 고려해보자. 모든 면접이 기술에 관련되긴 하지만, 기술 면접은 더 집중적으로 진행해야 한다. 후보자가 아직 생생할 때 진행하라. 기술 면접이 부담스러운 경우가 많으므로, 일찍 해치워 버린다. 오전에 시작하되, 너무 이르지는 않은 9시 반이나 10시 정도가 적당하다. 후보자가 멀리서 오기 때문에 이 시간보다 늦게 시작해야 한다면, 점심식사보다는 저녁식사를 같이 하는 편이 더 현실적이다. 유연함이 핵심이고, 수준 높은 면접을 진행하는 것이 목표다.

5.4 안전한 숫자들

일부 전문가들은 대면 상황에서 두 명 이상의 면접관을 두는 것이 너무 위협적이라고 말한다. 내 경험으로는, 두 명을 넘어가면 압도적인 느낌을 줄 수 있으므로, 두 명을 두는 것이 회사로서는 적절한 것 같다.

앞서 얘기했듯이, 질문하는 사람은 종종 중요한 정보를 놓치곤 한다. 두 번째 참석자가 있으면 첫 번째 사람이 말하는 동안 듣고 관찰할 수 있다. 두 번째 참석자는 후보자의 목소리 상태를 보고 부담감이나 불안정함을 간파할 수도 있고, '위협적이다'라거나 '혼란스럽다'라고 얘기하는 몸짓을 읽어낼 수도 있다.

두 번째 면접관은 첫 번째 면접관의 얘기가 모호할 때 보충설명으로 의미를 명확하게 할 수도 있다. 또한 첫 번째 면접관이 보지 못한 후보자의 반응을 살펴 보다, 나은 방향으로 면접을 이끌도록 첫 번째 면접관의 주의를 환기시킬 수도 있다. 면접관이 두 명일 때는 서로 역할을 바꿀 수도 있다. 듣는 역할의 사람이 질문을 하고, 질문하는 역할의 사람이 듣게 된다. 이렇게 하면 단독으로 면접을 보다가 질문이 바닥나 뭔가 말할 거리를 찾느라 어색해지는 순간을 피할 수 있다. 두 면접관이 서로에게 익숙해질수록 역할 바꾸기의 효과가 좋아진다. 둘은 서로의 질문 내용을 예상하고 상호 보완하게 된다.

두 번째 면접관을 둠으로써 후보자 평가의 타당성이 높아진다. 단독 면접관이 미숙한 경우, 정보를 놓치는 것을 넘어 면접 과정을 왜곡할 수도 있다. 면접 과정을 확인하고 균형을 잡아줄 사람이 없다면, 전반적인 품질 관리가 어려울 것이다.

면접관이 둘일 경우에는 자연스럽게 멘토링이 생겨난다. 서로가 면접의 수준을 반영하면서 강력한 피드백 과정을 통해 발전을 끌어낸다.

하지만 면접관이 둘을 초과하면 후보자를 압도할 가능성이 있어, 나는 피하는 편이다. 후보자가 동요하면 최선을 보여주지 못할 테고, 회사는 훌륭한 직원을 채용할 기회를 놓칠 것이다.

면접관들이 자초하는 그런 상황이야말로 가장 난감한 일이다. 2인 1조 면접관 체계도 후보자를 편안하게 해주기 위해 약간의 아픔을 무릅써야 한다. 농담을 던지거나 서로를 놀리거나 하면서 서먹함을 깨야 한다. 후보자를 관찰하면서 그에 맞추도록 한다. 얘기하는 방식을 살펴보라. 간단한 질문에도 이상하게 오래 시간을 끌거나, 간단한 문장을 더듬거나, 부자연스럽게 목소리가 떨리거나, 말을 너무 빨리 하지 않는지 살펴보라. 신체적 신호도 살펴봐야 한다. 손이 떨리거나, 급작스럽게 움직인다거나, 입술이 마르거나(가져다 준 물을 얼마나 빨리 마셔버리는가?), 손바닥이나 다른 신체 부위에 땀을 흘리지는 않는지 주의 깊게 보라.

면접에 부담감을 가지는 것은 자연스럽지만, 너무 심한 수준이 되지 않도록 해야 한다. 후보자를 지켜보며 긴장을 풀 수 있도록 도와주자. 면접은 일상 업무를 수행하는 것과 완전히 다르다는 점을 기억하라. 후보자가 긴장을 풀도록 도와주면, 그에 대해 훨씬 선명한 그림을 얻을 수 있다.

면접 내내 후보자가 마음을 가라앉히지 못했다면, 이는 붉은 깃발에 해당하는 사안이다. 이렇게 정신적 압박에 민감한 후보자가 매일의 업무는 제대로 해낼 수 있을까? 자신이 통제할 수 없는 정신적 압박이라는 상황이 이유는 된다. 하지만 후보자가 극복하지 못하는 것이 어떤 공포감이고 보면, 업무에서 발생하는 정신적 압박 역시 극복할 수 없을지도 모른다. 일상적인 업무가 주는 부담감은 면접만큼 심하지는 않지만, 감내해야 하는 정신적 압박의 순간이 있게 마련이다.

> ### 기능장애형 내향성
>
> 농담 : 외향적인 개발자란? 말할 때 자기 신발 대신 남의 신발을 보는 개발자.
>
> 가장 일반적인 고정관념이긴 하지만, 많은 소프트웨어 개발자들이 내향적이거나 사교술이 부족하다는 말에는 일말의 진실이 있다. 일부 개발자들은 너무 내향적이어서 협업 환경에 부담이 되기도 한다.
>
> 두 명의 면접관이 참여하는 한 시간짜리 면접도 기능장애형 내향성을 가진 사람이 감당하기에는 너무 벅차다. 하지만, 그런 후보자는 회사가 채용하고자 하는 사람이 아니니 상관없다. 사회성을 가진 사람이라면, 대부분 이런 면접 정도는 거뜬하게 감당할 것이다.
>
> 채용할 때, 기능장애형 내향성이나 과도하게 수줍음을 타는 사람에 타협하지 않아야 한다. 실제로 이런 행동적 특징으로 인해 훌륭한 개발자가 되지 못하는 사람이 많다. 적절한 사회성과 의사소통 능력을 가진 개발자들도 많다. 그들을 채용하라!

5.5 기획

면접절차는 기본적으로 모든 후보자들에게 동일하게 적용되지만, 각각이 다를 수밖에 없기 때문에 몇 가지 기획을 필요로 한다. 준비를 미리 해놓으면, 후보자들에 따라 달라지는 상황을 제대로 다룰 수 있을 것이다.

현장 면접 참여자들을 포함하여 간단한 기획 회의를 갖는 것도 좋은 생각이다. 15분을 넘어가면 안 된다. 때로는 회의 대신에 '어제 했던 대로'에 동의하거나 전자우편을 보내는 것이 더 나을 때도 있다. 면접팀이 자리를 잡았거나, 모두가 경험이 풍부하고 면접절차를 잘 이해하고 있다면, 사전 회의는 건너뛰어도 된다. 때로는 임시로 역할을 맡은 사람이 잠시 짬을 내어 봐주는 것만으로 충분할 수도 있다. 사전 회의에서 고려되어야 할 사항들은 아래와 같다.

- 후보자에게 적용 가능한 직무들을 검토한다.
- 직무 차원에서 요구하는 사항들을 검토한다.
- 면접절차를 검토하고 마지막으로 조정을 한다.
- 후보자가 면접절차를 거치는 동안 면접관들끼리 어떻게 소통할지 정의한다.
- 이력서 검토와 전화 면접에서 도출된 관심 사안을 정리한다.
- 중복을 피하기 위해 기술 관련 질문 등을 조율한다.
- 특별히 취급해야 하는 후보자가 있는지 확인한다(예를 들어, 이 후보자는 채용하고 싶으니 회사를 홍보하는 데 집중하자).

분명 위의 사안들 중 많은 것들은 면접절차만 잘 이해하고 있으면 전자우편으로 관리가 가능하다. 하지만 마지막 세 개는 면접 전의 기획 회의가 도움이 된다. 나는 일단 회의로 시작하되, 필요 없다고 판단되면 일찍 중단하는 방식을 권한다. 어쨌거나, 절차를 정의하고, 요구사항과 일정을 공유할 수 있도록, 전자 의사소통 수단을 사용하도록 하라.

5.6 출발

첫인상이 결정적이므로, 후보자를 맞아 흠결 없이 면접을 진행할 준비가 되었는지가 중요하다. 진행 관리자는 후보자가 도착했을 때 맞을 사람이 정해져 있는지 확인해야 한다. 안내계가 있다면, 후보자가 만나야 할 사람의 이름과 전화번호를 전달해서 차질 없이 안내할 수 있도록 한다.

누구든 처음으로 면접을 진행할 사람이 후보자를 맞아서 면접 장소로 데려가야 한다. 활기차게 후보자를 다독이면서, 회사의 출입 보안체계를 헤치고 면접실로 안내하는 과정도 후보자를 안심시키고 신뢰 관계를 쌓을 수 있는 기회다. 반면에, 안내계에서 후보자를 데려와 면접실에 앉혀놓는다면, 기회가 사라질 뿐만 아니라 후보자를 방어적인 입장에 밀어

넣게 된다. 후보자는 사자 무리 한가운데 떨어진 듯한 기분을 느낄지도 모른다.

좋은 첫인상으로 면접을 시작하라. 첫인상이 하루의 분위기를 좌우할 것이다.

후보자를 맞이한 면접관이 그날의 일정을 간단하게 설명하도록 한다. 면접이 몇 번 있을지, 어디서 점심을 먹을 것인지는 언급하지 말라고 충고하는 경우가 많다. 후보자의 평가가 안 좋을 경우에, 면접팀이 다른 방안을 취할 수 있도록 여지를 남겨두는 것이다. 예를 들어, 덕담을 끝낸 후에 면접관이 다음과 같이 하루 일정을 소개한다. '먼저 한 시간 정도 기술 면접을 보게 될 거예요. 그 후에는 우리 팀장들을 몇 명 만나게 될 겁니다. 마지막에는 경영진을 만나 면접을 마무리하게 됩니다.'

반면에, 후보자의 역량에 상관없이, 점심은 같이 먹어야겠다고 결정할 수도 있다. 어떤 방안을 취하든, 후보자에게 회사에 대한 좋은 인상과 일해보고 싶다는 열망을 주고 면접을 끝내는 것이 목표이니 말이다. 이런 경우라면 점심식사도 괜찮지만, 세 명이 아니라 두 명 정도만 참석하도록 하자.

5.7 기술 면접

기술 면접의 기본적인 목적은 후보자의 기술적 능력의 깊이를 측정해서 충원하고자 하는 직무를 수행하기에 충분한지 판단하는 것이다. 이외에 몇 가지 부차적인 목적들이 있는데, 앞으로 보게 될 것이다.

면접절차 전체가 기술적인 것을 다루기는 하지만, 그 중 일부를 좀 더 기술적인 내용에 집중할 수 있도록 빼놓는 것이 좋다. 기술 면접관은 기술 측면에서나 태도 측면에서나 능력이 출중해야 함은 물론, 면접에도 능숙해야 한다.

내가 기술 면접을 먼저 진행하는 데는 몇 가지 이유가 있다. 후보자가 명백하게 회사의 요구와 맞지 않을 때는, 우아하게 면접 일정을 단축할 기회가 주어진다. 게다가 기술 면접이 전체 일정에서 가장 정신적 압박이 큰 면접이기 때문에, 재빨리 해치워 버리는 게 바람직하다. 세 번째로, 후보자들의 생기가 남아있는 오전 나절에 하는 편이 후보자의 제 모습을 보는 데 도움이 된다. 마지막으로, 기술 면접이 어렵고 정신적 압박도 크기 때문에, 후보자에게서 경고 신호가 나타나곤 한다. 이 경고 신호를 다른 면접관에게도 알려서 계속 탐색해 볼 수 있다.

기술 면접의 중심은 후보자의 기술적 능력을 측정하는 일정 형태의 시험이 되어야 한다. 코딩을 요구하거나, 설계에 관한 문제를 내거나, 증명을 요하는 일련의 질문을 던지거나, 또는 질문지를 주고 시험을 치는 형식이 될 수도 있다. 시간만 괜찮다면, 위의 모든 유형을 섞어 쓰는 것이 최선이다. 어떤 형식을 택하더라도 적절해야 하고, 결과를 측정할 수 있어야 하며, 도박처럼 운에 맡겨져서는 안 된다.

어떤 형식이건 간에, 후보자의 수행 결과를 토대로 지원하는 직무와 얼마나 잘 맞는지 판단할 수 있어야 적절한 것이다. 또한, 후보자의 수행 결과와 객관적인 지표를 비교할 수 있어야 측정 가능한 것이다. 시험이 꼭 정량적일 필요는 없지만, 후보자의 능력에 객관적인 등급을 매기려면 충분한 정보가 있어야 한다. 또, 후보자가 미리 준비하거나 외부에서 해결의 실마리를 얻을 수 없어야 도박성이 없는 것이다.

기술 면접은 나머지 일정의 주요 쟁점에 영향을 끼친다. 기술 면접관이 다른 면접팀에게 전달하는 내용은 다음과 같다.

- 다루지 못하고 끝나서 다른 사람들이 탐색해야할 부분.
- 주의 깊게 봐야할 행동적 특징.
- 특정 팀의 이해관계에 맞는 조언.
- 면접 계획 조정. 예를 들어, 후보자가 면접에 참여하지 않는 팀에 더 적합하다고 판단할 수 있다. 면접관을 한 명 빼고 해당 팀의 팀장을 면접에 참석시키거나, 점심식사에 참석하도록 할 수 있다.
- 채용해야겠다는 판단이 확실하다면, 질문보다 일자리 홍보에 치중해야 할지 여부.

각 면접의 결과는 채용하라거나 또는 말라는 권고다. 후보자를 채용할 가망이 없을 때는 면접절차를 단축하라고 권고할 수도 있다. 여러분의 결정과 함께 의견, 관찰내용, 다른 검토자들을 위한 제안 등을 관리 시스템에 입력하도록 한다.

특별한 이유가 없다면, 기술 면접 시간은 한 시간으로 하자. 두 시간으로 늘려봐야 후보자에게 부담으로만 작용하고, 돌아오는 소득도 점점 줄어들 것이다.

자, 이제 기술면접에서 후보자를 시험할 적당한 방법을 찾아보자.

5.8 코딩 문제

내가 선호하는 시험은 코딩 문제이다. 화이트보드나 컴퓨터에 쓰인 코드를 보고 후보자가 문제를 풀어야 한다. 문제를 올바르게 푸는 것도 중요하지만, 이 시험에서 거둬들일 수 있는 정보는 훨씬 많다.

- 후보자가 회사가 요구하는 언어를 사용할 수 있는가.
- 후보자가 어떻게 문제를 푸는가? 문제를 풀면서 설명을 하도록 후보자를 부추겨라.
- 후보자가 정신적 압박을 어떻게 극복하는가?
- 후보자가 생각하는 해결 방식과 다른 제안이 있을 경우에 어떻게 대처하는가?
- 의사소통과 발표 능력.
- 도움을 줬을 때 후보자가 어떻게 협력하며 문제를 해결하는가?

코딩 문제는 유능한 후보자가 15분에서 20분 사이에 풀 수 있는 규모가 적당하다. 시간이 더 걸리고, 도움이 좀 더 필요하더라도, 후보자가 결론에 도달할 수 있도록 해주는 것이 중요하다. 최종적으로 문제를 풀고 나면, 나머지 면접이 긍정적인 분위기를 띠게 된다. 상황이 별로 안 좋게 흘러가더라도 후보자의 자존심을 건드리지 않는 것이 중요하다.

코딩 문제와 관련하여 놀랄만한 점은, 좋은 문제를 선정하는 것이 얼마나 어려운가 하는 것이다. 위에 언급한 기준 말고도 코딩 문제는 다음의 조건을 충족시켜야 한다.

- 짧은 시간에 완성할 수 있는 규모여야 한다. 나는 화이트보드로 충분한 정도의 길이로 준비한다.
- 목표로 하는 기술 수준에 맞춰야 한다.
- 직무와 연관이 있어야 한다.
- 후보자가 최근에 풀어봤을 가능성이 없는, 알려지지 않은 문제여야 한다.
- 정규적인 지식만으로 풀 수 있어야 한다. 예를 들어, 수수께끼는 곤란하다.

이런 기준을 만족시키기도 상당히 어려운데, 여기다가 수준 문제까지 더해지면 심각한 일거리가 된다. 건실한 프로그래밍 문제를 만들었다고 생각하더라도, 주변 사람들을 대상으로 시험을 해보고 제대로 작동하는지 확인하도록 한다.

달랑 문제 하나에 의존하는 것도 아슬아슬하다. 여러분이 질문하는 문제에 관해 말이 돌 것이다. 후보자들이 면접에서 나오는 질문들을, 때로는 해답까지 같이 올리는 웹사이트도 있다.[1]

후보자에게 딱 맞는 코딩 문제를 성공적으로 운용하는 일은 예술의 경지에 가깝다. 결과도 후보자의 숫자만큼이나 다양하게 나온다. 성공적으로 코딩 문제를 수행하는 데 도움이 될 만한 몇 가지 규칙을 정리해보았다.

- 문제를 명확하게 묘사하라.
- 후보자가 문제를 이해할 수 있도록, 충분한 코드와 예제, 테스트 사례 등을 제공하라.
- 후보자가 생각하는 바를 말로 표현하도록 권장하고, 질문을 하도록 부추겨라.
- 후보자가 편안하게 느끼도록 할 수 있는 일이 있으면 하라.
- 실마리를 줄 때는 분별력 있게 줘라. 도움을 준답시고 후보자를 대신해 문제를 풀어버리면 안 된다.

마지막 항목은 고심할 필요가 있다. 좋은 코딩 문제라면 일부 후보자들이 고전을 하게 된다. 이때 후보자를 구조해주고픈 충동이 일 수 있으나, 참아야 한다. 후보자가 초반에

---

1) 예를 들어, www.glassdoor.com을 참조해보라.

어느 정도 고전하게 두는 편이 훨씬 많은 정보를 얻을 수 있다. 후보자가 스스로 답을 찾아 가도록 기회를 주자.

후보자가 막혀서 상당한 시간을 들이지 않고는 풀 수 없어 보일 때가 도움이 필요한 시점이다. 후보자가 빠져나올 수 있을만한 조언을 주되, 답을 직접 알려주지는 말라. 요즘 너무 관대해지는 경향이 있는데, 후보자가 최소한의 도움만 받고 해답을 찾아낼 수 있도록 자제해야 한다. 후보자가 계속 고전하고 있을 때는 필요에 따라 도움의 폭을 넓혀 나가라.

코딩 문제를 십여 번쯤 시행해보면, 언제 어떻게 도움을 줘야 할지 감이 잡히기 시작한다. 대체로 코딩 문제의 어느 부분에서 막히는지, 여러분과 후보자에게 가장 유용한 힌트가 뭔지 알게 될 것이다.

가끔 코딩 문제를 푸는 해법을 찾을 수 있을까 해서 과도하게 도움을 요청하는 후보자가 있다. 후보자의 감정을 다치지 않으면서 적절하게 무마하는 방법도 익힐 수 있을 것이다. 인내심을 가지고 친절하게, 후보자를 얼마나 도와줬는지를 떠나, 작은 성공이라도 거둘 수 있는 기회를 주도록 노력하라.

컴퓨터 사용

화이트보드보다 컴퓨터를 선호한다면, 몇 가지 사항을 고려해봐야 한다. 첫 번째 사항은 편집기의 문제다. 기능이 풍부한 IDE(Interactive development environment)는 뛰어난 개발자들의 생산력을 더 끌어올리는 강력한 도구이다. 불행히도, 실력이 없는 개발자들은 IDE를 프로그래밍 언어에 통달하지 않아도 대충 살 수 있게 해주는 목발 정도로 생각한다. 이 도구가 후보자의 진정한 실력을 가려버릴 수 있다.

후보자들이 IDE보다는 텍스트 편집기를 이용하도록 하는 방안을 고려해보라. 자동화된 도구를 쓰지 말고 컴파일 하도록 요구하라. 편집기는 후보자가 편한 것으로 고를 수 있도록 하자. 여기서 두 번째 고려사항이 발생한다. 후보자가 회사에서 준비한 단순한 도구들에 익숙하지 않은 경우가 있다. 이 경우, 자격에 미달한다고 봐야 하는지 판단해야 한다. 후보자가 그런 도구들을 쓰는 것이 요구사항인가? 만약 그렇다면 그런 후보자들은 직무 요구사항을 충족시키지 못한 것이다.

화이트보드를 쓸 때와 마찬가지로, 컴퓨터를 쓸 때도 후보자를 관찰하고 싶을 것이다. 가능한 한 대화식으로 진행하려고 노력하자. 이때 다른 고려사항이 또 나타난다. 누군가가 컴퓨터를 들여다보면 굉장히 불안해하는 사람들이 많다.

가능한 한 협업적인 분위기를 만들어야 한다. 서서 후보자를 굽어보는 것이 아니라, 의자를 당겨 앉아야 한다. 짝 프로그래밍 기법을 사용하고 있다면, 스스로를 짝으로 설정하고 초급 개발자의 역할을 맡는다. 후보자가 문제를 풀면서 여러분을 가르칠 수 있도록 하자.

컴퓨터를 이용하는 접근방식이 후보자에게 먹히지 않으면, 언제든지 화이트보드로 바꿀 수 있다. 상황을 꼴사납게 만들지 않도록 주의하면서, 후보자가 계속 문제를 풀 수 있도록 만들자.

이런 기술 면접을 진행하다 보면, 문제의 난이도에 비춰 후보자의 능력을 평가할 수 있는 기준이 생길 것이다. 문제를 푸는 데 쩔쩔매는 후보자를 채용하라고 추천하려면, 정말 예외적인 상황이라도 필요할지 모른다.

5.9 설계 문제

선임급 개발자를 채용할 때는 소프트웨어 설계에 능숙한 사람을 기대할 것이다. 여기에 적용되는 지침은 코딩 문제 때와 거의 유사하다. 적당한 규모와 적절한 난이도를 가진 문제여야 하고, 직무와 관련된 것이어야 한다.

설계 문제를 고르는 것은 코딩 문제를 고를 때보다 훨씬 수월하다. 한 가지 방법은, 여러분이 아주 잘 아는 최근의 작업 내용을 문제로 내는 것이다. 때로는 문제가 극도로 까다로운 경우도 있다. 이럴 때는 후보자에게 어려운 문제라고 미리 알려주고, 완벽한 답보다는 사고의 과정에 더 관심이 많다고 말해준다.

다른 방법은, 회사의 제품들에서 설계 문제를 추출하는 것이다. 코드 설계, 데이터베이스 스키마, 또는 아키텍처 문제 등을 출제할 수 있다. 회사 제품으로부터 문제를 따오면, 업무 연관성은 확실하겠지만, 얼마나 쉽게 다룰 수 있는 문제냐는 점에서는 주의가 필요하다.

설계 문제를 설명할 때는 어느 정도로 구체적이어야 하는지, 어떤 형태로 해답을 제시해야 하는지 적시하도록 한다. 예를 들어, 그냥 문제에 어떻게 접근할 것인지 말로 설명하는 것일 수도 있고, 아니면 UML(Unified Modeling Language) 클래스나 시퀀스 다이어그램을 그려야 할 수도 있다.

출제 문제의 범위를 정의하자. 어느 문맥에서 문제를 풀어야 하는가? 클래스? 라이브러리? 응용프로그램? 아니면 시스템? 내가 목격한 바로는, 설계 문제에 서툰 후보자들은 실제 문제보다 문제를 이해하는 데 더 애를 먹는 게 보통이다.

후보자가 설계 문제를 제대로 풀지 못한다고 해도, 코딩 문제에서처럼 실력이 그대로 드러난 것이라고 보기는 어렵다. 설계 문제는 특정 분야에 특화된 경우가 종종 있어, 그 때문에 후보자가 고전하는 것일 수도 있다. 다양한 영역에서 작은 규모의 설계 문제를 채택해놓으면, 그 중에는 후보자가 더 잘 이해할 수 있는 것이 있을 것이다.

5.10 서면 시험

서면 시험은 문제가 많다. 하지만 많은 회사들이 이 방식을 이용하고 있고, 여러분의 회사에는 적당한 방법일 수도 있으므로 포함시켜 설명하도록 한다. 한 가지 문제는, 시험지를 충원하고자 하는 직무에 관련해서 최신의 상태로 유지하는 일이다. 시험지가 방치되다 보면, 시대에 뒤떨어지기 십상이다. 서면 시험을 적용하려면 정기적으로 내용을 검토해야 한다.

또 다른 문제는, 서면 시험으로는 많은 정보를 알아내기 어렵다는 것이다. 서면 시험으로 알 수 있는 거라곤, 후보자가 즉석에서 답을 댈 수 있느냐 하는 것뿐이다. 후보자와 대화를 할 수도 없고, 실제 상황에서 어떻게 대처하는지 관찰할 수도 없다. 업무란 시험을 치르는 것과는 전혀 다르다.

거기에다 서면 시험의 또 다른 문제는, 시험이 치러지는 방식에 따라 후보자가 직접 시험을 치렀는지 알 수 없는 경우도 있다는 점이다. 온라인으로 시험을 치르게 하거나, 집에서 시험을 치르게 했을 경우에는, 누가 시험을 치렀는지, 어떤 자료를 이용했는지 알 수 없다.

현장 면접의 맥락에서 봤을 때, 기술 면접으로 서면 시험을 치르는 회사를 보긴 했지만,

볼 때마다 뭔가 다른 상황이 있었다. 면접관이 제 시간에 오지 못했거나, 준비를 하지 못했거나, 기술에 대해 그다지 아는 것이 없거나, 숫자가 부족할 때였다. 다른 말로 하자면, 서면 시험은 회사가 채용 과정에 필요한 자원을 충당하지 못했을 때, 인간 면접관을 대신하는 용도로 사용되었다. 절차보다는 사람을 우선한다는 애자일 원칙을 기억하라.

그럼 어떨 때 서면 시험이 도움이 될까? 직무가 특정한 지식을 필요로 하고, 그 지식이 서면 시험으로 증명될 수 있다면, 서면 시험이 합당한 방식일 것이다. 다른 측면에서 보자면, 서면 시험을 치를 거면 그냥 질문을 하는 방식으로 대체할 수도 있는데, 선택해야 한다면 질문 방식이 더 낫다. 더 나아가, 직무에 핵심적인 사항들을 서면 시험으로 잡아낼 수 있다면, 왜 선임급 개발자를 채용하는 데 돈을 낭비하는 것일까?

서면 시험이 여러 형태로 시행되는 것을 봤지만, 어느 하나도 마음에 들지 않았다. 나 같으면 정말 어쩔 수 없는 상황이 아니라면 서면 시험은 피할 것이다.[2]

5.11 기술에 관한 질문

어떤 기술 면접이라도 단순하면서도 전통적인 기술 관련 질문을 빼놓고서는 완벽할 수 없다. 그러므로 다른 기술 관련 과제가 다루지 않은 틈을 질문으로 메울 시간은 좀 남겨놓는 것이 좋다.

전화 면접에 관한 장에서 제시했던, 좋은 질문을 위한 지침들이 대부분 여기에도 적용된다. 면접관은 점점 상세해지는 일련의 질문으로 특정 영역을 탐색한다. 주요 차이점은 다음과 같다.

1. 가능한 모든 의사소통 수단을 사용할 수 있다.
2. 보다 복잡한 문제도 깔끔하게 설명할 수 있다.
3. 종이와 연필, 화이트보드, 컴퓨터 등 도구를 사용할 수 있다.
4. 이 시점에서는 천천히 질문할 필요가 없다.

---

2) 서면 시험이라니! 그것도 면접 도중에!

직무기술서와 업무 환경에서 느끼는 기술적 제약을 적극 활용해서 질문을 하자. 전화 면접과 마찬가지로, 직무에 적합한 질문들을 미리 준비하도록 한다.

> 문제풀이형 질문을 하고 난 다음에는 기술에 관한 일련의 질문을 던져 후보자의 지식수준에 대해 빈틈없이 이해하도록 하자.

전화 면접에서는 후보자가 과거에 한 일에 초점을 맞추는 것이 유용했다. 현장 면접에서 달라지는 것은, 보다 풍부한 의사소통 환경이 갖춰져 있다는 점과, 직무 적합성에 빈틈없이 집중할 수 있다는 점이다. 이력서에서 관련이 있는 업무 경력을 찾아 깊숙이 파헤쳐보자. 어떤 어려움이 있었는지, 왜 발생한 건지 물어보자. 설계에 관련하여 어떤 선택을 했는지 물어보고, 어떤 기술을 선택했는지, 그 반대급부로 고려했던 것이 무엇인지 물어보자. 어떤 반응이 있었는지를 화이트보드를 이용하여 그려달라고 요청하자. 이런 일련의 질문들을 통해 후보자가 이력서에 기재된 작업에 실제로 어느 정도 깊숙이 참여했는지 알아낼 수 있다. 확신의 정도와 사안에 대한 이해도, 외부적인 역관계에 대한 인지도 등을 살펴보자. 후보자가 과거에 한 일에 대한 질문과 아울러, 이력서에 나타난 내용과 상관없이, 여러분이 관심을 가진 영역들도 꼭 확인하도록 하자.

나는 기술 면접에서도 후보자들이 자신의 의견을 피력할 수 있는 질문을 선호하는 편이다. 슬프게도 많은 개발자들은 그저 개발만 할 뿐, 자신이 사용하는 도구나 그들이 하고 있는 일, 또는 일하는 방식에 대해 진지하게 생각하지 않는다. 이런 사람들은 호기심이나 독창성도 별로 없는 편이다. 나는 당장 눈앞의 문제에 대해서도 생각하지만, 자신의 직업이 가진 다양한 측면에 대해 생각하고 의견을 가진 사람들을 채용하고자 한다.

나는 후보자에게 여러 기술을 대조하거나 비교하라는 요청도 자주 한다. 이런 질문은 나무가 아닌 숲을 보는 능력도 드러내지만, 얘기되는 기술들에 대한 숙련도도 보여준다. 이 책은 최고의 소프트웨어 전문가를 채용하는 법을 다루니 제안할 수 있지만, 경력이 짧은 직원을 채용할 때는 이런 유형의 질문이 별로 성과적이지 않다. 대부분의 사람이 자신의 직업에 대해 추상적으로라도 이해하는 데 최소 몇 년이 걸린다.

집중적으로 질문할 영역을 정하는 것도 좋은 일이지만, 유연해야 한다. 기술 면접이 어려

우면서도 재밌는 이유는, 어디로 튈지 모른다는 점 때문이다. 중요한 질문에 대해서는 답을 얻어내면서도 흘러가는 물결에 몸을 맞춰야 한다.

5.12 팀 면접

연애 비유로 돌아가자면, 팀 면접은 선보기에 해당한다. 팀 면접은 즉석만남이다. 면접관들은 후보자가 자신의 팀에 얼마나 잘 맞는지 평가하고, 후보자도 아마 똑같은 평가를 할 것이다. 그러므로 평가의 대부분은 태도와 업무 스타일에 맞춰진다.

보통은 각각 두 명의 팀장이 참여하는 45분짜리 팀장 면접이 두세 개 이어진다. 시간이 부족할 때는 30분 정도로 축소할 수도 있지만, 상당히 빡빡해진다. 한 시간으로 늘리는 것은 괜찮다.

충원할 자리가 많으면, 후보자에게 지대한 관심을 가진 팀장들의 일정을 잡기가 수월하다. 하지만 충원이 필요한 팀의 팀장만 면접에 참여하는 것은 아니다. 다른 팀장들은 동료를 위해 후보자에 대해 또 다른 관점을 가지고 면접에 참여한다. 이들은 채용할 팀의 팀장 역할을 연기하거나, 채용할 팀의 대리인으로 행동한다.

현장 면접의 모든 단계에서 후보자의 행동적 특징이 관찰된다. 하지만 특히 팀 면접에서는 더 면밀하게 관찰하게 된다. 후보자가 잘 맞을지 면접관이 판단하려면, 회사의 행동적 가치에 집중해야 한다. 팀의 업무에 특별한 특징들이 있거나, 특정 행동양식을 요구하는 환경이 있다면, 이 역시 집중적으로 봐야 한다.

의기투합이 중요하다지만, 기술적 적합성도 역시 중요하다. 팀 면접관들은 후보자가 업무하는 데 필요하다고 생각되는 기술이라면 어떤 영역이라도 탐색해봐야 한다. 중복 질문을 피하고, 확인하지 못한 영역을 규명하는 데는 기술 면접 결과에서 나온 지침을 이용한다. 면접관은 자신의 특수한 목적에 맞는 기술에 관한 질문이나 문제에 집중해야 한다.

팀 면접은 선보기와 같다. 기술적 능력과 태도, 성격을 본다. 양측에서 정보를 수집하고 분석한다.

충원이 필요한 팀의 면접관은 팀의 충원에 모든 책임을 지고 있으므로, 자기 팀의 요구에만 매몰되는 경향이 있다. 그러면서도 면접관들은 바람직한 분위기를 만들고, 가능한 한 많은 영역을 다루고, 팀의 성격들을 설명하고, 후보자의 질문에 대답하는 데 서로 협력한다. 언제나 마찬가지지만, 후보자가 회사에서 일해보고 싶다는 열망을 가지고 면접을 끝내도록 해야 한다. 후보자가 최종적으로 어느 팀에 가서 일하게 되든지 간에, 조직의 일원으로서 최고의 사람을 뽑고 싶다는 마음은 한결같아야 한다.

5.13 점심식사

현장 면접에서 점심식사가 가진 목적은, 후보자의 신체적 욕구에 복무하는 것을 넘어, 보다 느긋한 환경에서 후보자를 관찰하고자 하는 것이다. 초점은 행동적 특징에 맞춰지고, 바람이라면 후보자가 보다 느긋한 환경에서 보호막을 거두고 자신의 개성을 보여줬으면 하는 것이다. 면접관들은 부담감을 제거하고 신뢰를 구축하기 위해 노력해야 한다. 취미나 여가활동, 또는 업무 환경에 대한 소소한 얘기들이 서먹함을 깨는 데 도움을 준다.

후보자가 다른 주에 거주한다면 이 지역의 생활에 대해 얘기해보라. 주택시장은 어떤가? 살기 좋은 동네가 어디인가? 학교들은 어떤가? 적절할 정도로 가볍게 치부를 드러내며 대화를 트는 것도 고려해보라. 여러분에게 치부가 **많지** 않기를 바란다!

가족에 관한 대화도 기대할 수 있지만, 먼저 시작하는 것은 삼가라. 직무와 관련되지 않은 사항으로 후보자를 판단하는 것처럼 보이고 싶지는 않을 것이다. 그렇다고 회피할 필요는 없다. 후보자가 가족에 대한 얘기를 한다면 주저하지 마라. 상식적인 선에서 공유해라. 주고받기는 어느 정도의 신뢰를 쌓는 데 훌륭한 방법이다.

점심식사는 모두에게 본연의 모습을 보여줄 수 있는 기회다. 나는 중간급 또는 고위급 관리자가 점심식사에 참석하는 것을 좋아한다. 이런 직급의 사람들은 다른 면접관들이 대답해주지 못하는 다양한 질문들에 답할 수 있다. 만약 회사에 충원해야할 자리가 많다면, 점심식사 자리는 충원이 필요한 팀의 팀장들에게 후보자를 보여줄 수 있는 기회다.

 점심식사는 후보자의 원래 모습을 볼 수 있는 기회다. 보통은 후보자가 경계를 늦추고 자신의 진짜 개성을 드러낸다.

셋이 이상적이고, 적어도 두 명은 후보자와의 점심식사에 보내야 한다. 세 명이면 비공식적인 분위기를 형성하기가 쉽지만, 둘은 쉽지 않다. 넷이나 그 이상은 너무 부담된다.

조용한 점심식사

점심식사 면접에는 적절한 사람을 내보내는 것이 중요하다. 한번은 극도로 수줍음이 많은 팀장 둘과 점심식사 면접을 하게 됐다. 나는 상당히 사교성이 풍부한 사람이라 후보자와 적극적으로 대화를 나눴지만, 불편한 침묵이 내려앉는 때가 몇 번 있었다. 나는 다른 두 면접관들이 뭐라도 얘기를 꺼내길 기다렸지만, 그들은 얘기를 할 의사가 없었고, 매번 내가 새로운 주제로 대화를 시도해야 했다. 말할 필요도 없이, 그날 나는 식사도 하지 못했다. 면접은 잘 진행됐고, 내 기억으로는 그 후보자를 채용한 것 같다. 후보자가 입을 열고 말을 하게끔 돕는 거야 일상적인 일이지만, 그날 나는 그 와중에 두 면접관이 뭔가 얘기를 하도록 만들려고 애도 써야 하는 입장이었다.

후보자가 입사 제안을 받을 가망이 없어 보일 때, 시간과 돈을 절약할 수 있는 부분이 점심식사다. 후보자가 해당 지역에 거주하고 있고, 처음에 점심식사 얘기를 하지 않았다면, 11시 반이나 12시 즈음해서 면접을 마무리할 수 있다.

후보자가 다른 지역에 살고 있거나 점심식사를 건너뛰는 게 어색한 상황이라면, 한 명이나 두 명 정도만 점심식사에 내보내는 것을 고려해보라. 점심식사 면접관들이 상황을 알고 있어야 한다는 점에 주의하라. 좋은 인상을 주는 것이 중요하지 않다면, 이런 상황에서도 후보자를 그냥 돌려보낼 수 있지만, 좋은 인상은 나중에 이익을 가져다주므로 점심식사를 하는 편이 좋다.

5.14 행동적 특징에 관한 면접

면접관은 면접 과정을 통해 후보자의 행동적, 성격적 특징을 평가해야 한다. 이 평가를 잘 하려면 연습과, 일부의 경우는 자신만의 고정관념을 깨고 나오는 것이 필요하다.

회사가 명확한 행동적 가치체계를 가지고 있다면, 행동적 특징에 관한 면접은 훨씬 수월하다. 여기에는 두 부분이 있다. 첫 번째는 회사가 무엇을 자신의 가치라고 말하는지, 두 번째는 회사가 실제 어떻게 실행하고 있는지. 앞서 얘기했듯이, 보통 명시적인 가치가 시행되는 가치보다 추구할 가치가 있으므로, 명시적인 가치를 보고 채용을 하도록 한다. 여러분이 원하는 조직의 모습을 보고 채용을 하는 것이다.

표 5.1은 부록 A에서 뽑은 행동적 특징에 대입하여 후보자를 어떻게 측정할지에 관한 생각을 정리한 것이다.

표 5.1 행동적 특징과 후보자를 측정하는 방법

행동적 특징	질문
적응력	회사 밖에서 일해야 했던 때를 탐색해보자. 새 언어나 기술, 방법론을 배워야 했을 때에 관해 물어보자.
책임성	아무도 나서지 않는 일을 주도했을 때에 관해 물어보자. 소모임 내에서의 리더십 사례에 대해 논의해보자.
분석적	후보자가 기술에 관한 질문에 접근하는 방식을 관찰하자. 과거에 있었던 어려운 문제를 어떻게 분석하고 해결했는지 물어보자.
협동성	과거 후보자가 있었던 팀의 역동성이 어떠했는지 탐색해보자. 협업 덕분에 해결한 (또는 실패한) 사례들을 논의해보자. 후보자의 협동성을 드러낼 수 있는, 가설에 입각한 질문이나 역할극을 구성해보자.
세부 지향성	후보자가 미묘하지만 중요한 차이를 구별하는지, 아니면 뭉뚱그리는지 관찰하자. 후보자가 질문하는 내용에 주의를 기울여라.
결단성	후보자가 의사결정을 했을 듯한 경력을 탐색해보자. 면접을 진행하는 동안 후보자가 자신의 의지에 따라 반응하는지 관찰해보자.
업무 분담	후보자가 너무 많은 업무에 치였을 때 어떻게 문제를 제기했는지 물어보자. 가설에 입각한 질문으로 이와 유사한 상황을 유도해보자.

표 5.1 표 계속

행동적 특징	질문
열성	질문하는 것으로 쉽게 관찰이 가능하다. 후보자가 성취나 도전, 또는 배움의 기회에 반색하는가? 후보자가 자신의 직업에 열정을 가지고 있는가?
기업가적	위험을 무릅썼던 때에 관해 물어보라. 후보자가 비용/효과 또는 가치/위험 명제를 이해하고 있는지 탐색해 보자. 성공 가능성을 높이거나, 실패에 따른 비용을 줄이기 위해, 어떤 단계를 밟아야 하는가? 실패한 경험과, 그 손실을 어떻게 막았는지 물어보라. 어떤 교훈을 배웠고, 나중에 그 교훈을 어디에 적용했는가?
독립적	면접 과정에서 후보자가 자기 요구를 주장하는가? 혼자 어려운 문제를 해결했던 사례에 관해 물어보라. 어떤 방법으로 자신이 안주하던 곳에서 벗어났는가?
주도적	후보자가 **적절하게** 면접의 주도권을 잡으며 질문을 하는가? 후보자가 요구되는 것보다 더 자세한 정보를 제공하며 면접의 질을 높이고 있는가? 후보자가 자신의 일이 아니지만 긍정적인 행동을 취한 때를 설명할 수 있는가?
정직성	정직하지 못하거나, 사실을 과장한 사례를 찾아보라. 정직한 후보자는 결점이 없을 것이다. 이력서에 표시된 성과에 대해 질문할 때, 다른 얘기를 하거나, 그보다 역할이 적었다고 하거나, 그 사실을 부인하는가?
창의적	후보자가 창의적이었다고 생각하는 사례에 대해 물어보고, 그의 기준과 성과를 평가해보자. 후보자가 과거에 여러 번 흥미로운 해법을 내놓은 적이 있는가? 창의적인 사람은 창의적인 일을 반복한다.
지도성/영향력	이력서를 참조하며 리더십을 발휘한 사례를 물어보라(제 3장 참조). 어떤 문제에 대한 사람들의 생각을 바꾼 사례를 물어보라.
경청	기술 문제를 푸는 과정에서 후보자가 질문을 얼마나 잘 이해했는가? 면접 과정에서 후보자의 답변이 질문의 초점에 부합하는가, 아니면 초점을 빗나갔는가? 후보자가 여러분의 말을 끝까지 듣는가, 아니면 중간에 끊는가?
긍정적	후보자가 '할 수 있다'는 태도를 가지고 있는가? 새로운 것을 배우는 일에 도전하기를 좋아하는가? 후보자에게 자신의 미래에 대해 물어보자. 대답이 긍정적인가? 낙천주의는 맹목적 신앙과는 다르다.
멘토	후보자가 다른 사람을 교육하는 책임을 졌던 사례를 살펴보자. 후보자가 리더십 위치에 있었다면, 부하직원들의 개인적인 발전을 위해 어떤 일을 했는지 물어보라. 간단한 질문에 후보자가 어떻게 반응하는가? 인내심이 있는가? 인터뷰 과정에서 후보자가 여러분에게 뭔가를 가르쳐 준 것이 있는가?

표 5.1 표 계속

행동적 특징	질문
동기부여	의욕이 없어 문제인 상황에서, 후보자가 다른 사람들에게 동기부여를 한 사례를 찾아보자. 후보자가 어디서 자극을 받았는지 물어보라. 어떤 일을 하기 싫을 때, 후보자는 스스로에게 어떻게 동기를 부여하는가?
공감대 형성	팀 안에서 어떻게 의견을 모아 결정을 했는지 물어보자. 그 과정에서 후보자가 어떤 역할을 했는지, 공감대가 어떻게 형성 또는 강제됐는지 탐색해보자.
공감능력	왜 이직했냐는 질문에 후보자가 어떻게 대답하는가? 이전 직장의 동료나 관리자들을 어떻게 묘사하는가? 후보자는 외교적인 언사에 능한가, 아니면 악의적으로 얘기하는가?
계획적	프로젝트들이 어떻게 계획되고, 후보자의 역할은 무엇이었는지 물어보자. 후보자는 준비된 질문을 하는가? 직장을 옮기는 사안을 철저하게 고민했나? 후보자에게 다음 경력 관리 경로는 어떻게 됐으면 하는지 물어보라.
관계형성	후보자가 얘기하는 내용으로 볼 때, 주요 관계를 성공적으로 형성하고 활용한 것으로 보이는가? 면접 과정에서 후보자가 능동적으로 관계를 형성하려고 하는가?
조직행동	후보자에게 팀의 일원으로 조직행동을 했던 사례를 물어보자. 조직행동이 후보자에게 어떤 의미인지 물어보자. 문제를 해결하는 데 협동 작업이 요구되는 역할극을 설정하여 후보자가 어떻게 반응하는지 관찰하자.
자긍심	후보자가 자신의 주요 성과에 대해 교만하지 않은 건강한 자긍심을 보여주는가? 그 자긍심은 적절한가, 아니면 과장되었나? 후보자에게 어떤 성과나 능력, 또는 개인적 특징이 가장 자랑스러운지, 그 이유는 무엇인지 물어보라.
품질관리	코딩 시험에서 후보자가 답의 품질을 신경 쓰는 것으로 보이는가? 후보자에게 기한 때문에 품질을 희생시켜야겠다고 생각한 적이 있는지 물어보자. 그런 타협에 대해 어떻게 느꼈는지, 그 결과를 어떻게 개선할 수 있었는지 탐색해보자.

기술에 관한 질문과 마찬가지로, 나는 행동에 관해서도 노골적인 질문보다는 보다 미묘한 방식으로 이해를 이끌어낸다. 표 5.1에 있는 목록을 쫓아가면서 행동에 관한 질문을 하다보면 점차 후보자를 알게 되겠지만, 후보자가 영리한 사람이라면 여러분이 듣고 싶은 얘기만 골라 할 수도 있다.

이보다는 행동에 관한 질문을 행동에 대한 질문이 아닌 것처럼 자연스럽게 느껴지도록 대화 내용 속에 잘 엮어보자. 그리고 항상 면접 중에 나타나는 행동적 특징을 관찰해야 한다는 점을 유념하라. 면접이 끝나면, 여러분이 관찰한 내용 중에 결점이나 우려되는 점이 있는지 찾아서 논의하도록 하자. 그저 우연히 한 번 나타난 특징일 수도 있지만, 다른 면접관들도 주목한 행동 유형일지 모른다.

가끔은 면접관 중에서 한 명만 후보자에 대해 별로 좋지 않은 인상은 받는 경우가 있다. 행동에 관련된 문제를 발견한 그 사람의 얘기를 듣고 반추해보라. 짚어내기 어려운 문제를 요행히 짚어낸 것일 수 있으니 관심을 가져야 한다. 예를 들어, 해당 면접관만 후보자가 정신적 압박을 받는 상황을 관찰할 기회가 있었을 수도 있다.

면접을 진행하는 사이에 행동에 관해 우려되는 부분을 다른 면접관들과 공유하는 것도 좋은 생각이다. 말이나 전자우편, 관리 시스템을 이용할 수 있다. 다른 사람들에게 언질을 줘서 자칫 놓칠 수도 있는 중요한 문제를 짚어낼 수 있을 것이다.

5.15 면접의 칠거지악

래더스닷컴의 창립자이자 대표이사인 마크 신델라는 **'면접의 칠거지악—헤드헌터나 채용 담당자를 만날 때 해서는 안 되는 7가지 일[3]'**이라 불리는 기고문을 통해 구직자들에게 조언을 주었다. 나는 그 틀이 매우 마음에 들어서, 면접관의 입장에서 그 틀을 묘사해볼 수 있도록 마크에게 부탁했다.

교만: 자신에 대한 과도한 사랑

경험이 많고 성공적인 후보자를 면접할 때는, 후보자가 자신의 능력에 대해 자신감을 보여주는 것이 당연하다. 하지만 잘난 체하거나 거만한 모습을 기대하는 것은 아니다. 이런 특징만 없었으면 매우 유망했을 직원이, 이 때문에 같이 일하기 매우 힘든 사람이 된다.

---

3) 래더스, '면접의 칠거지악' [Cen]

협업에 더 무게를 싣는다면, 교만한 직원은 조직에 치명적일 수 있다.

과도한 자신감을 짚어내려면, 후보자가 서비스 업종에 있는 사람들을 어떻게 대하는지 관찰하자. 안내계와 행정보조, 또는 점심식사 때 식당 종업원을 대하는 태도를 보자. 후보자가 팀장급 개발자들을 대할 때와 고위 관리자나 경영진급 개발자를 대할 때의 태도를 비교해보자. 충원할 직무에 대해 어떻게 느끼는지 관심을 기울이자. 후보자는 해당 직무가 자기 능력보다 떨어진다고 표현하는가? 후보자가 면접 도중 부적절한 때에 전화를 받거나 문자 메시지에 답장을 보내지는 않는가?

이때, 후보자가 실제로 자격초과일 경우가 있으므로 항상 조심해야 한다. 후보자가 자신감을 표출하는 것일 수도 있고, 확신에 차 있는 사람에게 여러분이 위협을 느꼈을 수도 있다. 행동과 관련하여 문제의 소지가 있다고 보이는 점은 다른 면접관들에게 알려서, 같은 우려를 가진 사람이 있는지 살펴보도록 한다.

나태: 태만과 게으름, 빈둥거림

후보자가 여러분의 회사를 잘 알고 있다면 좋은 징조이지만, 아는 것이 거의 없다면 조심해야 한다. 경험이 많은 후보자라면 회사와 회사에 대한 세간의 평가, 재무상황, 영업상황을 잘 알고 있어야 한다. 요즘같이 검색 기술이 발달한 세상에서 잘 모른다는 건 나태함에 대한 핑계밖에 되지 않는다.

후보자가 하는 질문에도 관심을 기울여라. 후보자의 질문을 통해서 얼마나 고민하며 면접을 준비했는지 알 수 있다. 선임급 개발자의 많은 수가 억대 연봉을 받는다. 당연히 미래의 고용주에 대해 통찰력 있는 질문을 던질 수 있어야 한다.

탐욕: 돈과 권력에 대한 과도한 요구

후보자가 다음 직장에서 더 많은 것을 기대하는 것은 아주 자연스러운 일이다. 직장을 바꾸는 것이 큰 변화이고 보면, 그 위험에 합당한 대가가 있어야 한다. 그래서 면접 과정에는 연봉과 상여금, 휴가일수 등에 대해 협의하는 시간이 있다.

후보자, 특히 경험이 많은 후보자는 미래의 고용주에게 좋은 인상을 주어야 입사 제안을

받고, 입사 조건을 협상할 기회가 생긴다는 것을 잘 알고 있다. 엉뚱한 때에 협상을 주장하는 후보자에게서는 탐욕과 거만함, 판단력 부족을 볼 수 있다.

후보자가 돈과 특권에 초점을 맞추고 있을 때는 매우 조심해야 한다. 탐욕은 불만을 낳고, 불만은 분쟁을 낳는다. 탐욕스런 후보자는 결국 탐욕을 채우기 위해 다른 곳으로 떠난다.

폭식: 필요 이상으로 소비하려는 욕망

폭식은 음식에만 해당되는 것이 아니다. 좋은 면접은 여러분과 후보자 간에 어떤 소통이 오가는지에 달려 있다. 여러분은 후보자의 기술과 재능, 경험, 무엇보다 해당 직무를 성공적으로 해낼 수 있는 능력에 대해 알아보고자 노력한다. 후보자가 쉴 새 없이 떠들거나, 대화를 독점하거나, 면접의 주도권을 왜곡하거나, 괴로울 정도로 자잘한 사항들을 말하거나, 이리저리 옆길로 새버리면 곤란하다. 이런 자기중심적인 '폭식' 태도는 생산적이지 못할 뿐만 아니라 협업 환경을 만들지도 못한다.

분노: 증오나 복수, 부정의 감정

후보자가 이전 상사나 동료를 비난하는 걸 듣고 있자면 상당히 불편해진다. 들으면서 몇 가지 생각이 마음을 스쳐간다. 후보자는 그 분쟁에서 어떤 역할을 했을까? 후보자는 어느 정도라도 과실의 책임을 인정할까, 아니면 부정할까? 채용하면, 이 후보자는 새 동료들도 저 옛 동료들처럼 깎아내릴까?

후보자가 회사를 떠나야만 했던 어려운 사정을 듣는 것은 괜찮다. 이야기의 한 부분이기 때문이다. 후보자가 문제를 제기하기 위해 어떤 일을 했는지는 찾아서 들을 정도다. 망가진 환경은 그렇다 치고, 나는 후보자가 생각하는 건강한 환경이 어떤 것인지 듣기를 좋아한다. 나는 과거는 떨쳐 버리고 현실에 집중하는 사람을 채용하고 싶다.

정욕: 해야 할 일은 안 하고, 하고 싶은 일만 하려는 욕망

부적절한 옷차림은 문제지만, 부적절한 행동은 매우 심각한 문제다. 나는 개인적으로 후보자의 부적절한 행동을 경험한 적은 없고, 가끔 부적절한 옷차림은 보는 편이다. 소프트웨어 개발의 세계에서 표준 옷차림은 매우 폭이 넓다. 일부 회사는 면접 때 정장을 권장하지만, 정장을 입었다고 후보자를 비난하는 회사도 있다고 들었다. 이런 다양함이 있으니, 후보자가 면접 때 어떻게 입고 가야 되냐고 물어도 놀라지 않기를 바란다. 나는 이런 태도야말로 업계와 회사에 대한 감각과 지식을 보여주는 것이라 생각한다. 면접을 위한 적절한 복장 규정을 세워보도록 하자.

특정 기술로만 일하겠다는 비이성적인 요구, 또는 과도한 권력이나 특정 직책을 달라고 주장하는 후보자는 호색적일 수 있다. 고용주의 사정에는 아랑곳 않는 이런 행동은 스스로에게는 적개심을, 동료 직원들에게는 좌절감을 안겨준다.

시기: 지금은 알 수 없는 어떤 것에 대한 욕망

면접과 별로 상관없이, 어떤 물질적인 대상을 가지고 싶다는 말을 많이 하는 후보자는 조심해야 한다. 그들의 초점은 중요한 면접 내내 어딘가 다른 데로 가 있다. 매일 업무를 할 때는 어디로 가 있을까?

현장 면접을 온 후보자가 시장 구경하러 나온 것처럼 보일 때도 있다. 한 회사에서 설계팀이 기술 면접을 먼저 진행한 적이 있었다. 이 회사에서는 설계자들이 가장 아는 것이 많고 뛰어난 소프트웨어 개발자였다. 그들은 사람을 다루는 기술도 뛰어났고, 남들까지 전염시키는 기술에 대한 열정을 가지고 있었다. 기술 면접을 나서면서 설계자 역할을 요구하는 선임 급 후보자가 매우 많았다. 그 욕망이 얼마나 비현실적인지는 생각지도 않고 말이다.

후보자가 적극적으로 추구하는 포부가 무엇인지 들어보면 좋다. 후보자의 목표가 얼마나 현실적인지 가늠해보고, 어떻게 그 목표에 달성하려는지 들어보면, 후보자에 대해 상당히 많은 것을 알 수 있다.

5.16 마무리

마무리 단계는 면접의 마지막 부분으로 보통 30분에서 45분 정도가 걸린다. 중간 관리자 또는 고위 기술직 관리자가 마무리 면접을 맡는 것이 좋다. 그래야 다양한 종류의 질문에 답할 수 있고, 동시에 회사의 관리 문화를 후보자에게 보여줄 수 있다. 최고의 후보자들은 회사가 어떻게 운영되는지도 신경을 쓴다.

나는 다음과 같은 내용들이 마무리 면접에서 다루어져야 한다고 생각한다.

- 후보자에게 아직 물어보지 못한 질문이 있으면 하라고 요청한다.
- 회사가 가진 보다 고차원적인 전망을 제시한다.
- 회사의 장점을 설명한다.
- 후보자의 희망 연봉을 확인한다.
- 후보자의 업무가능 시점을 확인한다.
- 적절하다고 판단되면 회사를 홍보한다.
- 행동적 특징을 평가한다.
- 다음 절차가 어떻게 되는지 설명한다.
- 긍정적인 마지막 인상을 주면서 후보자를 배웅한다.

후보자는 전체 면접과정을 통틀어 언제든지 질문을 할 수 있지만, 특히 마지막 순간에는 몇 가지 강렬한 질문들이 있게 마련이다. 나는 후보자들의 질문으로 마무리 면접을 시작하는 걸 좋아한다. 후보자들 중에는 그냥 두면 질문으로 밤을 새려는 사람도 있으므로, 마무리 면접에서 다뤄야 할 사안을 위한 시간은 남겨놓도록 유의하자. 이런 경우에는 질문을 제지시켜야 할 것이다. 마지막에 다시 질문을 받든가, 아니면 후보자에게 명함을 줘서 전자우편으로 질문을 받을 수 있도록 하자.

마무리 면접자가 회사에서 맡은 역할을 설명하여, 후보자가 그에 맞게 질문을 조정할 수 있도록 하자. 당신이 개발 담당 부사장이란 것을 안다면, 조직이나 사업에 관한 질문을 하게 될 것이다. 이런 경우는 회사의 재무상황과 이후 전망에 대한 질문도 예상해볼 수 있다.

마무리 단계의 필수 요소는 회사에서 제공할 복리후생 조건을 협의하는 것이다. 대략적인 개요를 설명하는 자리이지만, 보다 자세하게 복리후생 조건들이 설명된 문서가 필요할지도 모른다. 의료 지원, 유급 휴가, 휴일, 상여 계획, 그 외에 가능한 복리후생 조건들을 설명한다. 특별한 제한 사항이 있다면, 그 역시 설명해야 한다. 예를 들어, 미국 내의 전자상거래 업체들은 보통 추수감사절 다음날을 휴일로 고려하지 않는다. 검은 금요일은 일 년 중 가장 바쁜 날이라, 모든 시스템이 가동되어야 한다.

효율성 측면에서 다른 면접관들도 마무리 단계에서 어떤 내용이 다뤄지는지 알고 있는 게 중요하다. 마무리 투수가 복리후생과 이주, 연봉에 집중하도록 하고, 나머지 면접관들은 후보자에 집중할 수 있도록 하자.

후보자의 희망 연봉을 확인하는 일이 매우 중요하다. 나는 복리후생 조건과 상여 제도를 설명하고 난 다음에 물어보는 편인데, 두 가지 조건이 이후 논의를 위한 하나의 틀을 제공해주기 때문이다. 내 경험으로는, 후보자의 현재(또는 최근의) 연봉을 물어보면서 시작하는 게 도움이 된다. 나는 상여에 성과급 제도가 있는지를 물어보고, 어떻게 운영되는지, 어느 정도나 예측 가능한지 감을 잡으려 노력한다.

그리고 나서야 후보자가 생각하는 연봉이 어느 정도 되는지 물어본다. 답변에 따라 논의는 몇 가지 방향으로 갈라진다. 후보자가 이사를 해야 되는 상황이라면, 현재 거주하고 있는 지역의 연봉 수준과 이주할 지역의 연봉 수준의 상대적 차이를 알고 있는지 물어본다.4) 후보자의 기대치가 높으면 나는 보통 높다고 말해준다. 확정적으로 말하지는 않지만, 후보자의 금액이 채용 기준을 벗어나는 것 같다고 일러준다. 후보자의 수준에 따라 여기서 그칠 수도 있고, 아니면 좀 더 시간을 두고 후보자가 전체적인 보상 규모를 고려해보도록 다독일 수도 있다.

나는 후보자의 기대치가 놀랄 정도로 낮은 경우에도 이를 이용하려 하지 않는다. 비슷한

---

4) 헤드헌터가 이미 후보자에게 이 부분을 얘기해줬을 것이지만, 나는 반복에 개의치 않는다. 후보자들이 면접과정을 거치면서 기대치를 조정하는 경우도 많다. 나중에 후보자에게서 헤드헌터로부터 들었던 내용을 살펴보면, 절차와 의사소통 과정에서 있었던 문제점을 찾아낼 수 있다.

자격요건을 가진 후보자에게 제안하는 연봉 범위 안에서 숫자를 제시하는 편을 더 선호한다. 실제보다 저렴하게 내놓은 제안은 나중에 손해로 돌아오는 법이다. 어쨌든 여러분이 후보자의 기대치보다 높게 제시했다면, 후보자가 수락할 확률은 훨씬 높아진다.

후보자의 기대치가 적절하다면, 나는 적절하다고 말해준다. 보통은 숫자를 적어놓고 다음 주제로 옮겨간다. 후보자에게 좀 더 불렀어야 했나 하고 다시 생각할 틈을 주고 싶지 않아서다. 잘못하다가는 짜증나는 연봉 협상이 되거나, 후보자가 채용되고 나서도 분노의 원인이 될 수 있다.

상이한 시장 환경에 맞춰 조정을 하고도 후보자의 현재 연봉과 희망 연봉 사이에 큰 폭의 차이가 있을 경우에는 논의를 잠시 중단해야 한다. 나는 후보자가 왜 그 정도의 인상이 당연하다고 느끼는지 탐색하고 싶어진다. 그럴듯한 이유가 있을 수도 있다. 반면에 개인적인 생각에서 나온 비현실적인 기대치일 수도 있다. 상황에 따라 조심스럽게 기대치를 재조정할 수도 있지만, 대부분의 경우는 깔끔하게 적절한 제안을 하고, 결과가 어느 쪽으로 나는지 두고 보는 것이 최선이라고 생각한다.

후보자가 연봉 정보를 공개하지 않으면 어떻게 할까? 개인적으로 이는 바보 같은 전략이라 생각하고, 후보자에 대해서도 좋게 생각하지 않게 된다. 후보자는 아마 스스로가 빈틈없이 행동한다고 생각할 것이다. 빈틈없는 것은 좋다. 하지만 탁자 위에 뭐라도 패가 올라오고 나서다. 나는 간단하게 후보자의 기대치가 어느 정도인지 모르고서는 제안을 할 수 없다고 설명한다. 후보자가 돈 얘기를 하는 것을 불편해 할 수도 있다. 나는 회사가 채용 문제를 진지하게 사고하고 있기 때문에, 연봉 협의가 필요하다는 점을 명확하게 얘기한다. 후보자가 헤드헌터로부터 연봉에 대해 얘기하지 말라는 언질을 받았을지도 모른다.[5] 헤드헌터를 통해 협상하는 것이 편하다면, 그냥 넘어가라. 나는 연봉 협상에 매달리는 헤드헌터와는 일하지 않는다. 그래서 좋을 일이 없다. 나는 후보자가 어느 정도의 연봉을 기대할 수 있는지 확인시켜 주고 면접을 끝내는 게 중요하다고 생각한다.

매우 중요한 단계가 후보자의 업무가능 시점을 확인하는 것이다. 금방 확인할 수 있는

---

5) 어떤 헤드헌터들은 후보자를 대신해서 연봉 협상을 해야 한다고 믿는다. 그들은 후보자의 연봉을 극대화해서 자신들의 몫도 극대화하고자 하지만, 채용에 실패하면 수수료가 전혀 없어지기 때문에 낮은 연봉으로 타협하기도 한다.

내용 같은데도, 어떤 일들이 일어나는지 보면 놀라운 때가 많다. 사람들은 재미있는 존재라서 일부 후보자들은 내내 밀고 당기기를 하다가 마지막에 가서야 진짜 의도를 드러낸다.

내가 확인하고자 하는 사항이 몇 가지 있다. 언제 후보자가 일을 시작할 수 있는가? 현재 고용주에게 통보하는 일이 포함되는 경우가 많다. 나는 처음부터 좋은 관계를 수립하는 것이 관건이라고 생각하기 때문에, 후보자가 현재의 직장에서 일을 정리하는 데 충분할 만큼의 시간을 준다. 최소한 관례적인 2주일의 시간은 확보해줘야 한다는 얘기다. 하지만 그 기간으로 충분치 못할 때가 많다. 후보자가 중요한 프로젝트나 다른 상황 때문에 더 많은 시간을 요구할 수 있다. 어느 정도의 유연성을 발휘하는 것이 신뢰를 쌓는 방법이다.

후보자가 개인적으로 시간이 필요한 경우도 있다. 이사를 해야 할 상황이라면, 나는 먼저 후보자가 이 지역에 관심이 있고, 이사할 의사가 있는지를 확인한다. 그 다음에 후보자의 이사와 관련한 사항을 탐색해본다. 묻고자 하는 몇 가지 핵심적인 질문이 있다. '집을 소유하고 있습니까?', '집 시세를 알아봐 줄만한 부동산 중개업자가 있습니까?', '요즘 그 지역의 주택 매매가 어느 정도나 활발한지 알고 있습니까?', '가족들과 이사 가능성에 대해 얘기해 본 적이 있습니까?' 이런 종류의 질문을 통해 나는 후보자가 얼마나 진지하게 이사 문제에 대해 생각해봤는지 감을 잡을 수 있다. 일반적으로 직업을 구하는 사람들은 자신의 구직 지역을 일치감치 결정한다. 이사가 필요하고, 후보자가 똑똑한 사람이라면, 이사하는 데 어떤 것이 필요한지 먼저 조사를 해봤을 것이다.

이사나 또 다른 개인적인 상황 때문에 후보자의 입장이 복잡하다면, 후보자가 일을 시작하는 데 어느 정도의 시간이 걸릴지 물어본다. 나는 후보자가 제시하는 일정이 괜찮은지, 여러 가지 요인을 고려하여 저울질을 해본다.

후보자에게 입사 제안을 하리라는 게 확실하다면, 해당 직무를 홍보할 기회를 놓치지 말아야 한다. 고위 관리자가 관심을 가지는 것 자체가 강력한 홍보 도구이므로, 이용하도록 한다. 정말로 괜찮은 후보자라면, 다른 회사에서도 입사 제안을 받았을 가능성이 크다. 무기고에 있는 거라면 무엇이라도 이용해서, 여러분의 회사를 맨 위에 올려놓아야 한다. 때로는 직장을 선택하는 요인이 금전적인 것이 아니라 감정적일 수도 있다. 후보자가 특정 입사 제안에 기분이 좋았고 다른 조건들은 다 비슷하다면, 후보자는 기분 좋게 느낀 입사 제안을 받아들일 것이다.

불안한 집

많은 사람들이 자기 집을 소유하는 것을 성공의 징표로 삼는다. 하지만 이사라는 상황이 닥치면 집을 파는 일이 겁나기 때문에, 집을 소유하고 있는 후보자는 집 문제를 최우선으로 생각하게 될 가능성이 크다. 집을 팔아야 한다고 생각하면 두려워질 수 있다. 우리는 빨리 팔아서 차익을 생기기를 바라지만, 세상일이 다 그렇게 돌아가지는 않는다. 집을 파는 일은 복잡한데다, 소유주가 그 결과를 통제할 방법도 거의 없다.

낯선 곳에서 새 집을 사는 것도 겁나기는 매한가지다. 세간을 옮기는 거며, 집을 구하러 돌아다니는 거며, 집을 사고 아이들을 전학시키는 일을 임시주거에서 해내야 한다. 엄두가 안 나는 일이다. 후보자를 이주시켜야 할 때는 이런 점을 염두에 둬야 한다.

집 문제는 고용주에게도 악몽이다. 후보자가 원래 거주하던 곳이 이주하려는 곳에 비해 주택 시장이 침체됐거나 부동산 가격이 훨씬 낮은 지역일 수 있다. 경기가 나쁠 때는 집을 팔기가 정말로 어렵다. 후보자의 경제 사정이 좋지 못해서 주택 판매에 따르는 비용을 감당할 수 없을 수도 있다.

나는 후보자가 이주와 관련한 자신의 경제적 능력을 잘 알 것이라 가정하면 안 된다는 사실을 어렵게 배웠다. 2008년에 주택 시장의 거품이 터진 뒤로, 신규 채용된 사람들 몇이 집을 팔지 못해서 입사를 포기했다.

일부 회사들은 이런 직원들의 상황을 돕기 위한 수단을 마련했다. 이주지원 정책으로 금전적인 지원을 제안하는 것이다. 관례라기보다는 예외적인 경우에 가까운 이런 정책이 경영진급의 직원에게만 제공되는 경우도 종종 있다.

불필요하게 직원에게 들어가는 비용은 막대한 낭비이고, 회사와 훌륭한 직원 사이를 가로막는 요인이 단순히 집의 매매 문제일 때는 더 감수하기가 힘들다. 집 문제로 입사를 포기하는 괜찮은 후보자에게 안녕을 고할 때는, 입에 쓴 약을 먹는 것 같다.

°°°마무리 면접을 끝내기 전에, 이주 문제를 포함하여 후보자가 언제부터 일을 할 수 있는지 확인하도록 하자.

이전 면접관들도 모두 태도를 평가하지만, 고위급 관리자가 마무리 면접을 진행할 때는 특별한 관찰 기회가 된다. 면접관이 권한을 가진 지위에 있기 때문에, 다른 역관계가 형성된다. 나중에 기록을 비교해보면, 후보자와 비슷한 지위의 면접관들이 관찰한 태도와 고위급에 가까운 면접관들이 관찰한 후보자의 태도에 큰 차이가 나는 경우가 종종 있다. 이 차이는 후보자가 권위에 어떻게 반응하는지 조명해준다.

다음 절차가 어떻게 되는지 설명하면서 마무리 면접을 끝내자. 회사의 면접이 잘 진행됐다면, 후보자는 자신에 대한 평가가 어떤지, 입사 제안을 받게 될지 알고 싶어 안달이 날 것이다. 회사로부터 회신이 올지, 언제 올지 모르면 상당히 조바심이 날 것이다. 훌륭한 면접을 진행하고도 면접 이후 단계를 잘못 처리해서 망치는 수가 있다.

후보자에겐 면접관들이 심사숙고해서 입사 제안 여부를 결정할 것이라고 말하라. 이를 통해 회사가 이 건을 중요하게 여기고 있으며, 결정은 모두의 의견을 반영하여 내려질 것이라는 뜻을 전달한다. 만약 후보자에게 입사 제안을 할 것이라고 확신한다면, 후보자에게 얘기해 주도록 한다. 긍정적인 분위기로 면접을 끝내는 훌륭한 방안이다.

언제까지 연락을 주겠다는 시한을 설정하라. 회사 입장에서는 빠를수록 좋다. 나는 보통 근무일 기준으로 이틀 안에 연락을 주고, 후보자에게는 이틀 안에 연락이 없을 경우 꼭 연락을 달라고 말한다. 믿을만한 연락처를 줘야 한다. 후보자가 입사 제안을 받을 것 같으면, 마무리 면접자의 명함을 주는 것도 고려해볼 만하다. 이는 존중과 신뢰를 보여주는 것으로, 후보자에게 좋은 인상을 줄 것이 틀림없다. 그렇지 않으면 다른 연락처를 고려해보라. 후보자가 헤드헌터를 통하고 있다면, 헤드헌터에게 연락해보라고 얘기해도 좋다.

입사 제안이 있든 없든, 연락을 받을 것이라고 후보자에게 알리자. 후보자가 목을 빼고 기다리게 만들지 마라. 회사의·평판도 같이 흔들리게 된다. 후보자에게 누가 연락을 할 것인지도 얘기해주자. 헤드헌터가 있으면 그를 통하고, 아니면 마무리 면접자나 면접팀장이 후보자에게 연락을 하도록 고려해보자. 그도 안 되면, 마지막에는 인사관리 부서를 생각해볼 수 있다. 이 역할을 채용팀 바깥의 누군가에게 넘기면 좋은 인상을 남길 수 있는 기회를 잃지만 말이다.

마무리 면접자는 면접을 정리하는 데 필요한 절차를 모두 수행해야 한다. 여기에는 후보자를 배웅하는 것도 포함된다. 방문자 명찰이 있다면 신경 써서 수거하고, 미리 정한 교통편이 준비되었는지 확인해야 한다. 곧 후보자에게 연락이 갈 것이라는 점을 다시 확인하고, 악수하고 웃으며, 긍정적인 분위기에서 면접을 끝내도록 한다. 후보자가 회사에서 일해 보고 싶다는 생각을 가지는 한, 결과가 어떻든 간에 성공적이라 평할 수 있다. 훌륭한 직원을 채용하지 못한다 하더라도, 회사의 평판을 높인 것만으로 가치는 충분하다.

5.17 후보자 평가하기

평가의 목적은 후보자에게 입사 제안을 할지 결정하는 것이다. 면접관들은 각자 자신의 의견을 관리 시스템에 올려, 후보자에게서 관찰한 강점이라 생각되는 부분과 약점이라 생각되는 부분을 공유해야 한다. 아직 의문으로 남은 것이 있다면, 그 역시도 얘기한다. 후보자에 대한 확신이 강하게 든다면, 어떤 점에서 가장 잘 맞을 거라고 느꼈는지 피력한다.

후보자가 떠난 직후에 면접관들이 모여 논의를 하는 것도 좋다. 이 논의가 관리 시스템을 대체하는 것은 아니지만, 면접관들마다 관찰한 내용을 서로 이어볼 수 있는 기회를 제공한다. 적은 수의 사람을 채용할 때는 이런 회의가 필수적이지만, 채용팀이 정기적으로 움직일 때는 관리 시스템에 올라온 의견만 가지고도 어떻게든 해나갈 수 있을 것이다.

연봉 문제는 면접 후 회의에서 논의할 주제도 아닐뿐더러, 관리 시스템에 입력하는 것도 적절치 않다. 제안 내용(연봉, 상여 등)은 팀에서 입사 제안을 하겠다고 일단 결정한 뒤에, 따로 논의되어야 한다. 입사 제안을 할까 말까 결정하는 단계에서 후보자의 연봉 예상치를 추정하는 것은 비생산적이다. 먼저 입사 제안을 할지를 결정하고, 그 다음에 채용시장 상황과 회사의 연봉 체계, 후보자의 수준 등을 고려하여 보수 규모를 결정해야 한다.

다른 면접 단계와 마찬가지로, 입사 제안을 결정하는 기준을 정의하라. 이 단계에서는 단순한 다수결로는 충분하지 않다. 입사 제안을 고려하기 전에, 후보자에 대한 강한 공감대가 있어야 한다. 입사 제안에 반대하는 소수의 의견에도 주의 깊게 관심을 쏟아야 한다.

다른 사람들이 놓친 부분을 포착했는지 규명하려 노력하라. 후보자에 대해 확신하지 못할 때는, 아래의 선택지들을 고려해보자.

- 후보자가 같은 지역에 거주하고 있다면, 채용을 잘못했다고 해도 해가 적다. 후보자가 잃을 것이 별로 없다. 반면에 다른 주에 살고 있는 후보자의 경우는 잃을 것이 많은데다, 후보자를 입사시키는 데 따르는 비용도 크다. 이주를 필요로 하는 후보자에 대해서는 강한 공감대가 있어야만 한다.
- 하루를 기다렸다가 다시 논의하라. 불확실할 때, 시간이 지나면 저절로 정리되는 경우가 가끔 있다.
- 후보자 또는 대리인에게 아직 확신을 갖지 못해서 시간이 더 필요하다고 알리자. 후보자가 계속 목 빠지게 기다리게 해서는 안 된다는 점도 기억하자.
- 결정을 하는 데 빠진 것이 없는지 확인하고, 재통화를 하거나 보강 면접을 하자.

팀이 입사 제안을 하지 않겠다고 결정했어도, 후보자에게는 가능한 한 빨리 통보를 해야 한다. 미적거리거나, 아예 통보를 하지 않는 회사들이 많다. 이는 어처구니없을 정도로 아마추어적인 처사인데다, 회사 이미지에 심대한 해를 끼친다. 후보자에게 전화를 걸어 입사 제안을 하지 않는다고 말하는 일은 인사관리 부서에서 맡는 것이 좋다.

마지막으로, 개별 면접을 되짚어 보기도 하고, 면접과정을 전체로 놓고 반추해보기도 하자. 면접 후 회의에서 개별 면접을 반추하는 일은 어렵지 않다. 하지만 이 회의를 건너뛰었다면, 개별 면접을 떠올리는 데 어려움을 겪을지도 모른다. 뭔가 잘못이 있을 때만 과정을 되짚어 보는 것도 대안이 될 수 있다. 예를 들어, 전혀 자격을 갖추지 못한 후보자가 들어왔을 때, 그런 사람이 어떻게 이력서 검토와 전화 면접을 통과했는지 논의해보는 것이다. 이 작업에는 관리 시스템과 이력서를 참조해야 한다.

전반적인 면접 과정을 되짚어보는 것은 가끔 회의를 소집하는 것만으로 족하다. 정기적으로 하는 것은 좋지만, 너무 자주 하는 것은 좋지 못하다. 얼마나 자주 변화가 있는지에 따라 주기를 조절하도록 한다. 채용 절차를 새로 정리하려 한다거나, 상당한 내용을 바꾸려고 한다면, 당분간은 매주 회의를 갖도록 고려해보라. 상황이 아주 안정적이고 결과도 좋다면, 한 달에 한 번 만나도 좋다. 하지만 결과가 좋지 않다면, 더 자주 회의를 갖고, 소규모의 점진적인 변경 사항들을 결정한 다음, 그런 변화들이 효과적인지 관찰하도록 한다.

5.18 성공적인 현장 면접의 비법

성공적인 현장 면접을 위해 준비해야 할 소소한 것들이 많다. 여기서 몇 가지를 얘기해보도록 하자.

일정잡기

현장 면접의 전체 일정은 며칠 앞서 결정해야 한다. 회의실을 예약하고, 회의 소집 공지를 보내고, 점심식사 면접관과 마무리 면접관을 배정해야 한다. 그래야 면접팀이 업무상 문제나 충돌하는 일정을 조정할 시간적 여유가 생긴다.

면접 날에는 전체 일정과 참석자를 요약하여 정리한 전자우편을 보내 관련자들을 상기시킨다. 모두가 박자를 맞춰 움직여야 한다. 면접은 통상적으로 직원들이 사무실에 도착하는 시간으로부터 30분이나 한 시간 뒤에 시작하는 것이 좋다. 그 동안에 전자우편을 보고, 이력서와 평가들을 검토하면서 면접 전략을 짜볼 수 있다.

일정이 잘 짜인 면접이 좋은 인상을 남기는 데 기본이 된다. 그 일정을 진행까지 잘 하면, 후보자에게 좋은 인상을 주는 것은 맡아놓은 것이나 다름없다. 반면에 엉성하게 짜인 면접 일정은 회사가 능력이 없다는 인상을 준다. 훌륭한 개발자들은 무능력을 좋아하지 않는다.

시간 엄수

시간을 지키지 못하는 것은 대역죄에 해당한다. 채용팀도 축 처지고, 후보자도 축 처지고, 회사도 축 처진다. 면접관인 내가 보기에도, 다음에 면접할 팀을 찾으러 돌아다니는 모습은 참으로 꼴사납다. 회사로서는 불명예이고, 무능력하다는 인상을 준다. 시간을 엄수하는 것은 회사가 후보자를 존중한다는 것을 보여주는 방식이다. 또한 회사 사람들이 자신을 제대로 통제하지도 못할 만큼 바쁘지는 않다는 점도 보여준다. 전문가답다는 인상을 준다.

인계하기

한 면접팀에서 다른 팀으로 후보자를 인계할 때의 규정을 세워라. 모든 면접을 한 방에서 할 경우, 다음 면접을 할 면접관들이 정해진 시간에 방에 도착해, 시작할 만반의 준비를 마치고 있어야 한다.

후보자를 다른 장소로 이동시켜야 한다면, 기존 면접팀이 다음 장소로 데려갈지, 아니면 다음 면접팀이 와서 데려갈지를 결정해야 한다. 한편으로 보면, 기존의 면접팀이 후보자와 이미 어느 정도의 관계를 형성한 상태이므로 걸어가는 동안 보다 편할 것이다. 다른 한편으로 보자면, 다음 팀이 와서 후보자를 데려가는 것이 인계 시점으로는 더 적당하다. 실험을 해보고 어느 편이 나은지 확인해보라.

스위스식 정밀도

1992년에 아내와 스위스로 여행을 갔다. 그곳에서 우리의 유일한 교통수단은 기차였다. 이전에 경험했던 대중교통을 생각하면서, 나는 약간 긴장했다. 일정이 빡빡했는데, 기차에만 의존해서 그 일정을 맞출 수 있을까 싶었다.

이틀쯤 지나자 내 걱정은 모두 사라졌다. 나는 스위스의 아름다움과 친절한 성품의 사람들에 대한 다정한 기억을 가지고 있다. 하지만 스위스에 대한 존경심이 스멀스멀 들게 했던 더 강렬한 기억은, 그곳의 기차는 시간을 지킨다는 사실이었다.

스위스에서 받은 인상은 유능하고 믿음직한 사람 같다는 거였다. 이런 인상이 바로 내가 후보자에게 주고 싶은 우리 회사와 나의 이미지이다.

정보 전달

현장 면접이 진행됨에 따라, 아직 후보자를 보지 못한 면접관들에게도 정보가 전달되어야 한다. 일반적으로 다음과 같은 정보들이 포함된다.

- 전반적인 인상.
- 기술적 평가.
- 물어본 질문들.
- 물어봐야 할 질문들 또는 탐색해봐야 할 영역들.
- 이상하거나 부정적인 태도 등, 주의 표시들.
- 후보자가 명백히 우수하기 때문에 홍보 태세로 들어가야 하는지 여부.
- 후보자가 자격미달이므로 면접을 단축해야 하는지 여부.

정보를 가장 간단하게 전달하는 방안은, 자기 차례 면접을 끝낸 직후 의견과 추천 여부를 관리 시스템에 입력하는 것이다. 면접 참석자는 모두 후보자를 만나기 직전에 관리 시스템을 확인해야 한다. 관리 시스템이 잘 돼 있으면, 새 의견이 추가될 때마다 전자우편을 발송해서 후보자의 면접이 어떻게 돼 가는지 확인하기가 더 편해진다.

매우 중요한 전갈이 있다면, 남아있는 면접관들을 만나서 제때 정보를 알 수 있도록 하는 것이 최선이다. 정보를 바로 다음 번 면접관에게 전달하려 해봐야 소용이 없다. 후보자를 인계하면서 면접관을 한쪽으로 불러내는 것도 꼴사나운데다, 나쁜 인상을 남길 수 있다. 정보가 매우 중요한 거라면 문자 메시지를 보낼 수도 있지만, 역작용을 일으킬 수도 있다. 면접관이 휴대기기를 확인해야 하는데, 이는 무례한 행동이다. 보통은 바로 다음 면접팀은 건너뛰고 전달하는 것이 최선이다.

면접을 빨리 끝내야 한다면, 면접팀 전체에 전자우편을 보내고, 남아 있는 면접관들을 만나 얘기를 하거나 전화통화를 해야 한다. 일정을 조정하고, 참여하고 있는 모두에게 알려야 한다. 팀 전체에게 단축된 면접을 어떻게 처리할 것인지 얘기해야 한다. 여기서도 모든 후보자들이 일해 보고 싶다는 열망을 품은 채 회사를 나서야 한다는 점을 명심하라.

때로는 정보를 전달하지 않는 것이 나을 때도 있다. 예를 들어, 기술 면접 결과가 후보자의 성격에 대해 아주 모호하게 나왔을 수도 있다. 개울물을 흐리기보다는 기다렸다가 다른 면접관들이 기술 면접의 의견과는 상관없이 독자적으로 의견을 도출하도록 하는 편이 나을 것이다. 또 다른 경우, 정보의 일부만을 먼저 전달하고자 할 때도 있다. 기술적 능력이 모호하다고 해보자. 여러분은 확실히 아는 것만 입력하고, 기술 능력에 대한 탐색이 더 필요한 영역을 알려주면서, 추천 여부는 나중으로 미루는 방안을 고려해볼 수 있다.

면접 일정이 모두 끝나면, 모두가 필수적으로 관리 시스템에 입력하고 싶은 것을 다 입력해야 한다. 빨리 결정을 내려야 하니 말이다. 입사 제안을 하고 나서야 뭔가 다른 결론을 냈을지도 모를 핵심적인 정보를 알게 되는 것만큼 실망스러운 일도 없다.

편의

후보자의 편의를 배려하도록 하자. 인계할 때가 후보자에게 뭐 필요한 게 없는지 물어보기 좋은 시간이다. 화장실 갈 시간이나 음료, 또는 다른 필요한 것이 없는지 물어보자. 가끔은 후보자가 전화를 걸고 싶다고 할 때가 있다. 보통은 별 문제 없지만, 반복적으로 전화를 걸거나 문자 메시지를 확인한다면, 주의하도록 하자.

삼루 코치

야구에서는 삼루 코치가 타자와 주자들과 일련의 미리 정해진 신호로 통신을 주고받는다. 삼루 코치는 타자에게 번트를 대라거나, 주자에게 도루를 하라고 신호를 보낸다. 신호는 손동작과 머리나 얼굴, 몸의 특정 부위를 만지는 것을 포함하는 복잡한 체계를 가진다. 대부분의 동작은 아무 뜻도 없지만, 그 중 하나는 상대방에게 특정한 의미로 해석되는 신호이다. 이의 목적은 상대방 팀이 모르게 자기 팀 선수에게 전술적인 정보를 전달하는 것이다.

이런 상황은 후보자를 인계하면서 다음 순서의 면접관들에게 정보를 전달하는 문제와 유사하다. 바로 오늘, 우리는 훌륭해 보이는 후보자를 만났다. 그는 전화 면접에서도 최고의 평가를 받았지만, 이미 받아놓은 입사 제안이 있었다. 우리는 그 후보자가 기술 면접에서 뛰어난 결과를

보이면, 홍보 태세로 들어가야 할지 얘기해주기로 미리 합의했다.

일단 홍보 태세로 들어가기로 결정하면, 수석 설계자를 투입하기로 결정했다. 수석 설계자는 세 번째 면접에 들어갈 것이므로, 우리는 그와 진행 관리자를 포함하여 구두로 의사소통을 할 수 있을 것이다. 하지만 두 번째 면접팀과도 의사소통을 하고 싶었기 때문에, 홍보를 할 것인지, 아니면 일반적인 면접을 진행할 것인지 지시하는 신호를 미리 정했다. 홍보 태세로 들어가기를 원할 때는 면접관 중의 한 명과 악수를 하는 것이 그 신호였다.

우리의 희망대로 후보자는 훌륭했다. 나는 다음 면접관에게 신호를 보냈다. 그들은 홍보에 초점을 맞춘 면접을 진행했고, 우리는 후보자가 수락하리라는 자신감을 가지고 입사 제안을 했다.

견학

후보자에게 간단하게 회사 시설을 견학시키는 방안을 고려해보라. 특히 볼만한 것이 있을 때는 하는 것이 좋다. 최소한 개발자 구역을 돌아보며 업무 환경이 어떤지 알려줘라.

견학을 할 만한 시간이 없을 때는, 면접실을 옮기는 중이나, 점심식사 앞뒤, 또는 화장실에 가거나 돌아올 때를 이용하여 초간단 견학을 할 수 있다. 선임 급 후보자들은 작업환경이 어떤지 알고 싶어 하기 때문에, 보여주지 않으면 의심을 품고 집으로 돌아갈 수도 있다.

후보자를 견학시키기가 부끄럽다면, 이 책을 내려놓고 이유가 뭔지 짚어 보라. 어떤 것이라도 팔 수 있는 영업사원도 있지만, 최고의 영업사원은 자신이 믿는 제품을 판다.

5.19 결론

채용에서 가장 어려운 부분은 이제 끝났다. 후보자의 이력서가 좋아서 전화 면접을 실행했다. 후보자가 인상적이어서 현장 면접을 실시했고, 여기서도 후보자는 잘 해냈다. 이제 남은 것은 제안할 것들을 결정하고, 협상을 마무리하는 것이다.

제6장

협상 마무리하기

면접 과정이 거의 끝나간다. 면접팀은 입사 제안을 하기로 결정했고, 이제 목표는 후보자가 제안을 받아들이도록 하는 것이다. 이 장에서는 평판 조회와 입사 제안하기, 제안 조건 협상하기를 포함하여, 채용 절차의 막바지 단계들을 다룬다.

6.1 평판 조회

입사 제안을 하기 전에 후보자의 평판을 조회해야 할까? 나는 평판 조회에 관해서는 제공된 모든 평판 항목을 조회해야 한다고 얘기하는 전통적인 조언에 반대하는 편이다. 나는 평판 조회가 거의 도움이 안 된다고 보기 때문에, 보통은 고용주의 요구가 없으면 하지 않는다.

내가 보통 평판 조회를 하지 않는 것과는 별개로, 평판 조회가 필요하다고 얘기되는 이유는 여러 가지가 있다.

- 중요한 직책일 때는 평판 조회가 필요하다.
- 후보자에 대해 더 유용한 정보를 얻을지도 모른다.
- 평판 조회를 통해 주저함을 없앨 수 있다.
- 후보자의 진실성을 확인할 수 있다.
- 채용시장에 대해 배울 수 있다.
- 평판 조회를 통해 신규 지원자를 모집하는 기회를 얻을 수 있다.

어떤 직책은 그 중요성 때문에라도 머리 쓸 필요 없이 평판 조회를 하는 것이 당연하다. 적은 수의 인원을 충원하는데, 그저 괜찮은 사람이 아니라 딱 들어맞는 최고의 사람을 원한다면, 평판을 조회해봐야 한다. 리더십 직책은 언제나 평판 조회를 할 만하다. 설계자와 같이 아주 고위급에다 영향력이 큰 기술직도 조회가 필요하다. 이런 경우가 아니라면, 굳이 평판 조회를 고집할 필요는 없다.

평판 조회를 통해 어쩌면 결정을 흔들만한 정보를 발견할 수 있을지도 모른다. 후보자가 생각했던 것만큼 기술적으로 능통하지 않다거나, 회사의 업무 환경에서 문제가 될 수 있는 현격한 태도의 문제가 있다는 걸 알게 될지도 모른다. 하지만 '결정적 증거'를 발견하는 경우는 드물다. 거꾸로, 면접에서 드러나지 않았던, 가치 있는 능력들을 알게 될 수도 있다.

평판 조회가 후보자에 대해 설왕설래하던 것을 잠재울 수도 있다. 일반적으로 후보자에 대해 주저하게 되는 경우, 특히 거의 동수로 의견이 갈리는 경우, 나는 입사 제안을 하지 말라고 권한다. 대체로 입사 제안에 동의하는데 소수가 반대하는 경우, 평판 조회가 고민하는 부분의 정당성을 입증하고, 문제를 해소하는 한 방안이 될 수 있다.[1]

가끔은 평판 조회를 통해 후보자가 경력 정보를 정직하게 제공하지 않았다는 것을 발견하기도 한다. 정직하지 않다는 것은 언제나 심각한 문제이지만, 후보자가 정말로 부정했는지, 아니면 사실을 과장한 것인지, 면접 과정에서 사실을 드러내는 데 실패한 것은 아닌지 이해하는 데 주의를 집중해야 한다. 명백한 부정의 경우에는 후보자를 실격 처리하는 것이 최선이다. 다른 두 경우에는 사안의 성격에 따라 후보자에 대한 추가 작업을 진행하는 것이

---

[1] 소수의 반대를 해결하는 또 다른 방법은 전화나 대면 방식의 보강면접이다.

순서일 것이다.

내가 보기에, 평판 조회의 보다 유용한 측면은 시장에 대해 알아볼 기회를 제공한다는 점이다. 조회를 해주는 사람의 회사와, 그 회사가 주목하는 채용 시장, 회사의 건강성, 일하는 방식, 채용에 대한 철학 등을 배울 수 있다. 새로운 경쟁자를 발견할 수도 있다. 또 개인적인 인맥을 넓혀줄 직업적 인맥을 만들거나, 회사에 도움이 될 만한 협조적인 인사를 발견할 수도 있다. 사람이란 모르는 법이다.

마지막으로, 평판 조회는 신규 지원자를 모집할 수 있는 기회다. 조회를 부탁한 회사에 후보자 외에도 퇴사하려는 사람이 있는 경우가 많다. 상황이 나빠져서 다른 사람들도 새 직장을 필요로 하는 경우가 종종 있다. 조회자가 정리해고나 회사와 관련된 다른 이유로 직장을 찾는 사람들을 추천해주는 경우도 일반적이다. 경우에 따라서는 조회자 당사자가 관심을 가지는 경우도 있다.

이런 장점에도 불구하고, 평판 조회에는 문제점들도 있다.

- 시간이 걸린다.
- 조회자는 사실을 말해 줄 의무가 없다.
- 조회자는 후보자가 선정한 사람이다.

평판 조회는 소중한 시간을 잡아먹는다. 현장 면접과 입사 제안 사이에서 후보자를 잃을 확률이 제일 크다. 시간은 관건적인 문제다. 불행히도 평판 조회를 위한 접촉이 항상 쉽지만은 않다. 보통 추천된 네 명을 모두 추적하는 데는 이틀에서 나흘이 걸린다. 대단치 않은 시간으로 보일지는 모르겠지만, 이 며칠이 놓쳐버린 후보자로 돌아올 수 있다.

조회자로 추천된 개인은 바라는 것도 없을 뿐더러, 후보자에 대해 진실해야 할 의무도 없다. 여러분이 조회자에 대해 아는 것이 거의 없기 때문에, 그가 진실을 말하고 있는지 판단할 수 있을 것 같지도 않다. 후보자들이 채용된 뒤에 보여주는 실적을 기준으로 봤을 때, 내가 확인했던 평판 조회의 25~50% 정도는 진실하지 않았다고 추정된다.

뒤에 나올 프랭크와 랠프, 레베카의 이야기는 몇 가지 시사점을 가져다준다. 첫 번째는, 여러분이 조회하는 내용의 진짜 상황과 이유가 무엇인지 알 수도, 알아낼 수도 없다는 점이다. 두 번째는, 면접과 마찬가지로 진짜 답변을 들으려면 파고들어야 한다는 점이다. 세 번째는, 선입견을 뿌리치고 스스로를 극복해야 한다는 점이다. 레베카는 약간 부주의한 질문을 했고, 모호한 답변을 제대로 공략하지 못했다. 랠프가 그녀가 듣기 원하던 대답을 했기 때문에, 그럴 필요를 느끼지 못했던 것이다.

마지막으로, 조회자들은 후보자가 선정한 사람들이므로, 이들이 긍정적인 답변을 줄 것이라는 것은 거의 예상할 수 있는 수준이다. 나로서는 이 점이 평판 조회의 가장 큰 문제라고 생각한다. 개인적으로는 평판 조회에서 진실을 끌어내는 데 상당히 능하다고 생각하지만, 그래도 평판 조회에서 나온 정보에 의지하기에는 실패율이 너무 높다.

자신에 대해 좋게 얘기하지 않을 사람을 조회자로 추천하는 바보는 없을 것이다. 바보는 다른 방법으로도 쉽게 찾아낼 수 있으므로, 나는 평판 조회에서 후보자에 대한 쓸모 있는 정보를 얻으리라고는 그다지 기대하지 않는다.

어떤 이야기

프랭크가 랠프의 개발팀에서 일한 지가 2년 가까이 되지만, 상황은 나아지지 않았다. 프랭크는 영리한 개발자이지만 개성이 강한 편이다. 자존심이 강하고, 약간 불안정한 면이 있다. 프랭크의 이런 면 때문에 랠프의 팀에 부정적인 분위기가 형성되었다. 설계 회의가 있을 때마다 프랭크가 강하게 자기 주장을 펴면서 호전적으로 나오다 보니, 재능 있는 개발자인 멜리사와 로이는 프랭크의 의견에 굴복할 수밖에 없었다. 랠프는 멜리사와 로이에게 분쟁 조정에 관해 조언을 하기도 했지만, 이들이 때로는 싸우지도 않고 그냥 포기하고 만다는 것을 알고 있었다.

프랭크는 테스터들에게는 군림하는 것처럼 굴었다. 라제쉬는 웹사이트를 작동불능으로 만들었던 버그를 프랭크가 만든 코드에서 이미 발견했지만, 프랭크와 실랑이를 하고 싶지 않아서 보고하지 않았다고 랠프에게 실토하기까지 했다.

랠프는 지난 6개월 동안 여러 번에 걸쳐 프랭크와 얘기를 했지만, 눈에 띌 만큼 달라지는 것은 없었다. 남과 대립하는 걸 회피하는 성격의 랠프는 문제가 저절로 사라져주길 바랐지만, 그런 일은 일어나지 않았다. 할 만큼 했다고 생각한 랠프는 개발본부의 부사장인 캐롤에게 상황을 얘기했다.

랠프가 설명했다.

"캐롤, 내 생각에는 프랭크를 내보내야 할 것 같아요. 팀이 와해될 지경인데다, 우리 상품의 품질에도 문제가 생기고 있어요."

캐롤이 랠프의 경고를 듣고 물었다.

"랠프, 프랭크가 바뀌지 않았다고 했을 때 어떤 결과가 올지 따져본 적 있어요?"

랠프가 없다고 대답했다.

"개선 계획은 세워 봤어요?"

랠프가 머리를 흔들었다. 캐롤이 말했다.

"랠프, 좀 더 일찍 왔더라면 좋았을 뻔했네요. 상황이 이러니 프랭크에 대해 어떤 조치를 취하려면 시간이 좀 걸리겠군요. 변호사와 얘기를 해봐야겠어요."

랠프는 같이 일하기 힘들다는 이유만으로 누군가를 해고할 수 없다는 사실을 모르고 있었다. 이는 캐롤이 변호사로부터 전해준 내용이었다. 회사가 프랭크를 해고할 경우, 법적 소송을 당할 수도 있었다.

알고 보니, 프랭크 역시 행복하지 않았다. 그는 자신의 번뜩이는 기획 아이디어에 딴죽을 거는 사람들에 지쳐 있었다. 그는 자신과 같이 남보다 뛰어난 개발자들을 채용하는 회사에서 일하고 싶었다. 운이 따라주자 프랭크는 랠프에게 가서 평판 조회자 역할을 해줄 수 있겠냐고 물었다. 랠프는 싫다고 말하려다가, 문득 이런 생각을 했다. '프랭크에 대해 좋은 얘기를 해주기만 하면, 그를 해고하려고 6개월짜리 과정을 밟을 필요 없이 당장 제거할 수 있는 거잖아!' 랠프는 프랭크를 위해 조회자 역할을 하겠다고 말했다.

그 다음 주가 되자, 선임 개발자 채용을 위해 프랭크와의 면접을 방금 마친 레베카가 랠프에게 전화를 걸어 왔다. 프랭크의 근무 사실과 직책을 확인하고 나서, 레베카는 랠프와 프랭크의 관계에 대해 물었다. 랠프는 자신이 프랭크가 속한 개발팀의 팀장이며 매일 프랭크와 밀접하게 일하고 있다고 말했다.

레베카가 물었다.

"프랭크의 어떤 점이 강점인가요?"

랠프가 대답했다.

"프랭크는 매우 똑똑한 사람입니다. 설계에 강하죠."

그러자 레베카가 다시 물었다.

"같이 일하기에는 어떤가요?"

랠프는 잠시 고민했지만, 거짓말을 하고 싶지는 않았다.

"프랭크는 열정이 넘치는 친구입니다. 가끔은 따라가느라 힘들 때가 있어요."

거짓말은 아니지, 랠프는 생각했다.

레베카가 자신의 생각을 입 밖으로 내어 말했다.

"열정이 나쁜 것은 아니죠. 면접에서도 그런 성향이 보이더군요."

레베카는 겨우 45분 동안 프랭크를 만났을 뿐이지만, 다른 사람들과 마찬가지로 그가 매우 똑똑하면서도 수완이 좋은 사람이라고 생각했다. 강한 성격을 갖고 있지만, 문제가 될 것 같지는 않았다.

레베카는 반쯤은 묻는 듯, 반쯤은 선언하듯 말했다.

"프랭크는 개성이 강한 것 같아요."

랠프가 대답했다.

"맞아요. 프랭크는 정말로 문제점을 콕 짚어 공략한다니까요!"

여기서 사실을 과장할 필요는 없지, 랠프는 생각했다.

이쯤 되자, 레베카는 면접팀이 관찰했던 내용을 랠프를 통해 확인한 것에 만족스러워졌다. 마침내 두 달 만에 공석을 채울 수 있게 되었다. 레베카는 랠프에게 시간을 내줘서 고맙다고 인사하고 전화를 끊었다. 랠프 입장에서는 이 통화야말로 크나큰 성공이었다. 전화를 건 사람은 분명히 프랭크에 대해 좋은 인상을 받았고, 아마 곧 입사 제안을 할 것이다. 거기다 더 좋은 것은, 약간 겁이 많긴 하지만 정직한 사람인 랠프가 거짓말을 할 필요도 없었다는 점이다.

재직 및 연봉 증명

나는 후보자의 최근 재직 현황을 확인해보는 것이 좋다고 본다. 회사에 인사관리 부서가 있다면, 이들에게 맡기기에 좋은 작업이다. 다른 회사의 인력 관리 조직에 전화를 걸어 확인하는 일이라, 기술적인 전문성이 필요하지 않다. 법적으로, 회사는 몇 가지 질문에만 대답할 수 있게 되어 있지만, 재직 상태와 재직 기간은 확인해줘야 한다.

최근 직장에서의 연봉은 확인해볼 만한 가치가 있다. 기본적인 목적은 후보자가 더 좋은 조건을 제안 받기 위해 정보를 조작하지 않았는지 확인하는 것이다. 그러나 대부분의 후보자들은 예비 고용주가 확인할 것을 알기 때문에, 솔직하게 얘기한다. 연봉은 쉽게 확인할 수 있는 데다, 부정이 발각되면 직장을 얻지 못하기 때문이다.

연봉 증명을 할 만한 다른 수단이 없다면, 후보자가 거짓말하는 경우는 거의 없다는 점과, 정보를 얻으려면 진행이 느려진다는 점, 그 정보도 사실 확인 이상의 소용은 없다는 점을 고려하기 바란다. 채용할 직무에 적용한 연봉 구간은 이미 정해져 있고, 면접 과정을 통해 후보자가 그 구간 안에 맞는다고 결정했을 것이다. 제안하는 연봉은 후보자의 과거 이력이 아니라 앞으로의 가치에 의해 검증되어야 한다.

> ### 실패한 평판 조회
>
> 회사로서는 아주 중요한 역할이라 평판 조회가 필요한 어느 고위 기술 직책에 지원한 후보자가 있었다. 후보자는 면접도 잘 봤고, 기술적으로도 자격이 충분했으며, 태도 역시 괜찮았다.
>
> 평판을 조회해 준 사람들은 이구동성으로 후보자의 기술적 능력을 칭찬했다. 우리는 태도에 관한 문제는 없는지, 후보자가 다른 사람들과 일할 때 문제는 없었는지 콕 짚어서 물었다. 세 곳에서 모두 아무 문제없었다는 답변이 나왔다.
>
> 우리는 후보자를 채용했다. 기술적 능력에 대한 찬사는 그럴만하다고 곧 판명이 났다. 그러나 몇 달이 지나자, 문제가 불거지기 시작했다. 그 직원은 분노 조절에 문제가 있었고, 다른 사람들이 자신의 업무에 대해 비판하면 매우 방어적으로 반응했다. 건설적인 비판이 필요한 검토서에 대해서조차 그런 반응을 보였다. 결말은 참담했다. 그 직원을 해고했으니 말이다.
>
> 이 사례는 두 가지 쟁점을 명확히 보여준다. 첫 번째는, 최고의 면접도 어떤 문제를 짚어내지 못할 때가 있다는 점이다. 분노조절 문제를 면접 중에 짚어내기란 불가능할 것이다. 두 번째 쟁점은, 후보자가 고른 평판 조회자들은 후보자에 대해 진실을 말하지 않거나, 후보자를 잘 모르는 사람들이라는 점이다.

6.2 제안 내용 만들기

이제 채용팀이 후보자를 향해 엄지손가락을 치켜세운 만큼, 제안 내용을 만들어야 할 때다. 목표는 가능한 한 매력적이면서도 공정한 제안을 만드는 것이다. 아래의 내용들이 모두 포함된 제안 보따리를 안겨 보자.

- 직책
- 약정 상여금
- 성과급 계획
- 휴일
- 개인 퇴직금 적립 계획
- 이주 지원 계획
- 기타 복리후생 혜택

- 연봉
- 상여금 계획
- 유급 휴가
- 의료 보험 혜택
- 개인 투자 지원 계획
- 취업 비자 지원 계획
- 업무 할당

전체적인 제안 내용에 대해 후보자의 이해력을 높일 수 있는 거라면, 무엇이든 포함시키도록 하자. 꼼꼼한 후보자는 입사 제안을 비교하면서 모든 것을 살펴본다. 직책과 연봉, 약정 상여금, 이주 지원, 취업 비자 지원, 업무 할당에 대해서는 여러분의 결정이 필요하다. 마지막 세 가지는 회사의 정책과 상황에 달려 있다. 처음의 세 가지가 가장 신경을 많이 써야 할 것들이다.

이미 정해진 직책 체계에서 고르기만 하면 되는 회사들이 많다. 이런 경우에는 후보자에게 어떤 직책이 어울리는지 결정하는 것이 여러분의 일이다. 꼭 공고를 냈던 직책일 필요는 없다. 예를 들어, 선임 소프트웨어 기술자로 공고를 했는데, 후보자가 회사의 기준에 약간 못 미치는 경우가 있다. 그래도 입사 제안을 하고 싶다면, 직책 체계에서 바로 밑에 있는 소프트웨어 기술자를 선택하면 된다.

회사 정책에 구애받지 않을 수도 있다. 이런 경우라면, 선택지는 무궁무진하다. 직원들이 직책에 대해 아주 폭넓은 감정을 가진다는 점은 기록해 둘 만하다. 어떤 직원들은 이력서가 허락하는 한도 내에서 최고의 직책을 갖고자 열망한다. 다른 이들은 모든 개발자가 같은 직책을 쓰는 것을 선호한다. 분별력이 있는 사람이라면, 이 문제에 민감해야 한다.

연봉은 채용할 때 휘두를 수 있는 둔기다. 누가 무어라 하던 간에, 크기가 중요하다. 반면, 경험이 많은 소프트웨어 전문가일수록 연봉에 두는 비중이 적은 대신, 제안의 다른 측면들을 고려한다. 후보자가 과도하게 연봉에 집착하는 것은 경고 신호다. 후보자의 이런 미숙한 태도가 여러분 때문은 아닌지 되짚어 봐야 한다.

연봉을 선택하는 최고의 방법은 채용시장 정보와 회사 정보, 회사 내부 기준에 따른 적정

선에 따르는 것이다. 동종 업계의 비슷한 회사들이 얼마를 지불하는지 관찰해보자. 다양한 조사 자료와 헤드헌터 자료, SNS, 후보자 등을 통해 알아볼 수 있다. 완성된 제안 꾸러미를 기준으로, 여러분의 연봉도 경쟁력이 있어야 한다.

회사가 각 직책마다 어느 정도의 연봉 구간을 적절하다고 보는지에 대해서도 알고 있을 필요가 있다. 기존 직원들의 연봉 분포가 어떻게 되는지도 알아야 한다. 제안 내용은 회사의 연봉 정책을 위반해서도 안 되고, 기존 직원들의 연봉과의 형평성을 잃어서도 안 된다. 앞서 간단히 언급한 것처럼, 민감한 사안이다.

마지막으로, 채용시장과 회사에 대한 지식을 놓고 봤을 때, 후보자가 어느 정도의 가치가 있는지 추정해야 한다. 선임 소프트웨어 기술자라는 직책에 2천만 원 정도의 연봉 구간이 설정되어 있다 할 때, 후보자에겐 그 구간의 어느 정도가 적당할까?

> 연봉을 후보자의 기대치나 과거 연봉에 근거하여 정하지 말고, 시장 상황과 회사가 보는 후보자의 가치에 근거하여 정하라.

연봉에 관한 기준은 항상 변한다. 수요와 공급, 기존 직원들의 연봉 등 모든 것이 출렁댄다. 경쟁력이 있는 입사 제안을 하려면, 이 모든 변화를 꿰고 있어야 한다.

연봉에 관한 마지막 조언은, 절대 고의적으로 싼 가격을 제시하지 말라는 것이다. 여러분은 지금 차를 사는 것이 아니라, 앞으로 훌륭한 직원이 될 사람을 채용해서, 오래 같이 일하고자 하는 것이다. 당신이 그를 갈취했다는 걸 발견하게 되는 날이면, 해당 직원은 분개할 것이다. 그 직원은 결국 회사를 떠나게 되겠지만, 그 와중에 회사에 독 같은 존재가 될 것이다. 흥정이 아니라 가치에 기초해 연봉을 제안하라. 돈이 그처럼 큰 문제가 된다면, 여러분은 채용을 해서는 안 된다.

약정 상여금은 거래를 기분 좋게 만드는 부가적인 도구이다. 입사 전의 직원이 이 여유 자금을 바로 가져다 쓸 수 있는 경우도 종종 있다. 몇 백만 원의 추가 자금이 큰 차이를 만든다. 현금 대신에 스톡옵션이나 보조금 증서를 생각해볼 수도 있다. 보조금 증서는 실제 가치를 가지지만 현금화하는 데 시간이 걸리기 때문에, 현금만큼 유혹적이진 않다. 후보자들은 일반적으로 스톡옵션을 냉소적으로 본다. 나는 회사가 신생 업체이거나, 스톡 옵션이

유일하게 제시할 수 있는 수단일 때가 아니면, 피하는 편이다.

여러분이 제안 내용에 포함시키지 않은 것들에 대해서도 후보자가 고려하는 것들이 있다.

- 회사의 업무 환경
- 회사의 문화와 원칙들
- 일의 성격
- 자유도
- 직원들의 수준
- 회사의 미래 전망의 견실성
- 발전 가능성
- 경영 방식

이런 사항들은 고용주가 신경을 좀 썼으면 하고 여러분이 바라는 것들이다. 실제 상황뿐만 아니라 남들 눈에 비치는 것까지 포함해서 말이다. 제안 내용에 들어있는 것들보다 이런 사항들이 거래가 중단되는 요인이 된다. 여러분의 고용주가 이런 영역에 관심이 없다면, 여러분은 불리한 상황을 감수하고 채용 업무를 해야 한다.

두 단계로 제안을 하는 방안도 고려해보자. 첫 번째 단계에서는 전화로 구두 제안을 하고, 두 번째 단계에서 공식적인 문서 형태로 제안을 전달하는 것이다. 이 방식을 이용하면 공식 입사 제안서의 배달 과정에 예기치 않은 문제가 발생해도 걱정할 필요 없이, 최대한 빨리 입사 제안에 대한 논의를 시작할 수 있다.

시점

유력한 후보자는 다른 입사 제안도 받았을 가능성이 크므로, 가능한 한 빨리 움직일 필요가 있다. 업무일 기준으로 이틀 이내에 후보자에게 연락하라. 내가 일했던 한 회사는 24시간 안에 연락을 주고자 했다. 가끔은 면접 당일 저녁에 전화를 하기도 했다.

이런 빠른 대응은 정말로 후보자를 감동시켜 성공 가능성을 높여 준다. 자신을 원하고 있다는 것을 아는 것만으로도 서명을 하는 강력한 동기가 된다. 입사 제안을 하든, 하지 않든, 가능한 한 빨리 대응하는 방법을 연습하라. 입사 제안을 전달하는 과정에서 보이는 무능력만큼 후보자를 기운 빠지게 하는 것도 없다.

누가 전화할 것인가?

구두 제안할 때, 누가 후보자에게 전화를 해야 할까? 나는 몇 가지 시도를 해봤는데, 다 장단점이 있었다. 내가 제일 효과적이라고 결론 내린 방법은, 마무리 면접을 한 사람이 전화를 하는 것이다.

마무리 면접관이 보통 부서장이나 부사장급 관리자라는 사실을 기억하자. 게다가 후보자가 만난 적이 있는 사람이다. 영향력과 친근함의 조합은 보통 긍정적인 인상을 남긴다. 더 나아가, 면접에 참여했던 누군가가 후보자를 위해 책임지고 과정을 완료한다는 점에서 책임감이 있다고 보이며, 이 역시도 회사에 대한 좋은 인상을 남긴다.

반면에, 인사관리 부서의 직원이 전화를 했을 때는 그다지 긍정적인 인상을 주지 못할 것이다. 전체 면접 과정이 객관화되면서, 후보자가 그다지 중요하지 않다는 느낌을 받을 수도 있다. 게다가 인사관리 부서의 직원은 구두 제안 내용에 관해 후보자가 궁금해 하는 중요한 질문들 대부분에 제대로 답변할 수 없을 터이다. 면접에 참여한 관리자만이 맥락과 회사에 대한 지식, 후보자가 물어볼만한 모든 것에 대해 대답할 수 있는 권위를 가지고 있다. 대부분의 후보자들은 질문에 대한 답을 듣고서야 새로운 직장을 결정한다.

효과적으로 전화할 수 있는 다른 사람들도 있는데, 때로는 이런 사람들이 더 낫기도 하다. 후보자의 직속상관이 될 사람은 명백히 괜찮은 선택이다. 이 사람이 인터뷰 과정에 참여했다면 특히 더 효과적이다. 그렇지 않다면, 보다 고위급의 사람이 전화를 하는 편이 나을 것이다.

후보자가 전화를 받고 감동할만한 특별한 사람이 있다면, 이 역시 좋은 선택이다. 예를 들어 회사의 기술적인 측면에 큰 감명을 받은 듯 보이는 후보자라면, 기술 면접관 중의 한 명이 전화를 하면 반응이 좋을 수 있다. 채용 과정에 참여한 사람들 중에서 후보자와 끈끈한 관계를 맺은 사람이나, 전화를 할 자격이 되는 사람이면 누구나 고려대상이 될 수

있다. 마지막으로, 친구나 후보자를 추천한 사람과 같이, 개인적으로 후보자를 아는 사람들도 전화를 할 수 있다.

전화의 목적

전화의 기본적인 목적은 해당 후보자로부터 구두 서약을 받아내려는 것이다. 요컨대, 여러분의 제안이 후보자와 얼마나 일치하는지 알아내는 것이다. 후보자가 제안 내용에 어떤 결점이 있다고 생각하는 것 같은가? 제안 내용은 경쟁력이 있는가? 시장 상황에 대한 후보자의 생각은 합당한가? 장애물이 있는가? 충분히 답변하지 않은 질문이 있는가? 결정을 재촉하기 위해 해줄 만한 얘기가 있는가? 또는 최악의 경우, 공식 제안을 보내봐야 소용이 없을 것 같은가?

통화는 후보자가 여러분의 제안을 받아들일 가능성을 높여야 한다. 면접팀이 훌륭하게 면접을 진행한데다, 제안이 공정하고, 회사가 일하기에 훌륭한 곳이라면, 구두 서약을 받을 가능성이 아주 높다. 전화 통화에서 나올 수 있는 결과가 어떤 것이 있을까?

1. 후보자가 구두로 제안을 수락한다.
2. 결정을 하기 전에 해결해야 될 장애물이 있다.
3. 제안이 후보자의 기대치에 맞지 않는다.
4. 후보자가 여러분의 회사에 입사하지 않기로 결심한다.

앞의 두 경우에는 공식 제안에 착수해야 한다. 뒤의 두 경우에는, 장애물을 제거하는데 여러분이 할 수 있는 일이 있을 것이다. 여기에는 추가적인 조치와 승인이 필요하다. 세 번째 경우에는 제안의 어디가 후보자의 기대치에 미치지 못했는지 찾아보자. 인식의 문제라면, 이를 바로잡으려 시도하자. 네 번째 경우에는 피드백을 받아라. 부족했던 것이 회사의 어떤 부분인가? 이런 정보는 회사 차원에서 분명하게 논의되어야 한다.

전형적인 인식의 문제 사례는 후보자가 실리콘 밸리나 매사추세츠 주 보스톤과 같이 연봉이 높은 지역에서 현저하게 연봉이 낮은 지역으로 옮겨올 경우에 발생한다. 인터넷에 연봉 계산기라는 것이 있다. 이를 이용해서 이 지역의 연봉이 낮은 이유는 생활비가 낮기 때문이라는 점을 설명하라. 후보자가 직접 조사를 해보도록 제안해도 좋다.

공식 제안

전화를 끊은 직후부터 공식 제안을 보내는 절차가 시작돼야 한다. 업무 흐름을 조율하는 데 관리 시스템이 훌륭한 역할을 한다. 제안서를 만들고 발송하는 일은 인사관리 부서가 할 수 있는 좋은 업무이다.

제안서는 전자우편으로 보내는 것이 제일 좋다. 후보자가 즉시 받아볼 수 있는데다, 수신 상태를 확인할 수도 있다. 후보자가 제안을 받았는지 확인하는 표준 메일을 추가로 보내는 걸 고려해보라. 보통은 제안서와 함께, 지원서와 상세한 복리후생 조건 정보를 같이 보낸다. 후보자가 제안서를 출력해서 서명하고, 지원서 역시 출력해 빈칸을 채운 다음, 둘을 인사관리 부서에 우편으로 발송한다. 지원서는 좀 귀찮긴 하지만, 신원 조회를 위해 요구될 때가 많다. 이런 설명을 해주면, 상당히 긴 양식을 채우면서 생긴 짜증이 좀 누그러질지도 모른다. 신원 조회를 하는 데는 일반적인 지원서 양식의 아주 작은 부분만 필요하니, 후보자에게 여러분이 원하는 부분을 알려주도록 한다.

6.3 제안 협상하기

후보자가 좀 더 좋은 제안을 위해 협상을 원한다면 어떻게 할까? 여러분이 숙제를 열심히 해왔다면, 협상의 여지가 많지 않을 것이다. 대부분의 후보자들은 직책이나 연봉을 협상하고자 한다. 여러분 자신이 무슨 일을 하고 있는지 인식하고 있다면, 이 두 가지야말로 협상을 피해야할 사항들이다. 회사라는 조직의 입장에서 제안하는 의료 계획과 상여 및 성과급 계획, 투자와 퇴직금 계획, 휴일 등은 보통 협상의 대상이 아니다.

놀랍게도, 협상으로 도출된 변화의 크기보다 협상 행위 그 자체가 더 중요할 때가 많다. 후보자가 회사 측의 양보를 얻어냈다고 느끼면, 제안을 받아들일 가능성은 더 커진다. 일부

문화권은 협상과 교환을 중요시해서, 자존심 문제가 끼어들 수도 있다. 이를 존중할 필요는 없지만, 고려해야 할 사항임은 분명하다. 제안 내용에는 양보를 해도 덜 아픈 부분이 있다.

연봉과 직책을 협상하는 일은 피해라. 공정한 제안을 하고, 이를 고수하라. 약정 상여금이나 이주 지원금 같은 일회성 제안 내용이 기분 좋은 거래를 하는 좋은 도구가 된다.

　직책에 관해서는 후보자가 회사의 조직체계 어디에 맞는지 알아야 한다. 후보자가 더 나은 직책을 고수할 때, 이를 협상 대상에서 제외시키는 방법이 두 가지 있다. 회사가 정기적으로 평가를 하거나, 더 바람직하게 90일 간의 신규 채용자 평가기간이 있다면, 그 평가 때에 직책을 다시 검토해볼 수 있다고 설명하면 된다. 후보자의 능력이 증명되면 조정을 할 수 있다. 회사가 성장하고 있다면, 승진을 위한 기회가 거의 정기적으로 생길 수 있다. 이를 설명하고, 승진하기까지 보통 어느 정도가 걸리는지, 구체적인 숫자를 제시하라.

　연봉 제안 역시 심사숙고해서 나온 결정일 것이다. 여기에도 협상의 여지가 약간 있을지 모른다. 예를 들어 선임 소프트웨어 기술자에 적용되는 연봉 구간이 8천5백만 원에서 1억5백만 원이라 하자. 이 구간의 최저치를 제안한 거라면, 250만 원에서 500만 원 정도의 인상을 고려할 수 있다.

　연봉 협상은 장기적으로 상당한 파장을 몰고 올 수 있다. 누군가에게 후하게 지불하면, 직원들 사이의 형평성에 문제가 생긴다.[2] 새로 온 사람이 현저하게 많이 받는 데 대해 직원들이 분개하게 된다. 이런 이유로 마찰이 생기면, 그 대가는 엄청나다. 회사가 형평성을 맞추기 위해 대책을 강구하면, 이제는 본격적으로 대가를 치르게 된다. 1천5백만 원짜리 협상 때문에 많은 직원들의 연봉을 조정해야 할 것이고, 그 순간부터 증가분이 매년 지불돼야 한다.

　회사가 선임급 직원들의 유급 휴가에 어느 정도의 재량권을 줄 수 있다. 5일의 유급휴가를 추가하면 수백만 원의 연봉 인상과 비슷한 효과가 있지만, 여러분에게는 큰 문제가 아니다. 훌륭한 후보자를 잃을 위험에 처해 있다면, 이 방법이 비용이 적게 드는 거래 제안이 될 수 있다.

---

2) 모두가 모두의 연봉을 알고 있다고 가정해야 한다. 그걸 몰랐다니!

이주 지원금은 협상을 하기 좋은 대상이다. 일회성 고정비용이기 때문이다. 채용에 있어 가장 큰 장벽이 이주에 대한 두려움일 때가 많다. 예상치 않았던 이주비용을 내야 하는 후보자로서는 아주 당연한 반응이다. 몇 백만 원을 쾌척함으로써 이 두려움을 완화시킬 수 있다.

약정 상여금도 유용한 협상 도구다. 후보자들은 종종 회사가 제안한 것보다 높은 연봉이 필요하다고 말한다. 여러분은 약정 상여금으로 그 차이를 메워, 후보자가 요구하는 금액을 맞출 수 있다. 이 방법은 회사에 성과급 제도가 있어서 다음 해에도 그 차액을 메울 수 있을 때 특히 효과적이다. 후보자가 정말로 뛰어나다면, 연봉이 조정될 때 상당한 인상을 기대할 수 있다고 설명해준다.

협상에 사용할 수 있는 다른 독창적인 방법도 있다. 일반적인 규칙으로, 반복 지출되는 비용(연봉 인상과 같은)보다는 일회성 비용이 더 바람직하다. 회사에 형평성 대란을 일으킬 만한 협상은 피해야 한다.

협상을 할 때는 자신의 한계를 알고, 이를 넘지 않도록 해야 한다. 나는 한 번 이상 협상을 즐기는 것은 피하라고 권한다. 협상을 끝내면, 확실하게 말하도록 한다. ‘우리의 제안은 이렇고, 공정하다고 생각합니다. 이게 우리의 마지막 제안입니다.’ 이런 말은 강력한 협상 도구다. 제안이 경쟁력이 있다면, 보통은 긍정적인 반응을 얻을 것이다. 협상은 통제를 벗어나려는 경향이 있어서, 후회하게 될 양보를 자꾸 하게 된다. 자신의 한계는 모르는데, 후보자를 잃고 싶지는 않기 때문이다.

때로는 후보자가 제안을 받아들이도록 할 수 있는 방법이 전혀 없을 때도 있다. 자신의 한계를 고수하면서 후보자를 그냥 보내도록 한다. 내 경험으로는, 제안을 거절했다가 나중에 돌아와 제안을 받아들인 후보자들이 몇 있었다. 자신들의 기대치가 비현실적이었다는 걸 깨달은 것이다.

내 생각에는, 협상이 거의 없도록 하는 것이 기본이다. 협상은 여러분이 일을 잘 못했다는 의미이자, 공정한 제안 내용을 만들지 못했기 때문에 거래를 통해 해결하려 한다는 뜻이다. 풍부한 지식을 바탕으로 공정한 제안을 만들어야 한다. 특수한 사정이 있다면 협상을 고려해볼 수 있다. 하지만 전반적으로는 원래 제안 내용을 고수해야 한다. 이 접근방식이 가장 효과적이라는 걸, 경험이 보여줄 것이다.

제7장

나가며

이 책은 채용 절차의 핵심이라 할 수 있는 이력서 검토와 전화 면접, 현장 면접을 집중적으로 다루고 있다. 책 전반에 걸쳐, 나는 몇 가지 중요한 주제를 강조해왔다.

첫 번째 주제는, 성공적인 채용이야말로 여러분과 여러분의 회사에서 가장 중요한 일 중의 하나라는 점이다. 성공적인 채용을 통해 조직의 지능지수를 높일 수 있다. 채용을 형편없이 하면 회사의 수준이 낮아지고 약해진다. 먼 미래를 내다보고 채용하고, 직무를 보고 채용하고, 행동을 보고 채용하고, 리더십을 보고 채용하라. 여러분의 팀에 충원이 필요하든 아니든, 최선을 다하라. 언제 그 새 직원과 일하게 될지는 모르는 일이다.

두 번째 주제는, 채용을 잘하기란 참 어렵다는 것이다. 기초조차도 상당히 어려운데, 정말로 채용에 능수능란해지려면, 열심히 노력하는 수밖에 없다는 사실을 보여주려 했다. 수많은 이력서를 고민하며 분석해야만, 유형을 짚어내는 법과 적힌 것 이상을 읽는 법을 배울 수 있다. 수십 번의 전화 면접을 해봐야 그런 형태의 의사소통이 가진 본질적인 장벽을 이해하고, 성공적으로 수용할 수 있게 될 것이다. 현장 면접을 몇 년 정도 해봐야 여러분이 채용 과정의 단계 하나하나를 수행하는 것에 따라 회사의 평판이 오르내린다는 것을 알 수 있다.

세 번째 주제는, 훌륭한 채용은 절차를 따르는 진행이나 잘 짜인 규칙이 아니라, 참여하는 사람들의 능력에 달려 있다는 점이다. 채용이란, 같은 정보를 입력해도 똑같은 결과가 나오지 않는 실험적인 과정이다. 우리는 불완전하고 부정확한 정보에 입각하여 결정을 내려야 한다. 사람들은 의외의 존재라, 끊임없이 우리를 놀라게 한다. 이 모든 것을 앞에 놓고, 우리는 능력과 경험, 융통성을 키워야 한다. 잘 하려면 말이다.

변하지 않는 든든한 원칙들이 있으면, 채용 담당 직원들이 일을 하기가 편하다. 어떤 규칙도 채용 과정에서 마주치는 가장 평범한 상황조차 예측해주지는 못하지만, 원칙은 결정을 해야만 할 때 근본적인 지침을 제공해준다.

'슈' 단계에 있는 채용 과정 참여자에게는 지침과 예제 질문들, 질문 방침들이 좋은 안내 역할을 한다. '하'나 '리' 단계로 성장하면서 이러한 도구들이 불충분하다고 느껴질 때, 여러분 스스로 이러한 도구들을 확장시킬 방법을 찾을 책임이 있다.

네 번째 주제는, 일상적인 피드백의 중요성이다. 채용 과정에서 얻는 정보는 부정확하고 불완전하긴 하지만, 마구잡이거나 엉망진창이진 않다. 그 안에는 짚어내는 법을 배워야 할 실마리와 유형, 정보의 조합이 있다. 이를 배우려면 가설을 수립하고, 더 많은 정보를 이용할 수 있을 때 그 가설을 실험해보는 과정이 필요하다. 채용 과정의 다양한 단계에 참여하거나, 관리 시스템에서 다른 사람의 의견을 검토하거나, 채용된 새 직원을 알아가면서 이런 형태의 피드백을 얻을 수 있다.

교육과 지도, 멘토링, 토론 등을 통해 또 다른 피드백을 얻을 수 있다. 보다 경험이 풍부한 면접관들로부터 배울 수 있는 것들이다. 다른 면접관들과 후보자에 관해 토론할 기회를 놓치지 말자. 고참 면접관들에게 어떤 것에 주목하는지 물어보자. 다른 사람과 같이 이력서 검토를 하고, 전화 면접이나 현장 면접 후의 정리 회의에 참석하자.

마지막 주제는, 필요한 만큼 유연하고 융통성 있게 행동하라는 것이다. 채용의 지평은 항상 바뀐다. 수요와 공급, 채용 관련 직원 구성, 후보자의 수준이 언제나 유동적이다. 채용팀이 높은 성공률을 유지하려면, 이런 변화에 맞춰 끊임없이 조정을 해야 한다.

후보자는 모두 다르다. 채용팀은 항상 새로운 도전을 맞아야 한다. 원칙에 입각한 채용과 '슈', '하', '리', 끊임없는 반성과 개선의 중요성을 이해하는 채용팀이야말로 최고의 인재를 채용할 수 있는 팀이다. 성공적인 채용의 길에 행운을 빈다.

가치 있는 행동적 특징들

아래는 면접 후보자에게서 찾아볼, 가치 있는 행동적 특성의 목록이다.

적응력 : 다른 상황을 만났을 때 쉽게 맞추는 능력이 있는가.

책임성 : 믿음직한 행동을 하고, 그 행동에 책임을 지는가.

구두 의사소통 : 간결하고 정확하며 완결된 구두 의사소통 능력이 있는가.

문자 의사소통 : 문서나 쪽지, 전자우편 등의 서면 형식으로 생각을 명확하게 전달하는가.

분석 능력 : 문제의 범위를 정의하고 각 요소를 구분하고, 개별 요소와 전체를 추론하는 능력이 있는가.

협동성 : 문제를 정확하고 효율적으로 해결하고 과제를 완료하기 위해 타인과 효과적으로 일하는가.

세부 지향성 : 중요한 세부 사항에 적절한 주의를 주는가, 반대로, 후보자가 중요하지 않은 지엽적인 문제에 매달리는가.

결단성 : 중요한 결정을 기한에 맞게 내려 성공적인 결과를 이끌어내는가, 반대로, 결정을 회피하는가.

업무 분담 : 과제를 성공적인 결과를 이끌어내는 방식으로 타인에게 배치하는 능력이 있는가.

열성 : 행동을 할 때나 어떤 영향을 주는 데 있어 열성적인가.

기업가 정신 : 성공하기 위해 계획된 위험을 감수하는가.

독립성 : 적절하게 문제나 과제에 대해 주인의식을 가지는가.

주도성 : 어떤 계획이나 과제를 열성적으로 시작하거나 따르는 능력이 있는가.

정직성 : 원칙과 의도, 행동이 훌륭하고 당당하며 공정하고, 거짓말을 하지 않는가.

창의성 : 앞을 내다보며, 누구도 하지 않았거나 경험하지 않았거나 만들지 않았던 것을 생산해내는가.

지도성/영향력 : 공동의 목적을 위해 자원을 배치할 줄 아는가.

경청 : 타인과 소통할 때 이해를 먼저 추구하는가.

긍정성 : 가장 바람직한 결과를 기대하는 경향이 있는가, 환상이나 추측이 아니라 논리와 정보를 기반으로 '할 수 있다.'라는 자세를 가지고 있는가.

멘토 : 일터에서 상담사나 교사의 역할을 수행하는가.

동기부여자 : 타인이 긍정적인 행동을 하도록 자극하거나 추진하는가.

공감대 형성자 : 상이한 이해관계를 가진 집단 사이의 공통점을 찾아내고 합의를 도출하거나 신뢰를 형성하는가.

공감능력 : 이해심과 사려 깊음, 공감과 같은 감각을 소유하거나 표출하는가.

기획자 : 성취나 행동, 목적달성을 위한 계획이나 과정을 설정할 수 있는가.

관계형성 : 긍정적이고 건강한 업무 관계를 개발하고 육성하는가.

조직행동 : 팀의 역할을 이해하고 받아들이며 조직의 성공을 위해 일하는가.

자긍심 : 성취에 대해 이기적이지 않은 기쁨과 만족감을 보여주는가.

품질관리 : 고품질 또는 장점이 있는 제품이나 서비스를 만들거나 제공하는가.

채용 원칙

1. 항상 후보자를 존중하라.

2. 항상 시간을 지켜라.

3. 준비하라.

4. 후보자의 기술적 자격요건 못지않게 행동적 자격요건에도 가치를 두라.

5. 항상 리더십 잠재력을 고려하고 가치를 두라.

6. 후보자에게서 정중하되 끈질기게 답을 추구하라.

7. 모든 면접은 다르다. 창의력을 발휘하라.

8. 자신의 요구와 의견, 결정에 주인의식을 가져라. 확실한 이유 없이 남의 의견에 휘둘리지 말라.

9. 타인의 의견을 존중하라.

10. 후보자에게 회사에 대한 긍정적인 인상을 남겨라.

11. 편의보다는 인내심을 가져라. 다른 말로, 좋은 후보자가 나올 때까지 기다려라.

12. 길게 보고 채용하라.

이력서 점검표

이력서 검토를 시작하기에 앞서, 준비가 되었는지 먼저 확인하라. 이력서가 대상으로 하는 직무와 어떤 요구사항을 충족해야 하는지 이해해야 한다.

먼저, 이력서를 훑어보고 다음을 판단해보자.

- 기대했던 모든 부분이 존재하는가?
- 후보자에 연관된 추가 비용은 무엇인가? 여행경비, 이주, 비자 등
- 이력서가 깔끔한가, 아니면 너저분한가? 오탈자나 맞춤법 오류가 있는가?
- 목표나 개요가 지원하는 직무에 합당한가?
- 상세 업무 경력이 목표나 개요에 부합하는가?
- 후보자의 자기인식은 정확해 보이는가?
- 보유 기술 항목에 회사가 관심을 가진 기술들이 언급되어 있는가?
- 보유 기술 항목이 이력서의 나머지 부분에 부합되는가?
- 이력서에 학력 난이 완결적으로 작성되었는가? 재직 이력에 중요한 세부 내용들이

존재하는가?

- 재직 이력에 공백이나 중복이 있는가? 설명이 되는가?
- 특히 최근 경력에 직장 넘나들기 문제가 있는가?

이제 세부적인 내용을 조사해보자.

직무 적합성

- 후보자가 세부적인 내용으로 뒷받침되는 기술, 행동, 경력 필수 자격요건을 가지고 있는가?
- 후보자가 세부적인 내용으로 뒷받침되는 기술, 행동, 경력 부가 자격요건을 가지고 있는가?
- 후보자의 기술과 경험은 적절할 만큼 최신의 것인가?
- 후보자가 직무 자격요건에 미치지 못한다면, 후보자가 자격을 충족시킬만한 다른 채용 건이 있는가?

문화/환경 적합성

- 후보자가 회사의 업무 문화에 적응할 수 있을지 확신할 수 있는가?
- 후보자가 회사의 업무 환경을 편안하게 느낄 수 있는가?
- 후보자는 건강하지 못한 환경에서 탈출하고자 하는가?
- 후보자의 개발방법론과 개발절차 경험이 회사의 방법론과 절차에 적응할 수 있는가?
- 비영리 대 영리, 오픈소스 대 상업성, 단계적 대 애자일 등, 반대되는 요소가 있는가?
- 후보자의 적응하고자 하는 능동성이 기대를 충족시키는가?

경력과 성과

- 후보자는 회사가 가치를 두는 기술 등에 관해 충분한 경력 연수를 가지고 있는가?
- 후보자가 건강한 경력 이동 경로를 가지고 있는가?

- 아니면, 후보자가 직책이나 역할 면에서 정체되어 있는가?
- 성과가 인상적이지 못할 경우, 고용주가 후보자를 부적절하게 대했다는 표식이 있는가?
- 후보자의 경력에서 후퇴한 경우가 있는가? 그렇다면, 문제인가, 아니면 탐색해봐야 할 사안인가?

발전성

- 후보자가 스스로 배우고 성장한다는 징표가 있는가?
- 후보자가 기술 영역이나 업무 영역, 프로그래밍 언어, 방법론 등에서 성공적인 성장을 이룬 적이 있는가?
- 특정 기술이나 능력에서 전문성을 달성한 흔적이 있는가?
- 이력서에 후보자가 가장 큰 관심을 가진 것이 무엇인지 나타나는가?
- 후보자가 어떻게 배우는 유형의 사람인지 말할 수 있는가?

리더십

- 인적 리더십의 증거가 있는가?
- 기술적 리더십의 증거가 있는가?
- 저술이나 발표물, 위원회, 또는 달리 기술적 리더십을 나타내는 항목이 언급되어 있는가?
- 후보자가 리더십을 기피하는 것으로 보이는가? (두 발 전진하고 한 발 후퇴하기는 그렇게 나쁜 것이 아니라는 점을 기억하자.)

영향력과 가능성

- 후보자가 고용주의 순익구조에 상당한 공헌이나 긍정적인 영향을 준 적이 있는가?
- 재직 이력에 있는 내용들이 분명히 후보자가 한 일들인가? 아니면 후보자 주위에서 일어난 일들인가?
- 성과들은 의미 있는 것들인가, 아니면 사소한 것들인가? 고위 직책에서 사소한 성과만 나열한 경우는 경고 신호이다.

● 후보자가 큰 가능성을 가지고 있는 것 같은가?

학력

● 학위가 직무에 얼마나 부합하는가?
● 교육기관의 수준은 어떤가?
● 후보자의 학력은 경력에 비해 어느 정도의 비중이 주어져야 하는가?
● 후보자가 검토 가능한 프로젝트나 논문으로 고급 학위를 취득했는가?

정보 은폐

● 부정의 흔적이 있는가?
● 정보 은폐, 모호함, 불완전성의 유형이 보이는가?

참고자료

[Cen] 마크 신델라, '면접의 칠거지악', 더래더스닷컴. http://sevendeadlysins.theladders.com 2010
년 6월에 접속.

[Coc06] 앨리스터 코크번, [애자일 소프트웨어 개발론, 협동 게임], 애디슨 웨슬리 프로페셔널,
두 번째 판, 2006년.

[Fel06] W. 펠프스, T. R. 미첼, E. 바잉튼, '언제, 어떻게, 왜 미꾸라지 한 마리가 흙탕물을 만드나
- 부정적인 구성원과 기능장애 집단', 조직행동론 제 27호, 181~239쪽. 2006년

[Gla09] 말콤 글래드웰, [블링크 - 첫 2초의 힘], 리틀 브라운 앤 컴퍼니, 2009년

[Kru99] 저스틴 크루거, 데이비드 더닝, '능력도 없고 알지도 못하고 - 어떻게 무능에 대한 자기
인식 부재가 자기과신으로 이어지는가', 성격과 사회심리학 저널 제 77호. 1999년

[Lew04] 마이클 루이스, [머니볼 - 불공정한 게임에서 승리하는 기술], W. W 노튼 앤 코, 2004년

[Rod05] 제프 로드먼, '대역폭이 대화 이해도에 미치는 영향', 2005년 http://www.polycom.
com/global/documents/whitepapers/effect_of_bandwidth_on_speech_intelligibility_2.pdf
2010년 1월에 접속.

[Rot04] 요한나 로스먼, [최고의 지식노동자와 기술자, 괴짜 채용하기], 돌셋 하우스 퍼블리싱,
2004년

[Shu] '슈하리', 위키피디아, http://en.wikipedia.org/wiki/Shuhari 2010년 4월 22일에 접속.

[Sig] 서명자들, '애자일 소프트웨어 개발론 선언서', http://agilemanifesto.org/ 2010년 6월에 접속.

[Spo08] 조엘 스폴스키, '한 직장에 머무르는 평균 기간은 얼마인가?', 2008년. http://discuss.joelonsoftware.eom/default.asp7joel.3.645141.50 2010년 4월에 접속.

[Yeg] 스티브 예지, '필수적인 전화 면접 질문 다섯 가지', http://sites.google.com/site/steveyegge2/five-essential-phone-screen-questions 2010년 4월에 접속.

기업과 소프트웨어 전문가를 위한

Agile 채용론

초판 1쇄 발행 2011년 10월 17일

지은이   Sean Landis
옮긴이   신해경
발행인   최규학

기획 · 진행   고광노
본문디자인   초심디자인
표지디자인   Lin

발행처   도서출판 ITC
등록번호   제8-399호
등록일자   2003년 4월 15일
주소   경기도 파주시 교하읍 문발리 파주출판단지 535-7 세종출판벤처타운 307호
전화   031-955-4353(대표)
팩스   031-955-4355
이메일   chaeon365@itcpub.co.kr

인쇄   예림인쇄
용지   신승지류유통
제본   문종제책

ISBN-10   89-6351-031-X
ISBN-13   978-89-6351-031-6

값 18,000원

www.itcpub.co.kr